Annekathrin Schmid

# OBSTBÄUME VERSTEHEN

Was alle Gärtnerinnen und Gärtner wissen sollten

Haupt Verlag

1. Auflage 2021
ISBN 978-3-258-08218-9

Umschlaggestaltung: Tanja Frey, Haupt Verlag
Gestaltung und Satz: Karin Schmid, Baldham
Illustrationen: Jutta Nehen, Annekathrin Schmid
Fachlektorate: Claudia Huber und Dr. Ute Döring
Korrektorat: Dr. Ute Döring

Umschlagabbildung: Alexander Potapov (vorne); Annekathrin Schmid (hinten);
Peter Müller, Johann Englmüller (Klappe); Jozef Mikulcik (Illustration)



Wir verwenden FSC-Papier. FSC sichert die Nutzung der Wälder
gemäß sozialen, ökonomischen und ökologischen Kriterien.
Gedruckt in der Tschechischen Republik.

Diese Publikation ist in der Deutschen Nationalbibliografie verzeichnet.
Mehr Informationen dazu finden Sie unter http://dnb.dnb.de.

Der Haupt Verlag wird vom Bundesamt für Kultur mit einem Strukturbeitrag für die Jahre 2021–2024 unterstützt.

Wir verlegen mit Freude und großem Engagement unsere Bücher. Daher freuen wir uns über Anregungen zum Programm und schätzen Hinweise auf Fehler im Buch, sollten uns welche unterlaufen sein. Falls Sie regelmäßig Informationen über die aktuellen Titel im Bereich Natur & Garten erhalten möchten, folgen Sie uns über Social Media oder bleiben Sie via Newsletter auf dem neuesten Stand!

www.haupt.ch

# INHALT

# Vorwort

Vor einigen Jahren habe ich mir ein Stück Land zugelegt und es bepflanzt: mit einer Wiese, einer Hecke und Streuobst. Es schien sehr einfach, und gerade das Anlegen eines kleinen Obstgartens war verlockend. Ich dachte an je zwei Apfelbäume, Pflaumen, Birnen und Kirschen. Als ich mir dann die Sortenliste der Baumschule zum ersten Mal durchlas, war ich mir jedoch nicht mehr ganz sicher: Ich stieß auf die Begriffe «Stammhöhe», «wurzelecht», «guter Pollenspender», «auf Unterlage M 9», «Reifezeit», «Standortfaktoren». Mit einigen der Auswahlkriterien konnte ich noch etwas anfangen, aber mit anderen war ich nicht vertraut. Pollenspender? Gut für die Bienen – und sonst? Wie wichtig ist das alles für die Auswahl der Sorten?

Der Blick in Bücher und Internetangebote half ein wenig, aber richtig zufrieden war ich nicht. Entweder enthielt der Text zu viel botanisches Vokabular, oder er war zwar einfach geschrieben, aber nicht vollständig.

In den 1990er Jahren hatten Gerd Friedrich und Hans Preuße schon einmal die Idee, obstbauliches, theoretisches Wissen für den Hobby-Obstbauern aufzubereiten («Ratschläge für den Obstgarten»). Die Ausführungen von Friedrich und Preuße sind einfach formuliert und wissenschaftlich korrekt. Das hat mir gefallen. Doch leider blieben auch hier viele Fragen unbeantwortet.

So entstand dieses Buch. Im Geiste von Friedrich und Preuße richtet es sich an botanisch interessierte Hobby-Gärtnerinnen und -Gärtner, aber auch an alle, die in kompakter Form erfahren wollen, wie ein Obstbaum «tickt» und was ihn in seinem Innersten ausmacht. Es erklärt zum Beispiel, dass Obstbäume schon neun Monate für das nächste Frühjahr vorausplanen, oder dass aus dem Kern eines 'Boskop' nicht unbedingt ein 'Boskop' entstehen muss. Und vieles mehr.

Viel Spaß dabei!

*Annekathrin Schmid*

# Kapitel 1: **Spross**

# Von der Wurzel **bis zur Krone**

Betrachtet man einen Obstbaum, dann sieht man den Stamm mit Ästen und Zweigen, die sich in die Höhe strecken und voller Blätter sind. Unterhalb der Erdoberfläche und nicht sichtbar befinden sich die Wurzeln. Botanisch ausgedrückt ist aber das, was wir sehen, eigentlich nicht der Stamm mit seinen Verzweigungen und Blättern, sondern ein **Spross**. In Verlängerung dieser Achse schließen sich unterirdisch die Wurzeln an.

Beobachten wir die Entwicklung vom Samen bis zur Jungpflanze:

Die «Geburt» eines Baumes beginnt mit einem **Samen**. Dieser besteht aus dem Embryo mit Keimwurzel und Keimblättern, aus Nährgewebe und einer Samenschale. Zunächst tritt aus dem Samen die Wurzel aus, die den **Keimling** im Boden verankert und ihn mit Wasser versorgt. Anschließend entwickelt sich der Spross. Die **Keimblätter** versorgen ihn mit der nötigen Energie, bis die ersten **Laubblätter** mit der Fotosynthese beginnen, bei der Zucker für das weitere Wachstum produziert wird.

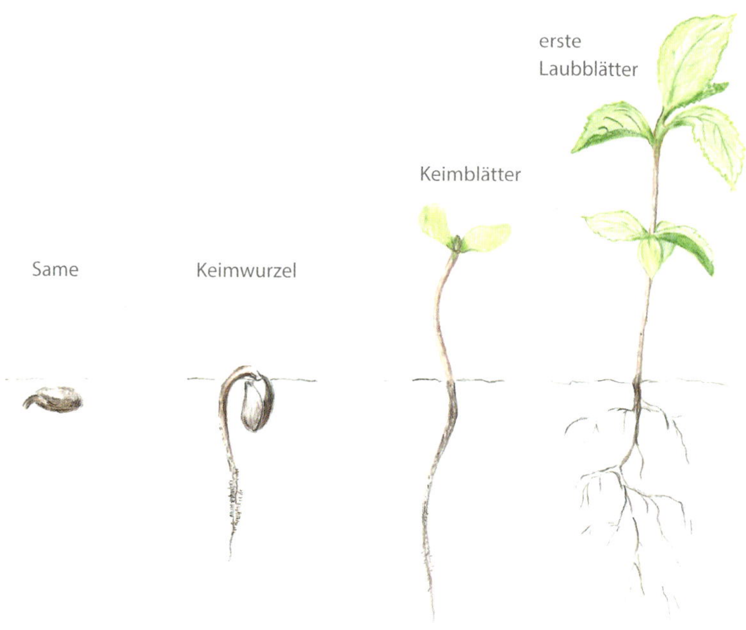

OBEN LINKS: Je nach Art und Sorte – und nach der Vorbehandlung in der Baumschule – verzweigt sich der Stamm ab einer gewissen Höhe. Ein Hochstamm, wie er früher auf freier Wiese hinter den Bauernhöfen stand, beginnt den Kronenaufbau bei etwa 2 Metern. OBEN RECHTS: Hochstämmige, unbeschnittene Obstbäume erreichen Höhen bis 20 Meter. UNTEN LINKS: In großen Gärten werden sogenannte Halb- oder Niederstämme gepflanzt, deren Krone schon in einer Höhe von etwa 80 Zentimetern bis 2 Metern beginnt. UNTEN RECHTS: In ganz kleinen Gärten oder in Obstplantagen findet man Buschbäume und an Spalieren aufgereihte Bäumchen, die fast keinen Stamm mehr haben, sondern sich schon dicht über dem Boden verzweigen.

# Wuchs**formen**

Jeder Baum hat ein Gesicht. Seine Äste wachsen und verzweigen sich, sind dick oder dünn, sprießen in die Höhe oder Breite, entwickeln sich nebeneinander, übereinander, sind gebogen oder gestreckt. In ihrer Gesamtheit machen sie den Baum zu einem unverwechselbaren Lebewesen. Auch wenn es **sortentypische Unterschiede** und Besonderheiten gibt, und sich auch Eingriffe durch den Menschen auswirken, so haben Äpfel, Pflaumen, Birnen oder Kirschen doch gewisse typische Wuchsformen und Eigenheiten, die man wiedererkennen kann.

- Der **Kirschbaum** *(Prunus avium)* erreicht eine stattliche Größe und ist in der Regel schlank. Da seine Früchte vergleichsweise leichtgewichtig sind, hat er meist keine so ausladenden, dicken Seitenäste.

- Der **Birnbaum** *(Pyrus communis)* ist schmal und nicht raumgreifend. Er streckt sich schlank in die Höhe und sein Stamm lässt wenige Verzweigungen nach außen hin zu. Das Gewicht der Früchte sorgt dafür, dass sich die Seitenäste im Laufe der Jahre nach unten neigen.

- Die Zweige und Äste des **Pflaumenbaumes** *(Prunus domestica)* sind meist feingliedrig und der Baum wirkt an sich gestaucht, mit wenig ausladender Krone. Pflaumenbäume bleiben eher unscheinbar.

- Ein **Apfelbaum** *(Malus domestica)* hingegen hat eine breite, ausladende Krone mit starken Seitenästen. Er braucht Platz. Seine Äste sind kräftig, so dass sie die Last der Früchte tragen können.

OBEN LINKS: Süßkirsche. OBEN RECHTS: Birne. UNTEN LINKS: Pflaume. UNTEN RECHTS: Apfel.

# Lebens**phasen**

Nicht nur Art und Sorte bestimmen, wie ein Baum wächst. Auch Alter, Standort und Pflege verleihen dem einzelnen Baum sein **charakteristisches Aussehen**. Grundsätzlich lässt sich die Lebensspanne eines Baumes in drei Phasen unterteilen:

- Im **Jugend- und Entwicklungsstadium** steckt der Baum all seine Kraft in den Aufbau. Es wachsen viele frische, junge Äste heran, die dann im Laufe der Jahre und Jahrzehnte das Gerüst für eine große Krone bilden. Der Baum trägt noch wenig Früchte, weil er seine Kraft in das eigene Wachsen steckt.

- Ist der Baum erwachsen, spricht man vom **Ertragsstadium**. Während dieser Jahre reift der Baum weiter und wird größer, aber das Wachstum verlangsamt sich. Er legt jetzt seinen Fokus auf die Fortpflanzung und produziert Früchte. Das Verhältnis zwischen dem Nachwachsen von Ästen und der Entwicklung von Früchten ist ausgewogen.

- Im **Altersstadium** sind die Äste kräftig und verzweigt. Der Baum wächst kaum noch. Seine Energie steckt er in die Bildung von Blüten und damit von Früchten. In der dritten Phase seines Lebens geht es vor allem darum, in die Zukunft zu investieren und durch Früchte für Nachwuchs zu sorgen. Möglichst viele der Samen sollen aufgehen und die Gene des Baumes weitertragen. Schließlich verliert der Baum die letzte Kraft, bietet als **Totholz** (siehe auch Seite 124 unten rechts) aber neuen Lebensraum für andere Lebewesen und macht Platz für den Nachwuchs.

OBEN LINKS: Ein etwa zehn Jahre alter Kirschbaum. OBEN RECHTS: Ein Apfelbaum in der Mitte seines Lebens. UNTEN: Ein an die hundert Jahre alter Apfelbaum.

# EXKURS Das **Innenleben** des Sprosses

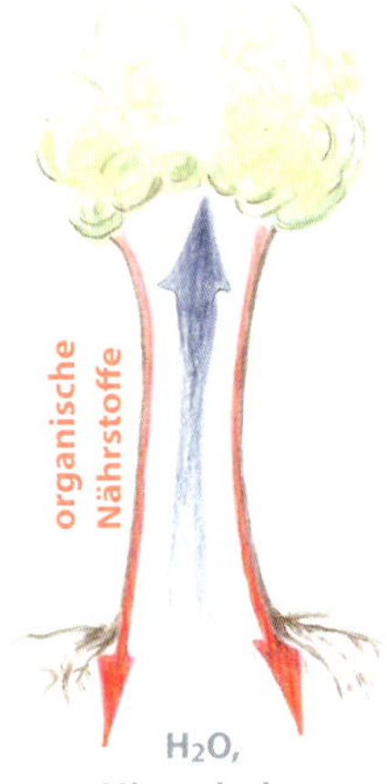


Schneidet man einen Spross der Länge nach auf, sieht man etwas unregelmäßig verlaufende **Leitungsbahnen**. Ganz grundsätzlich kann man sagen, dass in der Mitte des Sprosses die Wasserleitungen verlaufen. In ihnen werden auch in Wasser gelöste Mineralsalze aus dem Boden in die Blätter, Blüten und Früchte der Krone befördert. Weiter außen findet man die Transportwege für die ebenfalls in Wasser gelösten **organischen Nährstoffe**, zum Beispiel Zucker, die die Blätter mit Hilfe des **Sonnenlichtes** produziert haben (Fotosynthese, siehe Seite 54). Die Leitungsbahnen stellen den für das Wachstum notwendigen Austausch zwischen Wurzeln und Spross sicher.

Da die Leitungsbahnen direkt unter der Borke liegen, können bereits vermeintlich oberflächliche Verletzungen der Rinde den Nährstofftransport beeinträchtigen und den Baum schwächen. Dazu gehören Einritzungen oder -kerbungen durch Menschenhand, sobald sie den Bast (siehe Seite 15) beschädigen. Lebensbedrohlich für den Baum wird es dann, wenn Verletzungen großflächiger sind, zum Beispiel verursacht durch Mäusefraß oder Wildverbiss.

Foto eines aufgeschnittenen Zweiges im Sommer. Man erkennt sehr gut die grünen Leitungsbahnen direkt unter der Borke.

Wenn der Spross wächst und sich entwickelt, dann teilen und strecken sich die kleinsten Bausteine organischen Lebens, die **Zellen**. Ein Spross erzeugt jedes Jahr durch Zellteilungen neue **Wasserleitungen nach innen** und **Versorgungsbahnen**, in denen die organischen Stoffe transportiert werden, **nach außen**. Teilen sich die Zellen zur Mitte hin, kommt das einer Dehnung gleich und vergrößert den Umfang des Stammes oder Astes. Verantwortlich für die Produktion der jeweiligen Transportsysteme mit ihren unterschiedlichen Aufgaben ist ein Wachstumsgewebe, das Kambium.

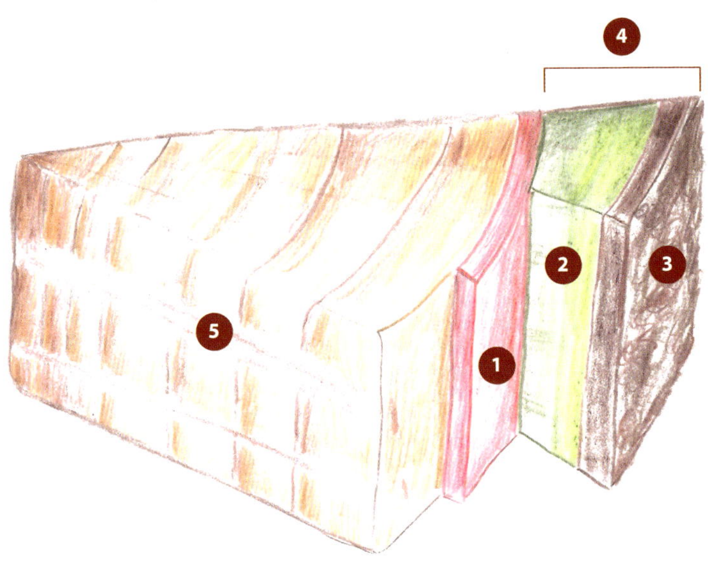


Das **Kambium** ❶ ist eine dünne Schicht, die gleichmäßig nach innen und außen Zellen abgibt. Sie sorgt für die Instandhaltung, die Erweiterung und Verfestigung der Leitungen. Das **Transportsystem** für die organischen Stoffe nennt man **Bast** ❷. Dieser bildet zusammen mit dem äußeren Abschlussgewebe (**Borke** ❸) die Rinde ❹. Das System der wasserführenden, Mineralsalze transportierenden Leitungen nennt man **Holz**. Die sogenannten **Markstrahlen** ❺ dienen dem Stofftransport in Querrichtung.

Wenn Bäume älter werden, dann wachsen sie immer oben. Hängt man eine Schaukel an einen Apfelbaum, ist die Schaukel nach ein paar Jahren immer noch auf derselben Höhe. Denn der Baum wächst nur an der Spitze weiter. Und hätte man zugleich ein Band um den Stamm gewickelt, wäre dieses Band gerissen, weil der Stamm sich kontinuierlich ausdehnt und dicker wird.

# **Alter**sbestimmung

Das Alter eines Baumes kann man an seiner Größe und der Verzweigung seiner Äste ablesen, an der Dicke seines Stammes und der Dicke seiner Äste. Eine genauere Altersbestimmung ist nur möglich, wenn man den Baum fällt. Das Holz zeigt dann die Spuren des Älterwerdens in Form von **Jahresringen**.

Im **Holzteil**, im Inneren des Stammes, steigt das Wasser nach oben in die Krone. Die Gefäße, die das Wasser befördern, werden im zeitigen Frühjahr gebildet. Das geschieht in einer Art Schnellverfahren, denn der Baum benötigt zum Saisonbeginn viel Wasser mit den darin gelösten Mineralsalzen für die Bildung von Blüten und Blättern. Die zuerst angelegten Leitungen haben einen größeren Durchmesser, sind aber dünnwandig und nicht sehr stabil. Dieses frisch gebildete Holz nennt man **Frühholz** ❶. Ende Juni, Anfang Juli orientiert sich der Baum um: Er investiert jetzt seine Energie in die **Stabilität**. Die neu gebildeten Zellen werden dickwandiger und enger, und Holzstoff (Lignin) wird zur Verfestigung in die Gefäßwände eingelagert. Es wird das sogenannte **Spätholz** ❷ gebildet. Das geschieht bis zum Herbst, dann ruht der Baum.

Und wenn sich im nächsten Frühjahr die Zellen wieder zu teilen beginnen und neues Gewebe bilden, beginnt der Kreislauf erneut: Die ersten Zellen sind großräumig, die folgenden dann kleiner. Die unterschiedlichen Phasen erkennt man als Ring. Jeder **Ring** zeigt den **Holzzuwachs** eines Jahres im Rhythmus der Jahreszeiten.

Je älter der Baum wird, um so weniger nutzt er die Gefäßleitungen ganz im Inneren. Dieses Holz in der Mitte des Stammes setzt sich dann oft auch farblich ab und wird **Kernholz** ❸ genannt. Dieser Teil dient nur noch der Stabilisierung. Wasser fließt im jüngeren Gewebe weiter außen, im sogenannten **Splintholz** ❹.

OBEN LINKS: Ein aufgeschnittener Zweig eines Apfelbaumes. Die Jahresringe sind deutlich an den unterschiedlichen Farben erkennbar. OBEN RECHTS: Das Kambium der Eiche erzeugt im Frühjahr sehr großporige Gefäßleitungen, die später gebildeten sind enger. UNTEN: Ein aufgeschnittener Eichenstamm mit Jahresringen sowie älterem, dunklerem Kernholz und frischem, hellerem Splintholz. Der dunkle Bast und die rissige, hier moosbewachsene Borke schließen den Baum nach außen ab.

# Kapitel 2: **Rinde**

# **Hülle** und Alter

Damit der Baum vor Sonnenbrand, Frostrissen und unerwünschten Eindringlingen geschützt ist, umgibt ihn eine ziemlich feste Hülle, die Rinde. Sie besteht aus einer Außenhaut, dem **Kork** oder der **Borke**, und einer Innenhaut, dem **Bast**. Der Bast, der Abschluss nach innen, ist dünn, und man kann ihn meist kaum sehen, obwohl er das zentrale Leitungsorgan für den Zucker ist, der aus den Blättern in den Stamm und die Wurzel transportiert wird.
Die äußere Haut sieht je nach Alter anders aus und durchlebt drei Lebensstadien: Die «Frischlingsphase» im ersten Jahr, die glatte Rinde in der Jugend und die rauhe Borke ab einem Alter von etwa 10 bis 15 Jahren.

- In der «Frischlingsphase» ist der ganz junge Spross nur mit einer dünnen Haut umgeben, die zwar mit **Wachs** beschichtet und manchmal von Härchen bedeckt ist, aber doch sehr biegsam und auch empfindlich ist. Diese zarte Schicht stirbt schon sehr bald ab und wird ersetzt durch ein festeres Abschlussgewebe, das gemeinhin als **Rinde** bezeichnet wird.

- Die neue Haut in der Jugend ist relativ glatt und so abgedichtet, dass **Feuchtigkeit** weder hinein- noch hinauskommt. Manche Bäume, wie die Haselnuss, bleiben in diesem Stadium stehen. Doch bei den meisten Obstbäumen ist es so, dass sich die Rinde im Alter stark verändert.

- Die einst dünne Rinde entwickelt sich im Laufe der Jahre zur robusteren, markanten **Borke**. Je nach Art und Sorte ist sie hell oder dunkel, eher glatt oder faserig, schuppig oder furchig. Diese besteht aus einem Korkgewebe aus verdickten Zellen. Sie enthalten in ihren Wänden einen wasserabweisenden (hydrophoben) Stoff, das **Suberin**. Es macht die Wände für Wasser und Gase praktisch undurchlässig und hat sogar **antibiotische** Wirkung. Diese Korkzellen sterben schon bald nach ihrer Bildung ab und sind dann luftgefüllt. Sie fallen aber meist nicht ab, sondern werden immer wieder mit neuen Gewebeschichten überdeckt.

OBEN LINKS: Der frische Austrieb eines Apfelbaumes, nur wenige Wochen alt. Eine Wachsschicht und Behaarung schützen den jungen Spross. OBEN RECHTS: Der junge Austrieb eines Birnenzweiges. Der glänzende Wachsüberzug verweist darauf, dass der Neuling nur einige Tage alt ist. UNTEN LINKS: Der mehrjährige Ast eines Apfelbaumes mit einer glatten Rinde. Diese Außenhülle ist fest und bietet einen guten Schutz vor Parasiten und schlechtem Wetter. UNTEN RECHTS: Borke eines sehr alten Pflaumenbaumes. Sie wirkt wie eine Dämmschicht und enthält mit Suberin einen Baustoff, der die Zellen wasserundurchlässig macht.

# Hautveränderungen

Wie es aussieht, wenn ein Baum erwachsen wird, lässt sich an der Entwicklung seiner **Rinde** ablesen. Wenn sich nämlich im Inneren des Stammes Zellen teilen und der Durchmesser des Stammes zunimmt, verursacht das Spannungen in der Außenhülle. Die äußere Schicht der Rinde kann sich nicht mit ausdehnen. Sie reißt im Laufe der Jahre und fällt ab, was vor allem typisch für Kirschrinden ist. Unter dieser Außenhaut bildet sich das Korkgewebe, die **Borke**, die in den tieferen Schichten immer wieder neu nachgebildet wird.

Der **Stamm** wird durch diesen **Kork**, der wie eine Dämmschicht wirkt, «aufgepolstert». Da er kein Wasser führt, kann er auch nicht einfrieren. Die Borke ist zwar tot, aber trotzdem fest mit dem restlichen Stamm verbunden und ein guter **Schutz** vor Kälte, Hitze, Fraß und Infektionen.

LINKE SEITE: Noch ist der Stamm von einer glatten Außenhaut umgeben, die aber zu reißen beginnt ❶. Unter ihr entwickelt sich das Korkgewebe. OBEN: Ein ganz normaler Alterungsprozess: Die Außenhaut ist fast vollständig gerissen ❷, und immer mehr Borke wird sichtbar. UNTEN: Bei der Kirsche bilden sich Ringe aus Korkgewebe. Das führt zur sogenannten Ringelborke ❸, die sich einrollt und nach einiger Zeit abfällt.

# Die Haut **atmet**

Die Rinde ist sehr stabil und schirmt den Spross nach außen hin ab. Es sollen weder Feuchtigkeit, noch Bakterien, Pilze und Insekten eindringen, die Schaden anrichten könnten. Um aber trotzdem das **Stammgewebe** zu durchlüften und eine Verbindung nach außen herzustellen, gibt es auf der Außenhaut kleine, punktförmige Öffnungen. Sie werden **Korkwarzen**, Atemporen oder **Lentizellen** genannt. Durch diese «Fenster» wird der Gasaustausch zwischen innen und außen möglich. Anders als die Spaltöffnungen der Blätter (siehe Seite 50) sind die Korkwarzen starr und reagieren nicht aktiv auf Temperaturunterschiede durch Öffnen und Schließen. Allerdings zieht sich hinter der Öffnung das Rindengewebe im Winter zusammen und schützt so den Baum vor Kälte.

LINKE SEITE: Besonders auf der Rinde von Kirschen findet man viele Korkwarzen. Sie verleihen den Ästen ein charakteristisches Muster. OBEN: Die Oberfläche der Korkwarzen ist mit winzigen Wachskristallen besetzt. Dadurch perlt Wasser auch bei Dauerregen ab. UNTEN: Auch Früchte haben Atemporen. Die Struktur der Außenhaut ist neben Form, Farbe und Reifezeit ein weiteres Kriterium für die Sortenbestimmung.

# Verletzungen

Eigentlich ist es normal für einen Baum, mit **Wunden** umzugehen. Gerade dann, wenn sie nur klein sind. Denn sie entstehen ständig: beim **Laubabfall** im Herbst, beim Abfallen der Kron- und Staubblätter der Blüten und beim Loslassen der reifen Früchte. Solche Miniwunden heilen rasch, da sie sich sofort mit einer **Korkschicht** verschließen, die oft schon vor der Trennung des Organs gebildet wurde.

Anders ist es bei größeren Verletzungen, wenn beispielsweise ein Ast abgebrochen wurde. Dann liegen die Leitungskanäle frei und öffnen Tür und Tor für Infektionen, Pilze und andere unerwünschte Eindringlinge.

Der Baum versucht, die Wunde so schnell wie möglich zu schließen. Als Erstmaßnahme produziert das **Kambium**, die Wachstumszentrale (siehe auch Seite 14 f.), zunächst einmal viele neue Zellen. Allerdings ungeordnet und nicht sortiert nach Zellen für Bast oder Holz. Es entstehen rund um den Rand Wucherungen, der sogenannte **Wundkallus**. Er hat die Aufgabe, das offene, lebende Gewebe, nämlich den Bast, zu schützen und wieder zu verschließen.

Der **Wundkallusring** wächst von den Rändern Richtung Mitte. Wenn die Wunde vollständig überwallt ist, kann das Kambium wieder seine Aufgabe erfüllen und geordnet Zellen nach innen ans Holz und nach außen an die Bastschicht der Rinde abgeben.

Immer im Spiel sind Schutzstoffe des Baumes, die ihn vor schädlichen Organismen schützen. Die wichtigsten Wirkstoffe der Korkschicht sind eingelagerte Gerbstoffe mit **antibiotischer Wirkung** und das aufgelagerte, für uns nicht sichtbare **Suberin**, das wie eine wasserabweisende Imprägnierung wirkt. Auch das **Harz** an Wunden soll Fäulniserreger und andere Eindringlinge aufhalten.

OBEN LINKS: Eine frische Schnittstelle nach dem Abschneiden eines Astes im Februar. Das Innere liegt offen und zeigt die Verwundbarkeit des Baumes. Parasiten können ungehindert eindringen. OBEN RECHTS: Die Wunde, verursacht durch einen Schnitt, ist von einem Wundkallus umgeben. Dieser wird im Laufe der Jahre zusammenwachsen. UNTEN LINKS: Der Wundkallus ist zugewachsen. Das Kambium kann wieder für den Holz- und Rindenaufbau sorgen. UNTEN RECHTS: Mit Harz verkleisterter Wundkallus an einem alten Baum. Das Harz ist typisch beim Kirschbaum und kommt so gut wie gar nicht beim Apfelbaum vor.

OBEN LINKS: Ein senkrechter Riss in der Rinde ist meist ein Frostschaden und aktiviert kaum Selbstheilungsstrategien. OBEN RECHTS: Der Stamm eines abgestorbenen Apfelbaumes ohne Borke. Die rechtsdrehende Wachstumsrichtung ist gut zu erkennen. Dass sich manche Bäume links- und manche rechtsherum drehen, ist wohl genetisch bedingt. UNTEN: Dieser Apfelbaum windet sich linksdrehend um seine Achse. Das verleiht ihm mehr Stabilität.

OBEN: Sehr alte Bäume aktivieren viel Harz, um Brüche und Kratzer zu versorgen. UNTEN LINKS: Junge Bäume stecken Verletzungen leichter weg. Aber es bleiben immer Narben. UNTEN RECHTS: Ein abgeschnittener Ast. Das offengelegte Holz stirbt ab, wird morsch und zerfällt, weil die Schnittfläche nicht überwallt worden ist. Im Laufe der Jahre kann hier eine Höhle entstehen, ein idealer Brutort für diverse Meisenarten, Feldsperling, Gartenrotschwanz und Grauschnäpper.

# EXKURS Kunst der Vermehrung – die **Unterlage**

Unsere **Obstgehölze** sind **Kulturpflanzen** und eigentlich Mischwesen. Denn die Wurzel mit dem Stammansatz stammt meist von einem anderen Baum, und der arten- bzw. sortenspezifische Obst-Teil wurde nur daraufgesetzt. Man hat die Wuchseigenschaften zweier Organismen durch die Transplantation eines Pflanzenteils auf eine andere Pflanze gekoppelt. Beim sogenannten **Veredeln** wachsen zwei genetisch unterschiedliche Organismen zu einem neuen Individuum zusammen. Das ist eine Form der **vegetativen Vermehrung** (siehe Seite 120). Im gärtnerischen Fachjargon heißt das: Man wählt eine **Unterlage** (einen Teil vom Stamm mit Wurzeln eines Baumes) und pfropft darauf ein **Edelreis** (einen Obstzweig der gewünschten Sorte). Wenn die beiden Kambien (Wuchsgewebe) exakt aufeinanderliegen, wachsen die «Fremdlinge» zusammen. Das funktioniert natürlich nur, wenn «sie sich verstehen», d. h. es klappt umso besser, je enger die Verwandtschaft ist. Durch das Veredeln kann man die individuellen Eigenschaften der Ursprungsorganismen erhalten. Es lässt sich dann voraussehen,

- ob der Baum schnell oder langsam wächst, welche Höhe er erreicht, ob er Trockenheit und Kälte verträgt oder wie gut er Mineralsalze aufnimmt,
- und man weiß, welche Früchte der Baum tragen wird und wie sie schmecken werden.

Die Kunst der Veredelung wird schon seit der Antike praktiziert. Systematisch wurde vor über 100 Jahren damit begonnen, gezielt Unterlagen im Obstbau zu nutzen. Die wohl am meisten verbreitete Unterlage und auch eine der ältesten (um 1915) ist die Unterlage M 9 (M steht für die Obst-Forschungsanlage in East Malling in Großbritannien). M 9 gehört zu den sogenannten schwach wachsenden Unterlagen und eignet sich für Apfelbäume. Sie hat die Eigenschaft, dass der Baum nur knapp drei Meter hoch wird und sehr früh große Früchte trägt. Allerdings werden die Bäume auf dieser Unterlage nicht sehr alt. Das Gegenstück hierzu wäre eine stark wachsende Unterlage, wie zum Beispiel A 2, eine schwedische Selektion aus Alnarp. Sie ist sehr unempfindlich gegenüber Frost, langlebig (bis zu 80 Jahre und mehr) und fördert das Wachstum in Höhe und Breite. Sie eignet sich z. B. für einen Hochstamm in freier Landschaft (Streuobst).

OBEN LINKS: Ein Kirschbaum. Bei genauem Hinsehen sieht man die schräge Stelle der Veredelung. Die Unterlage ist rötlich und der aufgesetzte Kirschklon silbrigbraun. OBEN RECHTS: Diese Art der Überwallung ist ein typisches Altersphänomen für einen Obstbaum mit einer Unterlage. UNTEN: Bei diesem Birnbaum sind sich Unterlage und der aufgesetzte Trieb nicht ganz «grün» und haben wohl ihr Leben lang miteinander gerungen (siehe auch Seite 121).

# Kapitel 3: **Wurzeln**

# Das «**Gehirn**» des Baumes

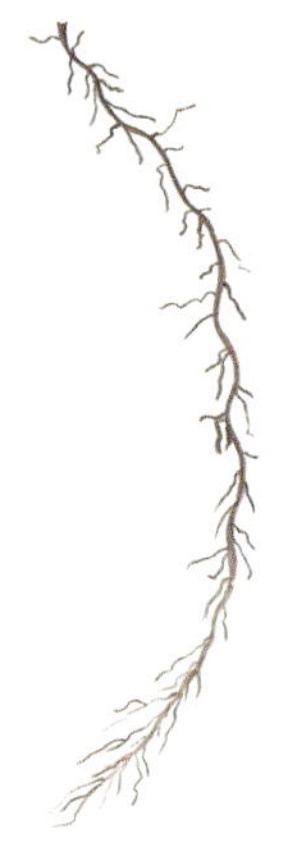

Wenig ausgebildeter Wurzelstrang in einem wasserarmen Sandboden

Der Stellenwert der Wurzeln wird oft unterschätzt, wahrscheinlich einfach deswegen, weil man sie nicht sieht. Ein **Drittel des Gesamtgewichts** eines Baumes besteht aus Wurzeln, und der Durchmesser des Wurzelwerks übertrifft meist den der Krone. Wurzeln verleihen dem Baum Stabilität und verantworten das Wachstum, weil sie gemeinsam mit den Blättern zuständig für die Versorgung sind. Im Gegensatz zu den Blättern, die im Herbst abfallen, sind die Wurzeln das ganze Jahr über aktiv. Nur bei Temperaturen unter 0 Grad Celsius ruhen sie. Sie sind also das **zentrale Organ** des Baumes.

Das **Aussehen der Wurzeln** von Obstgehölzen unterscheidet sich mitunter erheblich. Sie haben aber kein allgemeingültiges, artspezifisches Aussehen. Die Wurzel ist ein ausgesprochen anpassungsfähiges Organ, das ganz unterschiedlich ausgebildet sein kann: Mal sind die Wurzeln kurz, mal lang, reichen mal tief hinunter, mal flach – je nach Alter, Nachbarn, Wetter und Boden.

Lange bevor sich der Baum mit seinen Ästen ausgebreitet hat, haben die Wurzeln die Erde schon durchwurzelt. In jungen Jahren wachsen sie eher in die Tiefe, um sich fest zu verankern, später breitet sich das Wurzelwerk seitlich aus. Das hängt dann auch vom Platz- und Wasserangebot ab. Kann der Baum nicht genügend Wurzeln bilden, kann er auch nicht gedeihen.

In trockenen Gegenden dieser Erde können sich Wurzeln schon mal bis zu sieben Metern in die Erde bohren. Normalerweise bewegt sich die Masse der Wurzeln unserer heimischen Bäume in einer Tiefe von etwa einem halben Meter bis zu drei Metern.

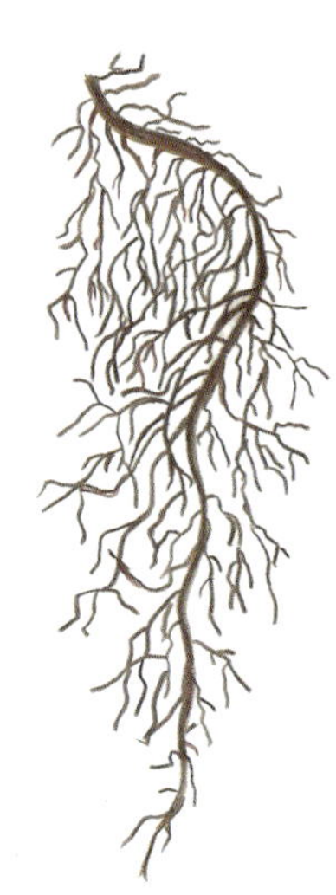

Wurzelstrang in einem gut mit Wasser und Mineralsalzen versorgten lehmigen Boden

OBEN: Wachstums- oder Hauptwurzeln haben die Aufgabe, das Wurzelsystem schnell zu vergrößern. Sie sind eine Art Leitwurzel und zuständig für die stabile Verankerung. UNTEN LINKS: Die dünnen Saug- oder Faserwurzeln durchdringen auch feste Lehmböden, immer auf der Suche nach Wasser und Mineralsalzen. Sie sterben sehr schnell, aber erneuern sich ständig. UNTEN RECHTS: Wurzeln sind mitunter mit einer Schleimschicht umgeben. In dieser Zone können Mikroorganismen für eine gute Versorgung mit Mineralsalzen sorgen.

# Was **können** die Wurzeln?

Damit ein Baum wachsen kann, braucht er eigentlich nicht viel: Er benötigt Mineralsalze, die zusammen mit den Fotosyntheseprodukten als Bauelemente für neues Gewebe dienen, außerdem Wasser als Transportmittel und Energie für seinen Stoffwechsel. Hier spielen die Wurzeln eine entscheidende Rolle.

- **Mineralsalze**. Wurzeln nehmen Mineralstoffe wie Stickstoff, Phosphor, Schwefel, Kalium, Magnesium oder Eisen aus dem Boden auf (siehe auch Seite 42). Das geht in der Regel nur, wenn diese in ausreichender Menge und in Form von Salzen **in Wasser gelöst** sind. Wenn sie dann im «Motorraum» der Wurzel gelandet sind, müssen sie so mit den Fotosyntheseprodukten zusammengebaut werden, dass der Organismus sie für seine Zwecke nutzen kann. So werden beispielsweise aus den Zuckerbestandteilen Kohlenstoff, Wasserstoff und Sauerstoff zusammen mit Stickstoff und Schwefel **Eiweiße** (Proteine) hergestellt, die junge Äste, Blätter oder Wurzelspitzen für ihr Gedeihen brauchen.

- **Wasser**. Von den Wurzeln aus wird das Wasser nach oben geleitet, das die Blätter für die **Fotosynthese** brauchen. Die Wurzeln müssen dafür sorgen, dass der Wasserstrom nach oben nie abreißt, denn ohne Wasser keine Fotosynthese. Daher sind vor allem die Wurzelspitzen ständig auf der Suche nach Wasser.

- **Energie**. Alle Fotosyntheseprodukte, die der Baum im Sommer nicht verwertet, müssen eingelagert werden und zwar im Stamm und in der Wurzel. Das sind vor allem Kohlenhydrate mit der darin gespeicherten Energie in Form von chemischen Bindungen. Der Baum braucht diese Energie, um im nächsten Frühjahr die Knospen austreiben zu lassen. Die **Kohlenhydrate** wurden von den Blättern produziert und können in verschiedenen Formen vorkommen: als **Zucker**, der in Wasser gelöst transportiert werden kann, und als **Stärke**, die nicht wasserlöslich ist, und als Speicherstoff dient. Es ist diese Stärke, die oft mehr als ein halbes Jahr in der Wurzel lagert, bis sie dann im nächsten Frühjahr von den aufbrechenden Knospen als Energielieferant aus den Wurzeln abgerufen wird (siehe auch Seite 54 f.).

# **Arbeitspensum** im Jahresverlauf

Wurzeln sind schon in den kalten Monaten des beginnenden Jahres bereit zu arbeiten. Je wärmer der Boden wird, umso aktiver werden sie.

## MÄRZ/APRIL: DER ERSTE WACHSTUMSSCHUB

Die Wurzel ist verantwortlich für die Versorgung der jungen Organe mit Wasser und mit organischen Nährstoffen, die sie über den Winter gelagert hat. In diesen Reservestoffen, die im vorangegangenen Sommer und Herbst angelegt wurden, steckt chemisch gebundene Energie. Damit versorgen die Wurzeln die sich öffnenden Blattknospen mit Energie, die in den Reservestoffen chemisch gebunden vorliegt – so lange, bis die Blätter wieder in der Lage sind, über die Fotosynthese Zucker herzustellen.

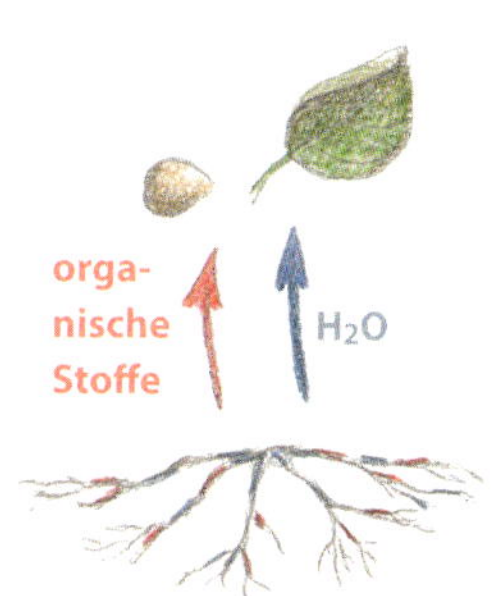


## BIS MITTE JULI: VERSORGUNG ÜBER BLÄTTER

Die Reserve in den Wurzeln geht zur Neige. Mittlerweile trägt der Baum ausreichend Blätter, die nun selber für den Energienachschub sorgen können (durch organische Stoffe mit energiereichen chemischen Bindungen aus der Fotosynthese).

Erst jetzt werden die Wurzeln entlastet und aus der Krone mit Energie versorgt, so dass sie sich selber weiterentwickeln können.

## AB MITTE JULI: DAS LAGER WIRD WIEDER GEFÜLLT

Die Wurzeln ziehen in erster Linie Wasser aus dem Boden. Durch die Fotosynthese erhalten sie in der Jahresmitte bereits mehr organische Nährstoffe mit darin gebundener Energie, als sie für die aktuelle Versorgung brauchen. Es werden also mehr Nährstoffe in die Wurzeln geschickt, als ihr entzogen werden. So werden bereits ab Mitte des Jahres Reserven für das nächste Frühjahr angelegt.

# Konkurrenz und **Zuständigkeit**

Bäume werden oft in Gesellschaft gepflanzt, und hier zeigen sich gewisse Vorlieben und Abneigungen des jeweiligen Wurzelgeflechts. Ein Nachbarbaum ist ja immer auch ein Konkurrent. Das Ringen um **begrenzte Ressourcen** kann dazu führen, dass die Wurzeln von nebeneinanderstehenden Bäumen Abstand halten und sich eher in die Tiefe ausbreiten, so dass es uns erscheint, als wollten sie keinen engeren Kontakt miteinander. Und gleichzeitig gibt es das Phänomen, dass die Wurzeln von Nachbarn ineinander wachsen und sich verschränken.

Auch gibt es das Phänomen, dass Pflanzen mit ihren Ausscheidungen mehr oder weniger aktiv auf ihre Umgebung einwirken. Diese Wechselwirkung zwischen Nachbarn wird auch **Allelopathie** genannt. So scheidet zum Beispiel der Walnussbaum chemische Botenstoffe aus, die in den Boden gelangen und dafür sorgen, dass viele andere Pflanzen sich nicht entwickeln können. Apfelbäume verhindern, dass ihr eigener Nachwuchs sich in unmittelbarer Nähe niederlässt. Ihre Wurzeln geben das sogenannte Phlorizin ab, das durch Mikroorganismen so umgewandelt wird, dass Apfelkerne nicht auskeimen können.

Wurzeln versorgen in der Regel ihre jeweilige Seite. Sie stehen in **direktem Kontakt** zu den Ästen, Zweigen und Blättern, denen sie am nächsten stehen. Und so ist jede Wurzel für die **Versorgung** eines ganz bestimmten Bereichs der **Krone** auf ihrer Seite zuständig.

Für eine ausreichende **Wasserversorgung** des Baumes sind ausschließlich die Wurzeln verantwortlich. Regen oder Tau können zwar von den Blättern aufgenommen werden, das spielt aber keine Rolle bei der Versorgung. Auch Stamm und Äste können vorübergehend etwas Wasser speichern und kurzfristige Wasserengpässe abfedern, aber ein Ersatz für wassersaugende Wurzeln können sie nicht sein. Wegen dieser **Zuständigkeit** ist das Aussehen der Wurzel von Baum zu Baum verschieden. Immer auf der Suche nach Wasser durchdringen sie den Boden entweder in die Breite oder in die Tiefe.

# Was **brauchen** Wurzeln?

- **Sauerstoff und lockeren Boden**. Wie im Kapitel zur Fotosynthese beschrieben (siehe Seite 54 f.), wird der produzierte Zucker in Form von **Stärke** in den Wurzeln eingelagert. Stärke kann nicht transportiert werden. Sie muss wieder in Zucker aufgespalten werden, um daraus die gespeicherte Energie freizusetzen. Der Vorgang, bei dem Lebewesen Kohlenhydrate abbauen und daraus Energie gewinnen, ist die **Atmung**. Wie Tiere und Menschen brauchen die Pflanzen für die Atmung **Sauerstoff**. Die Wurzeln nehmen ihn aus dem Boden auf. Bei der Atmung entsteht **Kohlendioxid**, das nicht gebraucht und abgegeben wird. Je lockerer der Boden, desto mehr Luft enthält er und desto besser funktioniert der Gasaustausch.

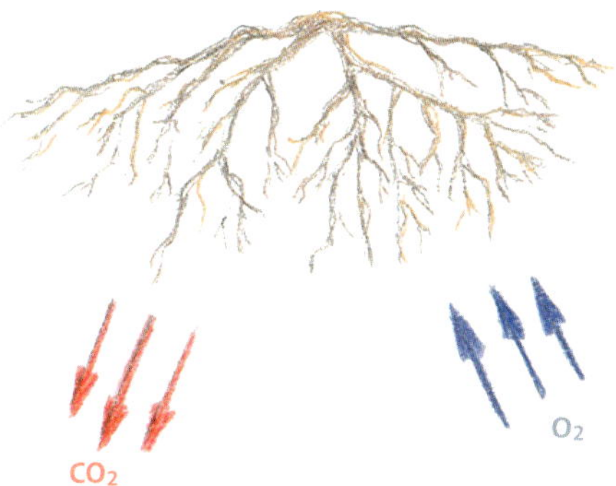


- **Wärme**. Wurzeln haben eigentlich keine **Ruhephase**, außer die Temperaturen sinken unter 0 Grad, dann kommt ihre Tätigkeit zum Stillstand. Aber schon im zeitigen Frühjahr geht es los, und so sind sie mit dem Wachsen schon einen Monat früher dran als der übrige Teil des Obstbaumes: Wärme ist dabei zentral. Am besten wachsen sie **zwischen 15 und 25 Grad Celsius**. Der Pflaume und dem Apfel genügen als Anschub schon um die 4 Grad Celsius.

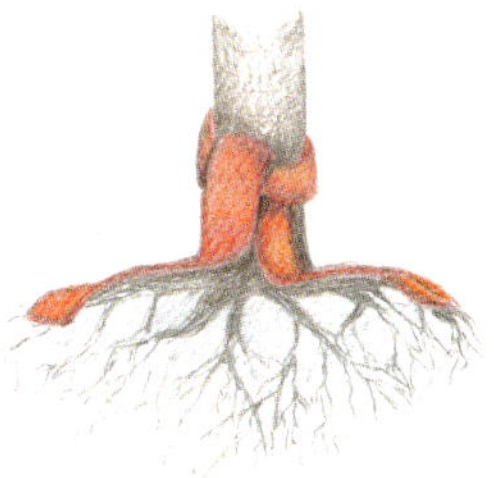

# Wachstum und **Gleichgewicht**

**Wurzel** und **Krone** bilden eine natürliche, untrennbare Einheit. Sie sind Partner, und nur mit einem starken **Wurzelsystem** kann ein Baum eine stabile, weit verzweigte und reich beblätterte Krone entwickeln. Umgekehrt können nur ausreichend viele Blätter über die Fotosynthese genügend Kohlenhydrate für die Versorgung auch der Wurzeln produzieren.

Doch nicht nur Blätter und Wurzeln bedingen einander. Auch die **Früchte** haben einen großen Einfluss auf das Wurzelwachstum. Sie sind Konkurrenten beim Ringen um eine gute Versorgung mit organischen Nährstoffen. In der Phase der Früchtebildung, wenn der Baum seine Kraft in die Vermehrung steckt, bleibt keine Energie für die Wurzelbildung. Die Wurzelmasse verringert sich sogar, weil abgestorbene **Faserwurzeln** nicht wieder erneuert werden, wegen fehlenden Energienachschubs. Die Investition in Früchte geht immer auf Kosten der Wurzeln. Diese Vernachlässigung hat dann wiederum Auswirkungen auf die Bildung von Reserven für das nächste Frühjahr und mindert sogar die **Frostverträglichkeit** des Baumes.

Man kann davon ausgehen, dass beim Apfel der Wurzelanteil bei etwa 25 bis 30 Prozent des Kronengewichts (ohne Stamm) liegt. Je nach **Bodenqualität** entwickeln sich auch seine Wurzeln, und es gilt, dass der Baum sein **individuelles Gleichgewicht** zwischen Wurzel und Krone immer wieder herzustellen versucht. Wenn es durch einen starken Rückschnitt durch die Gärtnerin oder den Gärtner zu einem relativen Übergewicht der Wurzel kommt, so wird der Baum versuchen, diese Unausgewogenheit auszugleichen.

OBEN: Das Gleichgewicht zwischen Krone und Wurzeln ist durch einen Rückschnitt nicht mehr gegeben. Dicht nebeneinanderstehende Wasserschosse haben versucht, das Ungleichgewicht zwischen Krone und Wurzel zu kompensieren. UNTEN LINKS: Selbst solche dicht stehenden langen Peitschen können nach zwei oder drei Jahren blühen. UNTEN RECHTS: Ein geschnittener Birnbaum mit Wassertrieben. Das Gleichgewicht zwischen Wurzel und Krone ist auch bei diesem Beispiel durcheinandergeraten. Die neuen Triebe sollen die Balance wiederherstellen.

# EXKURS Boden und Ernährung

Alles Lebendige besteht aus Zellen. Darin spielen sich alle Stoffwechselvorgänge ab, die den Fortbestand des Lebewesens sichern. Wichtige Baustoffe in der Zelle sind die **Eiweiße**. Diese benötigen neben den Produkten aus der Fotosynthese weitere Elemente wie Stickstoff, Phosphor, Schwefel, Kalium oder Magnesium, die wiederum nur über die Wurzel aufgenommen werden können. Wichtigster Baustein ist **Stickstoff**. Fehlt er, hat der Baum wenig Kraft zum Wachsen. Zu einer guten **Ernährung** des Obstbaumes gehören auch **Spurenelemente** wie Eisen, Mangan, Zink oder Kupfer, die in kleinsten Mengen die Versorgung abrunden. Wie gut die Mineralsalzaufnahme aus dem Boden gelingt, hängt davon ab, wie der Boden beschaffen ist. Ein guter Boden ist lehmig, also eine Mischung aus **Ton und Sand**. Ton kann Mineralsalze und Wasser festhalten und schützt den Baum davor, dass das Wasser nach Regen gleich wieder in die Tiefe versickert. Der Sand sorgt dafür, dass der Boden nicht zu dicht und gut durchlüftet ist. So verhindert er, dass Wurzeln nasse Füße bekommen.

Doch ein Boden besteht nicht nur aus Ton, Lehm oder Sand, sondern auch aus **Humus**. Dazu zählen alle mehr oder weniger stark zersetzten toten Pflanzen, Pflanzenteile und Tiere. Wenn sie von den Bodenorganismen komplett abgebaut worden sind, können die in ihnen gespeicherten Mineralsalze von den Wurzeln wieder aufgenommen werden. In einer Handvoll Boden können zahlenmäßig gesehen mehr **Bodenorganismen** leben, als es Menschen auf der Erde gibt: Bakterien, Pilze, Geißeltierchen, Wurzelfüßer, Strudelwürmer, Wimpertierchen, … Der Gewichtsanteil dieser für die Bodenfruchtbarkeit entscheidenden Milliarden von Miniaturlebewesen beträgt allerdings weniger als ein Prozent der gesamten **Bodensubstanz**.

Der König der Bodentiere ist der **Regenwurm**, der viel zur Qualität des Bodens beiträgt. Auf der Suche nach Futter durchwandert er auch tiefere Bodenschichten. Beim Verdauen hinterlässt er eine gut durchmischte Ton-Humus-Erde. Diese wiederum ist ein hervorragender Speicher für Mineralsalze und Wasser. Der Boden bleibt locker und das sorgt für die wichtige **Bodendurchlüftung** (siehe Seite 39). Und die Gänge, die Regenwürmer hinterlassen haben, werden besonders in schweren, lehmigen Böden von den Wurzeln genutzt.

OBEN: Durch ihr unermüdliches Graben und Ausscheiden belüften und düngen Regenwürmer den Boden. Sie sind maßgeblich für gute Bodenqualität verantwortlich. UNTEN LINKS: Komposterde ist ein wichtiger Mineralsalzträger. Hier wohnen Milliarden von Kleinstlebewesen, die Elemente wie Stickstoff, Phosphor oder Eisen so aufbereiten, dass die Wurzeln des Baumes sie auch verwenden können. UNTEN RECHTS: Die obersten 30 Zentimeter eines lehmigen und verdichteten Bodens. Er kann zwar Wasser speichern, aber die Versorgung mit Sauerstoff ist nicht optimal. Das beim Atmen der Wurzeln entstehende Kohlendioxid kann schlecht entweichen.

# Kapitel 4: **Blätter**

# Das «**Herz**» des Baumes

Wenn die Wurzel das «Gehirn» der Pflanze ist, so sind die grünen Blätter das «Herz». Hier findet die **Fotosynthese** statt und produziert für den Baum die Bausteine seines Körpers. Und zugleich bindet sie darin die lebenswichtige **Energie**.

Die Menge an Blättern an einem Baum ist riesig. Berücksichtigt man Ober- und Unterseite aller Blätter, so können einige hundert Quadratmeter zusammenkommen.

Im Gegensatz zu Spross und Wurzel, die nahezu ständig weiterwachsen, erreichen die Blätter sehr schnell ihre endgültige Größe. Im Frühjahr, wenn sie aus den Knospen hervorbrechen, müssen die ganz jungen Blätter noch versorgt werden: mit **Zucker**, der über den Winter als Stärke in der Wurzel gelagert wurde. Wenn sie nur etwa die Hälfte ihrer Größe erreicht haben, sind sie schon in der Lage, selbst Zucker zu produzieren und auf diese Weise **chemische Energie** zu speichern. Sobald sie wenig später in vollständiger Größe ausgebildet sind, ist der hier gebildete Zucker der hauptsächliche Energielieferant des Baumes.

Wird ein Blatt beschädigt oder von einer Krankheit befallen, kann es die Schäden nicht reparieren. Es liefert dann weniger oder gar keinen Zucker, also auch entsprechend weniger oder keine Energie mehr. Blätter haben keine Selbstheilungsmechanismen.

OBEN LINKS: Die Vitalität der jungen Birnenblätter ist ein guter Indikator für die Gesundheit des Baumes. OBEN RECHTS: Das Aussehen der Blätter, ob eher gerippt und zart wie hier bei der Kirsche oder behaart wie bei einem Apfelbaum, ist arten- und sortentypisch. UNTEN: Sind Blätter wie diese eines Apfelbaumes durch Fraß oder Hagel im Laufe des Jahres verletzt worden, bleiben sie bis zum Laubfall im Herbst in diesem Zustand am Baum.

# **Aufbau** des Blattes

Zusammen mit den Wurzeln bilden die Blätter des Baumes ein ausgeklügeltes Produktions- und Transportsystem. Jedes einzelne Blatt ist nicht nur ein sehr filigranes Gebilde, sondern auch ein sehr komplexes.
Das Abschlussgewebe nennt man die **Epidermis** ❶. Aus ihr sprießen bei vielen Arten kleine Härchen. Sie ist von der **Cuticula**, einer **Wachsschicht**, bedeckt, die wie die Haare das Blatt vor Austrocknung schützt. In den darunter liegenden Zellen des **Palisadengewebes** ❷ findet die Fotosynthese in den **Chloroplasten** statt. Das ist der Maschinenraum. Eingebettet in ein **Schwammgewebe** ❸ liegen die Transportkanäle, die Leitbündel, ordentlich getrennt nach Funktion. Das **Holz** ❹ (Xylem) befördert Wasser und darin gelöste Mineralsalze aus der Wurzel in die Blätter, der **Bast** ❺ (Phloem) den in der Fotosynthese produzierten Zucker zur Wurzel. An der Blattunterseite ❻ finden sich **Spaltöffnungen** (Stomata, siehe Seite 50), die Durchgangspforten für Wasser, Kohlendioxid und Sauerstoff. Je nachdem, wie viel Wasserdampf durch die Spaltöffnung entweicht, bildet sich ein mehr oder weniger großes **Wasserdefizit**. Dadurch entsteht ein Sog, der dafür sorgt, dass Wasser aus den Wurzeln an die Oberfläche und zu den Zweigen, Ästen, Blättern und Früchten hochgesaugt wird – mehr oder weniger, je nach Bedarf. Werden die Spaltöffnungen bei Wassermangel geschlossen, kann auch kein Kohlendioxid mehr in die Blätter hinein. Dann kommt die Fotosynthese zum Erliegen. Daher muss der Stoffwechsel der Pflanze bei starker Sonneneinstrahlung einen Mittelweg zwischen «Verdursten» (zu hohe Wasserabgabe bei geöffneten Spalten) und «Verhungern» (keine Fotosynthese möglich bei geschlossenen Spalten) finden.

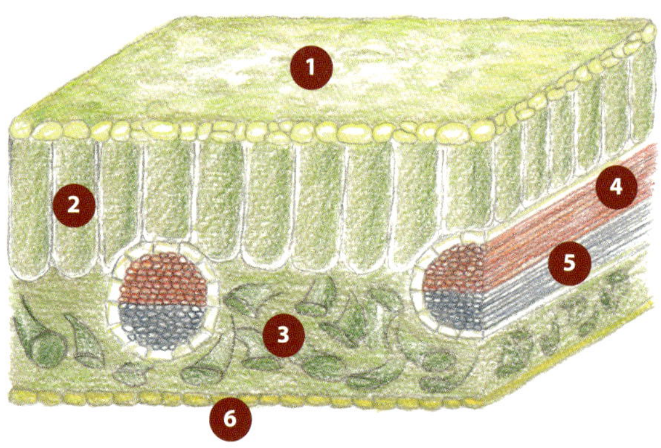

OBEN: Die existenziellen Arbeitsprozesse in einem Blatt sind für das menschliche Auge unsichtbar. Sichtbar ist nur die Behaarung, die dieses Apfelbaumblatt vor der Sonne schützt und damit einer Überhitzung vorbeugt.
UNTEN: Die Versorgungs- und Transportadern durchziehen netzartig das ganze Blatt und bezeugen die Vitalität des Baumes.

# **Spaltöffnungen** – Türsteher und Kontrolleure

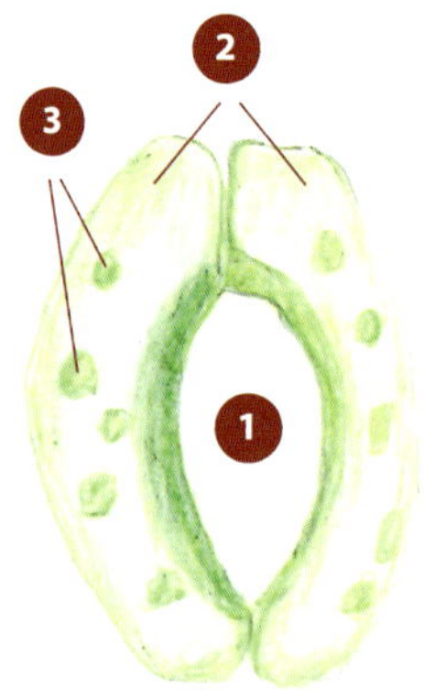

OBEN: Offene (oben) und geschlossene (unten) Spaltöffnungen in etwa 400-facher Vergrößerung.

❶ Spalt, ❷ bohnenförmige Schließzellen mit ❸ Chloroplasten, in denen die Fotosynthese stattfindet. Die Spaltöffnungen reagieren sehr sensibel innerhalb weniger Minuten auf Hitze oder Wassermangel.

Wie wir gesehen haben, fallen den Blättern verschiedene Aufgaben zu: Sie produzieren Zucker und binden darin chemische Energie; Sie transportieren organische Nährstoffe und Wasser mit darin gelösten Nährsalzen. Aber noch etwas kommt hinzu: Durch Öffnen und Schließen der Spaltöffnungen (Stomata) an der Blattunterseite regulieren sie die **Wasseraufnahme**. Wie viel Wasser über die Spaltöffnungen entweicht und wie viel Wasser aus den Wurzeln an die Oberfläche gesaugt wird, hängt von vielen Faktoren ab.

Die Zahl der Öffnungen ist genetisch festgelegt: Die Apfelsorte 'Boskop' hat nur 250 solcher Ausgänge pro $mm^2$, während es bei der Sorte 'Alkmene' 450 pro $mm^2$ sind. Diese Unterschiede wirken sich dann auf die **Wasseransprüche** aus. So kommt 'Alkmene' viel besser mit trockeneren Standorten zurecht als 'Boskop'.

Bäume haben **Ruhezeiten**, die über die Spaltöffnungen reguliert werden. Abends, wenn es dunkel wird, sind die Luken fast ganz geschlossen. Der Baum ist nicht aktiv. Aber morgens weiten sich die Öffnungen, und das mit der Luft hineingelangende Kohlendioxid sorgt dafür, dass die Fotosynthese wieder anlaufen kann.

Blätter reagieren darauf, wie viel Wasser sie zur Verfügung haben in Verbindung mit der **Temperatur**: Ist es sehr heiß und ist der Wassernachschub gesichert, verdampft mehr Wasser und kühlt. Die Blätter öffnen ihre Mini-Schleusen. Falls aber der Boden sehr trocken ist und die Wurzeln kein Wasser finden, so schließt der Baum den Spalt, um größere **Wasserverluste** zu vermeiden. Damit dimmt der Baum seine Aktivität herunter, Atmung sowie Fotosynthese werden auf das Notwendigste reduziert. Im Hochsommer, wenn es also sehr heiß ist und es lange nicht geregnet hat, läuft der Baum auf Sparflamme.

OBEN: Die Blattunterseite ist der interessante Teil des Blattes, denn hier befinden sich die Spaltöffnungen, die allerdings für das menschliche Auge nicht sichtbar sind. UNTEN: Die Spaltöffnungen sind mal offen (dunkelgrün) und mal geschlossen (hellgrün). Sie regulieren die Fotosyntheseaktivität des Baumes, geben Wasser und Sauerstoff (blau) ab und nehmen Kohlendioxid (rot) auf.

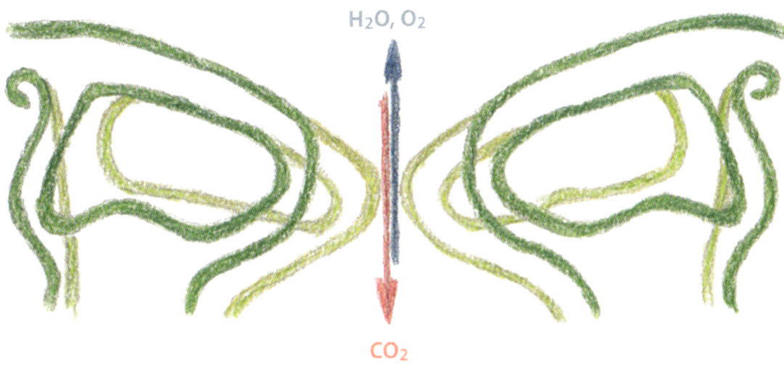

# Die **Farben** der Blätter

Farbliche Veränderungen der Blätter läuten das Ende der Saison ein und sind ein Indiz, dass der Baum seine Vorbereitungen für den Winter getroffen hat. Jetzt werden die roten und gelben Farbstoffe sichtbar, die auch den ganzen Sommer über vorhanden, aber vom grünen **Chlorophyll** überdeckt waren. Im Herbst zeigen sie sich, weil der Baum, bevor er in die Winterruhe geht, noch wichtige Rohstoffe einlagern will. Dazu baut er das grüne Farbpigment Chloropyhll, das in der Fotosynthese verantwortlich für die Aufnahme und Umwandlung des Sonnenlichts ist, ab und zerlegt es in seine Einzelteile. Interessant dabei ist der Stickstoff, den der Baum im nächsten Frühjahr wieder brauchen kann. Stickstoff ist knapp und wird in dicken Ästen, Stamm und Wurzel deponiert, um durch diese **Vorratshaltung** den Neustart im darauffolgenden Jahr sicherzustellen.

Die Bauteile der roten und gelben Farbstoffe, der sogenannten Karotinoide, sind nicht so wertvoll wie der Stickstoff im grünen Chlorophyll, da sie leicht zu ersetzen sind. Mit dem Abwurf der Blätter kann sich der Baum ihrer daher leicht entledigen.

Anstoß für den herbstlichen Laubfall sind die kürzer werdenden Tage und die sinkenden Temperaturen. Hormone sorgen dafür, dass sich im Blattstiel ein **Trenngewebe** bildet, so dass das Blatt aufgrund seines eigenen Gewichts abfällt. Ein Korkgewebe verschließt die Wunde und schützt den Baum vor dem Eindringen von Insekten, Pilzen und Bakterien.

Wichtig ist nur für den Baum, alle seine Blätter abzustoßen, weil er sich damit gegen Frost und den damit einhergehenden Wassermangel wappnen kann. Der Laubabwurf schützt vor dem Verdursten. Denn wenn der Baum keine Blätter hat, kann kein Wasser verdunsten und bei den Wurzeln einen Sog nach oben auslösen. Der Durst der Krone muss nicht gestillt werden. Er könnte es ja auch nicht, weil der Boden möglicherweise gefroren ist. Zudem müssen abgeworfene Blätter nicht mit Mineralsalzen und Wasser versorgt werden. Sie liegen am Boden und sind ihrerseits wiederum ein guter **Dünger** für das nächste Jahr.

OBEN: Gelber, roter und oranger Farbstoff wird im Herbst sichtbar, weil das grüne Farbpigment Chlorophyll abgebaut wird. UNTEN LINKS: Je nach ihrer Stellung im Baum – im Schatten oder im Licht – findet man wie hier bei einem Apfelbaum dunklere, kräftige Sonnenblätter und hellere, dünnere Schattenblätter. UNTEN RECHTS: Die Herbstfärbung dieser Apfelbaumblätter ist Ende Oktober noch wenig spektakulär. Es wird noch ein wenig dauern, bis sie abfallen, und der Baum in die Winterpause geht.

# EXKURS Selbstversorgung – die **Fotosynthese**

In jedem Blatt schlummert ein sehr bemerkenswertes **Kraftwerk**: Der Baum gewinnt aus dem vermeintlichen «Nichts» der Luft Zucker mit darin gespeicherter Energie, die er zum Leben braucht. Aus dem Kohlendioxid der Luft und Wasser wird mithilfe des Sonnenlichts Zucker (Glukose) gebildet. Als Nebenprodukt entsteht Sauerstoff, der an die Atmosphäre abgegeben wird. Man kann also sagen, dass aus energiearmen Ausgangsstoffen ein energiereiches Produkt hergestellt wird, Lichtenergie (von der Sonne) in **chemische Energie** umgewandelt wird (mithilfe des Chlorophylls, das auch die grüne Farbe der Blätter verantwortet). Mit dem so gewonnenen Zucker und der darin gespeicherten Sonnenenergie hält der Baum seinen Stoffwechsel aufrecht und erhält **Baustoffe** für den Zellaufbau. Jedes Blatt leistet diesen Beitrag zur Energiegewinnung. Fiele dieser Motor aus, würde der Baum verhungern.

## SPEICHERUNG DER ENERGIE

Entweder kann der Baum den **Zucker** gleich verbrauchen oder er kann ihn speichern, um ihn später zu nutzen. Dazu transportiert der Baum ihn in die Wurzeln und wandelt ihn in **Stärke** um. Diese ist nicht wasserlöslich. In den Wurzeln hat der Baum jederzeit Zugriff auf diese Kohlenhydrat-Energiequelle, wenn er sie braucht.

### (NUR) TAGSÜBER: FOTOSYNTHESE

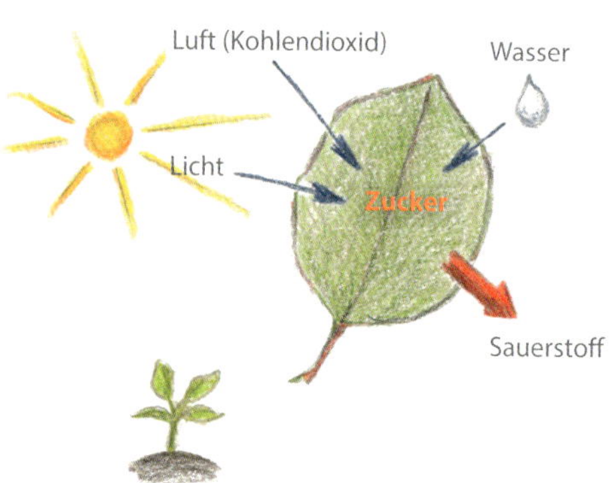


### (VORWIEGEND) NACHTS: ATMUNG

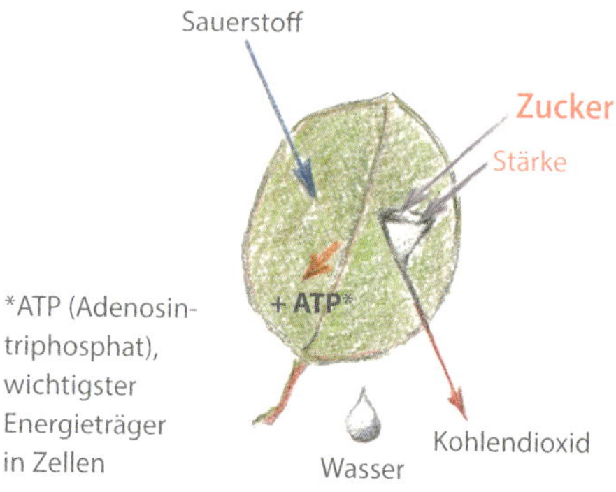


*ATP (Adenosintriphosphat), wichtigster Energieträger in Zellen

## VERBRAUCH VON ENERGIE

Der Baum braucht, neben den Fotosyntheseprodukten als Bauelemente auch Energie, um zu wachsen. Dazu wird der Zucker mit Hilfe von **Sauerstoff** abgebaut, dabei werden **Kohlendioxid**, Wasser und Energie in Form von **ATP** (Adenosintriphosphat) freigesetzt. Das bedeutet, der Fotosyntheseprozess wird umgekehrt. Man nennt dies **Atmung**. Auch Bäume benötigen also durchaus bei Tag und Nacht Sauerstoff, um ihren **Stoffwechsel** aufrechtzuerhalten. Nachts findet nur Atmung statt, aber am Tag überwiegt deutlich die Fotosynthese. Dadurch geben Bäume weit mehr Sauerstoff an die Umgebung ab als sie selber verbrauchen.

## ANSPRÜCHE AN DEN STANDORT

Obstbäume sind wie alle grünen Pflanzen auf die Fotosynthese zur Gewinnung von Baustoffen und Energie angewiesen. Viele gesunde Blätter sorgen für einen stetigen **Energiestrom**. Diese Blätter wiederum benötigen reichlich Licht der **Sonne**, allerdings zugleich auch die **Wärme**, die das Licht mit sich bringt. Auch wenn von der Lichtmenge, die auf ein Blatt trifft, das meiste entweder durchgelassen, reflektiert oder in Wärme umgewandelt und nur bis zu zwei Prozent für die Fotosynthese genutzt wird, so mögen unsere heimischen Obstgehölze einen warmen Platz.

Die Sonne ist essenziell und moderat warme Temperaturen beflügeln die Bäume. Temperaturen um die 25 Grad Celsius führen zu einer **optimalen Betriebswärme**. So erleidet ein Obstbaum nach einer sehr kalten Nacht in den Morgenstunden eine Art **Kälteschock**. Erst ganz langsam kommt der Stoffwechsel mit der Wärme der Sonne wieder in Schwung.

Obstbäume fühlen sich also in kühleren Regionen oder im Schatten nicht wohl. Am **wärmebedürftigsten** sind Birnbäume, gefolgt von den Kirschen, Äpfeln und Pflaumen.

# Kapitel 5: **Äste**

# **Rangordnung** der Äste

Betrachtet man den Obstbaum als Ganzes, besteht er aus dem Stamm und vielen sich verzweigenden Ästen. Je nach Funktion, Alter und Länge gibt es Namen für die Verzweigungen des Baumes:

- die **Stammverlängerung** ❶ als Fortführung des Stammes in die Krone hinein. Sie sorgt für Stabilität,
- die **Leit- oder Gerüstäste** ❷, die die Struktur der Krone vorgeben, und
- die **Seitenäste** ❸, die sich immer weiter aufgabeln.

Ein Baum baut sein **Gerüst** von Jahr zu Jahr auf. Haben sich die Leit- bzw. Gerüstäste gebildet, entwickeln sich daraus wiederum die Seitenäste. Und das passiert **hierarchisch** geordnet: Es wächst ein **Seitentrieb**, an dem sich im nächsten Jahr wieder Seitentriebe entwickeln, und an diesen Seitentrieben entwickeln sich weitere. Der Ast verzweigt sich. Ein neuer Ast entwickelt sich normalerweise unmittelbar an dem Ast des Vorjahres. Kein jüngerer Ast wird dabei länger als ein älterer. Sie bauen aufeinander auf.

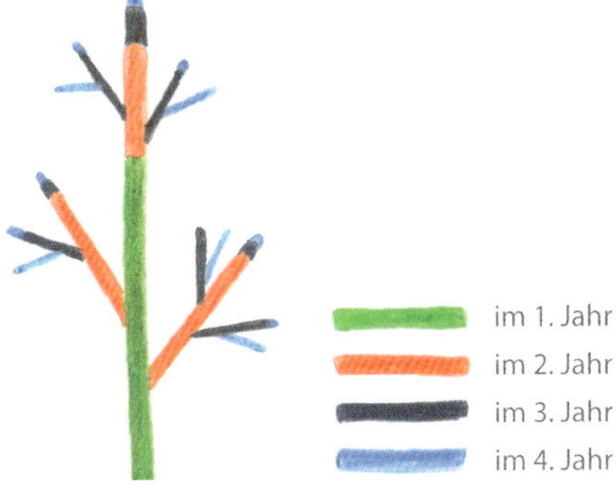


OBEN: Das sich verzweigende Astsystem bildet das dauerhafte Grundgerüst der Krone. Ein alter Apfelbaum ohne Stammverlängerung mit einer sogenannten Hohlkrone. UNTEN: Am Stamm eines Apfelbaumes sprießt ein junges Ästchen. Es umgeht die «Rangordnung» des Wachsens, die besagt, dass sich nur auf dem Zweig des Vorjahres Neuwuchs entwickeln kann. ZEICHNUNG: Die Hierarchie der Äste: Neue Zweige sind den älteren nachgeordnet und verlängern entweder weiter die Spitze oder verästeln sich jeweils immer am Wuchs des Vorjahres.

# **Einjährig** und lang

Der markanteste Zweig am jungen und erwachsenen Obstbaum ist der sogenannte **einjährige Trieb**. Aus ihm heraus wachsen später Seitentriebe, an denen wiederum Früchte hängen. Wie der Name sagt, ist er eine Saison lang gewachsen. Man spricht mitunter auch von **Langtrieben**, denn sie können in einer Saison bis zu einen guten halben Meter Länge erreichen. Die Einjährigen machen den **Wachstumsfortschritt** sichtbar. Mit ihnen investieren die Bäume all ihre Energie in den Aufbau und die Erweiterung ihres Astgefüges. Der einjährige Trieb entwickelt sich aus einer **Endknospe**, wächst völlig gerade, ohne sich zu verzweigen, und ist in der Regel deshalb gut zu erkennen.

Benannt werden alle neu hinzugekommen jungen Äste als «**Neuwuchs**» und alles, was älter als ein Jahr ist, als «**Altwuchs**». Addiert man die Länge aller einjährigen Triebe, erhält man eine Vorstellung davon, wie stark sich das Baumgerüst vergrößert hat. Man könnte einen Obstbaum allein anhand der Anzahl der «Frischlinge» und ihrer Längen beschreiben. Die Endknospe der «Neuen» ist in der Regel wieder eine **Holzknospe** (siehe Seite 80). Im nächsten Jahr werden sich in diesem Abschnitt keine Blüten bilden.

Eine besondere Form der Einjährigen sind die sogenannten **Wasserschosse** oder Wasserreiser, steil nach oben wachsend und aus ruhenden Knospen (siehe Seite 78) hervorgebrochen. Sie dienen dazu, Schäden zu kompensieren, die nach Verletzungen oder einem starken Rückschnitt entstanden sind. Sie erscheinen, wenn das **Gleichgewicht** zwischen Wurzel und Krone durcheinandergebracht wurde (siehe Seite 40).

OBEN LINKS: Ein «klassischer» einjähriger Ast im Herbst, der über den Sommer hinweg unverzweigt in die Länge gewachsen ist. Die weit auseinanderliegenden flachen Holzknospen sind das Indiz. OBEN RECHTS: Hier schießen an einem alten Ast aus ruhenden Knospen chaotisch einjährige Peitschen hervor. Sie kompensieren Störungen des Gleichgewichts zwischen Wurzel und Krone, ausgelöst durch Verletzungen oder Alterungsprozesse. UNTEN: Äste eines Apfelbaumes. Knospen treiben aus. An den einjährigen Trieben aus dem Vorjahr erscheinen nur Blätter und noch keine Blüten. Der Baum verjüngt sich mit dem Nachwachsen junger Astpartien.

# **Frucht**äste

Die einjährigen **Langtriebe** ❶ bilden die Basis für den Gerüstaufbau. Die Knospen liegen hier weit auseinander. An ihnen können sich im darauffolgenden Jahr entweder wieder einjährige, langgestreckte **Holztriebe** entwickeln oder kürzere Triebe, sogenannte Fruchtäste oder **Fruchtholz**. Fruchtholz wächst kaum mehr in die Länge, und wie der Name sagt, wachsen hier die Früchte. Je nach Alter, Kälte, Wärme oder Regen entwickeln sich an diesen Abschnitten die Blüten. Das Charakteristische dieser Äste ist also nicht die Länge, sondern die Knospe am Ende, die immer eine Blütenknospe ist. Man spricht auch vom **Fruchtspieß** oder der längeren **Fruchtrute** (bis 30 Zentimeter). **Ringelspieße** ❷ sind langsam gewachsen, nur wenige Millimeter im Jahr. Man erkennt sie an den zahlreichen Narben, die die Blattknospen hinterlassen haben. **Quirlholz** ❸ sind schon ältere und weiter verzweigte Fruchtspieße. Bei der Kirsche findet man auch **Bukettsprosse** ❹: viele Blütenknospen sitzen dicht zusammen.

Je älter ein Baum wird, umso mehr Fruchtäste bilden sich ganz selbstverständlich. Hat er in den ersten Lebensjahren noch seine Energie in Größe und Stabilität investiert, so verwendet er im Erwachsenenalter seine **Energie für die Fortpflanzung**, also für Früchte. Es geht dem Baum besonders gut, wenn Neuwuchs an Ästen und Fruchtbildung in einem ausgewogenen Verhältnis stehen.

Astpartie eines Apfelbaumes mit viel Fruchtholz und zwei Holztrieben.

OBEN: Das Fruchtholz eines Birnbaumes mit einem sogenannten Fruchtkuchen 5 zwischen zwei neuen Fruchtspießen. Das ist verdichtetes nahrhaftes Gewebe, an dem früher eine Birne hing. Direkt daneben wachsen meist wieder neue Fruchtspieße. UNTEN LINKS: Bukettsprosse einer Kirsche. UNTEN RECHTS: Der Ast ist schon mit Flechten bedeckt und trägt viel Quirlholz am Ende. Hier werden viele Blüten erscheinen. Ob daraus dann tatsächlich Früchte entstehen, wird sich zeigen, denn sehr altes Quirlholz kann die Versorgung der Früchte möglicherweise nicht mehr leisten.

# Geradeaus himmelwärts – **steile Äste**

Viele der jungen Zweige wachsen ganz steil in die Höhe. Sie schießen senkrecht nach oben. Warum tun sie das?

In dieser Wuchsform spiegeln sich sowohl **physikalische Gesetze** wider als auch natürliche Bedürfnisse des Gehölzes:

- **Lichthunger**. Der Baum hat ein Bedürfnis nach Sonne. Die Blätter an den Ästen brauchen Licht für die Fotosynthese. Das finden sie in der Höhe. Also nehmen sie durch steiles Wachsen den kürzesten und schnellsten Weg. Denn weit oben gibt es viel Licht. Auch ist die Gefahr kleiner, von den Blatt-Mitbewerbern beschattet zu werden.

- **Lebensraum**. Dieses Wuchssystem ermöglicht es dem Baum, schnell neuen Lebensraum zu erschließen. Er kann ja seinen Standort nicht verlassen. Ist der Baum hoch und groß, kann er sich auf allen Etagen weiter ausdehnen, dann auch in die Breite.

- **Orientierung im Raum**. Vertikal stehende Äste folgen dem Gesetz der Gravitation. Für Pflanzen generell gilt, dass die Wurzeln sich einer gedachten Achse folgend Richtung Erdmittelpunkt bewegen. Entsprechend wachsen die oberirdischen Teile der Pflanze vom Erdmittelpunkt weg. Der senkrechte Wuchs ist der Kraft der Erdanziehung geschuldet.

Neigt sich durch Wind und Wetter der Stamm und damit die **Vertikalachse** eines Baumes, wird er versuchen, eine neue Achse zu schaffen. Er will ins Lot kommen und das verlorengegangene **Gleichgewicht** wiederherstellen. Für viele Obstbäume ist die durchgehende, senkrechte Achse ein wichtiges **Ordnungsprinzip**.

OBEN: Ein alter Apfelbaum. Die senkrecht nach oben wachsenden Äste «korrigieren» die Schrägstellung des Stammes und des Leitastes. UNTEN LINKS: Ein alter und nie beschnittener Pflaumenbaum. In Gesellschaft anderer Bäume wächst er bis zu 20 Meter in die Höhe. Hier findet er Licht und Platz für seine Äste. UNTEN RECHTS: Der mehrjährige Ast eines Apfelbaumes mit kleinen Frucht- und Ringelspießen und dem Neuwuchs an der Spitze, der senkrecht nach oben strebt.

# Zeit des **Wachsens**

Die Entwicklung eines Zweiges ist ein kurzes Schauspiel, das nur ein paar Wochen anhält. Wenn sich aus einer Knospe ein junger Zweig herausschält, dann ziehen sich die Blätter **spiralförmig** auseinander, so dass sie sich gleichmäßig um den Trieb verteilen. Auf diese Weise behindern sie sich nicht gegenseitig und jedes bekommt so viel Licht wie möglich ab. Bei Obstbäumen steht immer das sechste Blatt über dem ersten und das siebte über dem zweiten.

Je nach Wetter brechen etwa **Anfang April** die Knospen auf, um **bis etwa Mitte/Ende Mai** den größten Wachstumsschub hinter sich zu bringen. Der Trieb ruht dann, um später nochmals ein wenig weiter zu wachsen. Und eigentlich hat er Anfang/Mitte Juli seine endgültige Länge erreicht. Bis er seine Endknospe ausbildet, kann es aber noch bis in den Herbst hinein dauern.

Wenn ein Baum nicht Zucker in die Früchte leiten muss, ist innerhalb von etwa sechs Wochen der Großteil des Wachstums abgeschlossen. Ab Juli ist der Baum dann mit der Vorbereitung für das nächste Jahr beschäftigt. Er lagert vor allem Kohlenhydrate aus der Fotosynthese in die Wurzeln ein, wo sie **über den Winter** gespeichert werden und im kommenden Frühjahr für den Neuaustrieb zur Verfügung stehen.

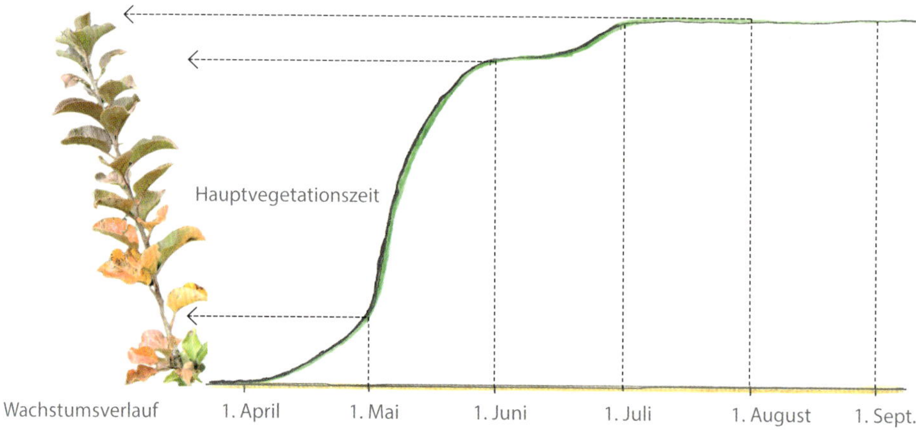

Die Entwicklung eines Zweiges am jungen Apfelbaum: OBEN LINKS: Anfang April bricht die Holzknospe am Ende eines Apfelzweiges auf. OBEN RECHTS: In der zweiten Junihälfte ist das Wachstum schon weit fortgeschritten. UNTEN LINKS: Mitte Juli ist das Längenwachstum so gut wie abgeschlossen. Der Zweig wird nur noch minimal wachsen. UNTEN RECHTS: Der Zweig im Oktober. Seit Juli ist nicht mehr viel passiert.

# EXKURS Hormone

Wenn ein Baum wächst und an Höhe, Breite und Gewicht zulegt, dann teilen und strecken sich seine Zellen. Gesteuert werden die Zellen von Hormonen. Hormone sind **chemische Substanzen**, die in winzigen Mengen an bestimmten Orten des Organismus produziert werden und dann an ihren Bestimmungsort transportiert werden, um dort Reaktionen hervorzurufen. So sorgen die vielen sogenannten **Phytohormone** (Pflanzenhormone) dafür, dass sich Knospen entwickeln, Blüten gebildet werden oder Blätter abfallen:

- Darunter fällt das **Gibberelin**. Es ist unter anderem für das Wachsen von Früchten zuständig oder sorgt dafür, dass sich samenlose (unbefruchtete) Früchte entwickeln (siehe Seite 108).

- Das gasförmige **Ethylen** fördert zum Beispiel die Wundheilung. In Stresssituationen, ausgelöst durch Schnitt- und andere Verletzungen, kann es von fast allen Geweben gebildet werden.

- Das Hormon **Auxin** ist für ein besonderes Phänomen verantwortlich: Einjährige Triebe wachsen nur von der Spitze aus, ohne sich weiter zu verzweigen. Aus den unter der Spitze liegenden Knospen entwickeln sich keine Äste. Man nennt das **Apikaldominanz**. Die **Endknospe** nimmt für sich alleine in Anspruch, in die Länge zu wachsen. Auslöser ist das Hormon Auxin, das in dieser Knospe lagert. Im Frühjahr fließt es mit der Erdanziehung nach unten und «informiert» die Seitenknospen, nicht weiter zu wachsen. Das Auxin sorgt dafür, dass so viele organische Nährstoffe wie möglich in die Spitze für den **Größenzuwachs** gelangen. Denn da, wo das Hormon ist, sind auch die organischen Stoffe. Aus den Seitenknospen, die zur Konkurrenz werden könnten, entwickeln sich dann nur Blätter, aber keine neuen Äste.

OBEN LINKS: Aneinandergereihte, steil wachsende Zweige. Der Fluss des Hormons Auxin nach unten ist durch die horizontale Lage des Astes gebremst. Das Auxin verteilt sich entlang des Astes und führt dazu, dass die Zweige nebeneinander wachsen. OBEN RECHTS: Die Endknospe eines Apfelzweiges wurde entfernt. Die aus den darunter liegenden Knospen austreibenden Zweige können sich gleichberechtigt in die Länge entwickeln. UNTEN: Zwei Langtriebe eines Birnbaumes. Am Zweig entlang treiben nur Blätter aus. Würde man die Spitze kappen, würden an den Seiten auch Zweige austreiben.

# Die **Alterung**

Der **Alterungsprozess** einzelner Äste wird für uns sichtbar, wenn sich keine neuen Zweige bilden, die alten knorpelig werden und sich auf ihnen **Moos** oder **Flechten** ansiedeln. Zwei Vorgänge sind für den Alterungsprozess maßgeblich:

- Die «**Verholzung**», ausgelöst durch eine schlechtere Hormonversorgung. Geht es in den ersten Lebensjahren vor allem um eine Zunahme an Größe, geht es im Laufe des Lebens um mehr **Stabilität**. Verantwortlich für den Zuwachs an Härte ist der Holzstoff **Lignin**, der in die Zellwände eingelagert wird. Diese so mit Lignin verholzten Zellen sterben im Laufe der Jahre ab und sorgen für die Festigkeit. Allerdings sorgt der Prozess der Verholzung auch dafür, dass die sehr alten Äste des Baumes in seiner letzen Lebensphase nur noch unzureichend mit Wasser versorgt werden. Dadurch werden sie sehr spröde und können brechen.

- Ein anderes Phänomen sieht man vor allem bei alten Apfel- und Birnbäumen: starke Äste, die sich nach unten biegen. Das Gewicht der Früchte hat im Laufe der Jahre den **Ast gekrümmt**. Die Versorgung mit organischen Nährstoffen am Ende dieses Astes funktioniert nicht mehr so gut, weil Hormone (wie das Auxin) wegen der Biegung nicht mehr zügig fließen und gegen die Schwerkraft arbeiten müssen (wichtig ist nicht die Menge, sondern die **Fließgeschwindigkeit**). Und wo keine Hormone sind, sind auch keine organischen Nährstoffe. Man kann auch sagen, dass ein Ast sich im Laufe seines Lebens durch das Tragen der Früchte um Nachwuchs gekümmert hat. Für das eigene Wachstum fehlt die Energie. Dringen dann auch noch Pilze in den geschwächten Ast ein, wird er morsch und bricht.

OBEN: Ein alter, bemooster Apfelbaum, der im Laufe seines Lebens schon viele Früchte getragen hat. Die nach unten gebogenen Äste sind ein Indiz für seine Fruchtbarkeit. UNTEN LINKS: Nicht der Schnee ist der Grund für die sich nach unten biegenden Äste. Auch hier haben viele Früchte die Äste im Laufe des Lebens gekrümmt. UNTEN RECHTS: An diesem Zweig haben sich schon Flechten angesiedelt. Trotzdem treibt er aus. Denn die Flechten siedeln nur oberflächlich und greifen den Organismus nicht an.

# **Verjüngung**sstrategien

Ein Baum verändert ständig sein Aussehen. Älter werden heißt bei ihm, in die Länge und Breite zu wachsen. Beim Menschen dauert es etwa 20 Jahre, bis er ausgewachsen ist. Sichtbar altert erst einmal nur seine Haut. Bei Gehölzen ist das anders. Ein Baum wird nie ein endgültiges Aussehen und eine endgültige Größe erreicht haben. Er wächst und wandelt sich jedes Jahr, auch wenn die **Wuchsfortschritte** kaum sichtbar sind. Trotzdem entwickelt er sich weiter, auch noch im hohen Alter.

In der Regel wächst ein Baum dadurch, dass sich aus Knospen Zweige und Blätter entwickeln. Es gibt aber für den Obstbaum besondere Situationen, die andere Strategien des Wachsens erfordern, in denen er auch ohne die Aktivierung von regulären Knospen wächst. Hier werden **Wachstumsgewebe** im Inneren der Zweige aktiv («schlafende Augen» oder «ruhende Knospen») und ersetzen die Arbeit der äußerlich sichtbaren Knospen (siehe auch Seite 78). Wurde ein Ast beschädigt, durch Schnitt oder Bruch, wachsen Zweige, meist ohne Ordnung, aus dem Stamm oder aus einem Ast. Die Altershierarchie der Äste wird nicht mehr eingehalten. Es ist der Versuch einer Verjüngung. Mit einem neuen Austrieb sorgt der Baum für die zukünftige Versorgung.

Neuaustrieb an ungewöhnlicher Stelle ist auch eine Methode der **ungeschlechtlichen Vermehrung**. Denn es würde genügen, einen Zweig in den Boden zu stecken, der sich dann durch Bodenkontakt bewurzeln könnte. Ein neuer Baum wäre geboren, wenn der alte Baum morsch wird. Das funktioniert allerdings bei Obstgehölzen in der Regel nicht.

Auch an gekrümmten, gebogenen Ästen reagiert der Baum mit einer Strategie zur Verjüngung durch einen **Neuaustrieb** senkrecht nach oben. Der frische junge Ast an der höchsten Stelle der Oberseite der Biegung soll in den nächsten Jahren die Aufgabe des alten Astes übernehmen. Zuerst wird er gut versorgt werden (schneller **Hormonfluss**), bis das Gewicht der Früchte auch ihn beugen wird und auch er dann nicht mehr von einer guten Versorgung mit organischen Nährstoffen profitieren kann.

OBEN LINKS: Am Stamm eines sehr alten Apfelbaumes treiben Zweige aus. Ein Leitast ist abgebrochen. Es ist ein Versuch, den gebrochenen Ast zu ersetzen. OBEN RECHTS: Junge Zweige treiben an der oberen Biegung eines älteren, gekrümmten Astes aus und verjüngen ihn. UNTEN: Ein junger Zweig auf einem gekrümmten Ast wird besser mit organischen Nährstoffen versorgt als das in Richtung Boden geneigte Ende des Astes.

# Kapitel 6: **Knospen**

# Verpackte **Miniorgane**

Im **Winter** ruht der Baum. Die Zweige wirken starr, kahl und leblos. An der Oberfläche ist das Leben zum Stillstand gekommen.

Wenn die Tage länger und wärmer werden, dann wachen die Bäume auf. Knospen brechen auf und innerhalb weniger Wochen ist der Baum grün und/oder voller Blüten.

Der **Neustart** des Baumes nach der Winterpause gelingt deswegen so gut, weil er dafür schon im vorhergehenden Sommer gesorgt hat, alle Grundlagen dafür geschaffen und in Knospen verpackt hat. Blätter und Blüten, die lebenswichtigen **Organe**, sind im Kleinstformat in Knospen angelegt und überdauern die kalten Wintermonate. Der Baum «plant» also ein halbes Jahr vorher seine Entwicklung. Im Frühjahr muss er nur noch Wasser und Hormone in die Knospen schicken, damit sich die dort vorgebildeten Organe entfalten können.

Wichtig dafür ist, dass es im Laufe der Monate vor dem Austrieb einen **Kältereiz** gegeben hat. Die **Temperaturen** müssen in unseren Breiten mindestens einige Tage unter 0 Grad gelegen haben, damit ein Apfelbaum austreiben kann.

Geschützt werden die Knospen aller Obstbäume durch **Knospenschuppen**. Das sind umgestaltete Blätter, dicker und härter als normale Laubblätter und manchmal mit Harzen verklebt oder mit Haaren bedeckt. So lassen sich zum Beispiel die behaarten Apfelknopsen von den eher glatten Birnenknospen unterscheiden.

OBEN LINKS: Die Knospe am Ende des Zweiges eines Apfelbaumes mit rötlichen und flachen Knospen an den Seiten. Sie werden im Frühjahr als Blätter austreiben. OBEN RECHTS: Das Knospenbukett einer Kirsche. Die Knospen treten nicht einzeln auf, sondern meist als Gruppe. Kirschen sind daher leicht identifizierbar. UNTEN LINKS: Die glatten Knospen eines Birnbaumes im Winter. UNTEN RECHTS: Die aufbrechende Knospe eines Apfelbaumes Anfang März. Die Knospenschuppen sind als Schutz vor der Kälte des Winters mit Härchen versehen.

# Wie sie **heißen** und was sie sind

Knospen findet man an verschiedenen Stellen von Zweigen und Ästen, je nach der Aufgabe, die sie erfüllen sollen.

- **End-, Gipfel- oder Spitzenknospen** sitzen am Ende eines Zweiges. Daraus können Blätter, Äste oder Blüten werden.

- **Seiten- oder auch Achselknospen** bilden sich in dem Winkel zwischen Ast und der Ansatzstelle eines Blattstiels. Auch hier ist alles möglich: Zweige, Blätter oder Blüten.

- **Beiknospen oder Nebenknospen** stehen seitlich unter einer Endknospe. Es ist eine stille Reserve, in der Regel eine Holzknospe, also eine Knospe, aus der ein Zweig mit Blättern hervorgeht (siehe auch Foto Seite 124).

- **Proventivknospen** (botanischer Ausdruck), «**schlafende Augen**» oder «**ruhende Knospen**» sieht man kaum oder gar nicht, weil sie unter der Rinde schlummern. Vor allem an Zweigen oder jüngeren Ästen erscheinen sie als Verdickung unter der Rinde. Sie sind wichtig, weil sie austreiben können, wenn der Baum geschädigt wurde oder wenn keine anderen Knospen mehr vorhanden sind. Gute Beispiele sind Knospen, aus denen die Wasserschosse oder Peitschen austreiben, um ein Ungleichgewicht zwischen Wurzel und Krone auszugleichen (siehe Seite 40, 60, 72). Die schlafenden Augen sind die **Notfallreserve** des Obstbaumes und können jahrzehntelang lebensfähig bleiben.

OBEN LINKS: Die Endknospe eines Birnbaumzweiges. Links unterhalb eine Achselknospe, die man aufgrund der Nähe zur Spitzenknospe als Beiknospe bezeichnet. OBEN RECHTS: Eine Achselknospe oberhalb eines Blattstiels, die schon früh im Jahr angelegt wurde und im nächsten Jahr austreiben wird. UNTEN: Die Endknospe an einem kurzen, von Blättern dominierten Austrieb eines Birnbaumes im Herbst.

# Blüten-, Holz- und Blatt**knospen**

In den Knospen sind alle Pflanzenorgane angelegt, die ein Baum braucht, damit er wachsen und sich entwickeln kann. Man spricht von

- **Holz- oder Blattknospen**, die das Wachstum des Baumes repräsentieren, weil aus ihnen Zweige bzw. Blätter hervorgehen.

- Und von **Blütenknospen**, die die Fortpflanzung repräsentieren, weil aus ihnen Blüten hervorgehen, die dann zu Früchten heranreifen können.

Von außen ist nicht unbedingt zu erkennen, was drinnen ist. Es gibt zwar gewisse Indizien, denn Holzknospen sind in der Regel flacher und nicht so strotzend wie Blütenknospen, doch ist das nicht immer eindeutig.

Hinzu kommt das Phänomen der **Übergangsknospen**, die nicht so flach sind wie eine Holzknospe, aber auch nicht so kräftig strotzend wie eine Blütenknospe. Diese Knospen haben sich noch nicht entschieden, was sie einmal werden wollen, eine Holzknospe oder eine Blütenknospe. In diesen Knospen ist beides angelegt, und die Entwicklung hängt davon ab, wie trocken und wie kalt es ist oder wie viel Mineralsalze und organische Nährstoffe zur Verfügung stehen.

Die **Lebenssituation** bestimmt, ob der Obstbaum in das Wachstum investiert mit mehr Blättern und damit auch der Möglichkeit zu mehr Fotosynthese oder in seinen Nachwuchs durch die Bildung von Samen in den Früchten.

OBEN LINKS: Die flache, eng anliegende Knospe unterhalb der Endknospe ist eine «klassische» Holzknospe. Sie bricht gerade auf. OBEN RECHTS: Ein Kirschknopsenbukett mit einer schmaleren und spitzeren Holzknospe, eingeklemmt zwischen zwei pralleren, rundlichen Blütenknospen. UNTEN: Knospen eines Pflaumenbaumes. Da Endknospen der Pflaume nie Blütenknospen sind, ist die Knospe an der Spitze eine Holzknospe. Sie ist schmaler als die darunter liegenden, dickeren Blütenknospen.

# Das **Ende** der Saison

Schon im **Spätsommer** beginnen sich Knospen zu bilden. Sie zeigen das Ende des Wachstums an und sind das gefüllte Lager für das nächste Frühjahr. Der Baum bereitet sich mit der Knospenbildung auf die Wintermonate und die kommende Saison vor. Auch die **Seitenknospen** verraten, dass die Zweige hier nicht mehr wachsen werden und sich auf das nächste Frühjahr einstellen.

Wann genau im Laufe der **Vegetationsperiode** die Knospen erscheinen und wann der Baum sein Wachstum beendet, lässt sich nicht sagen. Das hängt sowohl von der Sorte als auch vom Wetter, vom Angebot an Mineralsalzen und organischen Nährstoffen und vom Zugang zu Wasser ab. Sicher sagen kann man allerdings, dass bis zu 90 Prozent des Längen- und Breitenwachstums nach etwa **sechs Wochen** erfolgt und Mitte Juli abgeschlossen sind. Alle weiteren Zuwächse sind quantitativ minimal. Der Baum investiert ab jetzt weitere Energie in die **Knospenbildung** und damit in die Zukunft im nächsten Frühjahr.

Während das Holzwachstum eines Zweiges, also seine Entwicklung in die Länge, mit dem Entstehen der Endknospe erst im Herbst beendet wird, haben die Blütenknospen bereits Mitte Juli begonnen, sich zu bilden (**Blütendifferenzierung**). Der Baum «entscheidet sich» also etwa neun Monate vorher, in welcher Menge und wo er Früchte ansetzen will. Das hängt unter anderem davon ab, wie viele Mineralsalze und organische Nährstoffe er zu diesem Zeitpunkt zur Verfügung hat. Wachsen in der Umgebung bereits Früchte, verwendet er seine Kräfte darauf und plant für das nächste Jahr nur mit Blatt- und Holzknospen. Wenn die Witterung schlecht ist und alle Reserven verbraucht wurden, kann auch umdisponiert und eine Blütenknospe wieder zur Blattknospe zurückgebildet werden.

OBEN: Mitte Juli hat diese Kirschknospe das Ende des Wachstums eingeläutet. UNTEN LINKS: Schon Ende Juli hat sich diese Blatt-Achselknospe gebildet. UNTEN RECHTS: An dieser Apfelknospe kann man Anfang September schon gut die Behaarung erkennen.

# EXKURS Narben und **Alter**

Für Gärtnerinnen und Gärtner spielen Knospen immer dann eine Rolle, wenn es um die Beurteilung des Astes oder Zweiges geht. Allerdings sind es nicht die Knospen selber, sondern ihre **Schuppen** mit den **Narben**, die zurückbleiben. Diese Spuren der Knospen geben Auskunft darüber, wie alt ein Zweig ist und ob es sich um einen früchtetragenden Ast handelt oder nur um einen «normalen» Holzast.

Das hat mit dem **Wachstumsrhythmus** zu tun, denn die Entwicklungsphase des Baumes beginnt mit dem Aufbrechen der Knospen im März/April und endet im Herbst. Entfaltet sich das Innere einer Knospe, fallen die äußeren Schuppen ab und hinterlassen Abdrücke. Diese Spuren sieht man als Narben. Sie markieren sowohl das Ende als auch den Beginn einer neuen Vegetationsperiode.

Pro Saison entstehen so neue Narben. Anhand dieser können Kundige sowohl das Alter eines Astes als auch dessen Funktion einschätzen: Ist der Abstand zwischen zwei Narben groß, so sieht man den **Wachstumsfortschritt** in die Länge. Sind die Abstände kurz und gestaucht, dann ist es ein Zweig, an dem der Baum für Nachwuchs gesorgt und viele Früchte getragen hat (siehe Seite 62 f.).

Je älter und verwitterter ein Baum allerdings ist, umso schwieriger wird die Altersbestimmung.

OBEN LINKS: Die Knospe einer Birne. Die vielen engen Narbenringe sind ein Hinweis darauf, dass in der Vergangenheit an dieser Stelle vor allem Früchte hingen, weil der Spross so kurz ist. OBEN RECHTS: Die «Jahresringe» einer Kirsche sind stark ausgeprägt. Da Kirschknopsen als Bukett mit mehreren Holz- und Blütenknospen auftreten, hinterlassen sie auch viele Schuppennarben. UNTEN LINKS: Aufbrechende Knospen eines Apfelbaumes. Hier sieht man die Schuppen, die das Innere geschützt haben. UNTEN RECHTS: Die typischen Rückstände der Schuppen, die sich als Ringe zeigen. Je mehr Knospenschuppen eine Knospe hat, umso mehr Narben bleiben zurück.

# Kapitel 7: **Blüten**

# Fortpflanzung

Blühende Obstbäume in der Landschaft üben eine unwiderstehliche Anziehungskraft aus. Wir assoziieren Fruchtbarkeit, Jugend und Frische und erhoffen uns, natürlich, viele Früchte. In der Tat sind die Blüten der Garant dafür, dass sich der Baum vermehren kann. Denn Blüten sind der Teil eines Obstbaumes, der die **geschlechtliche Fortpflanzung** ermöglicht. Sie beherbergen weibliche und männliche Sexualorgane, die zur Bildung von Samen nötig sind. Und der **Same** ist wiederum eingebettet in den für uns entscheidenden Teil des Obstes, das **Fruchtfleisch**. So ist der Same geschützt und kann in aller Ruhe reifen, bis das ihn umhüllende Schutzpaket vom Baum fällt und er, wenn die Umstände glücklich genug sind, keimen und zu einem neuen Baum heranwachsen kann.

Unsere **heimischen** Kirschen, Birnen und Pflaumen blühen immer **weiß**. Die Blüten des Apfels sind zunächst außen rötlich bis rosa und verblassen nach dem Öffnen. Von den in wärmeren Regionen angepflanzten Obstarten hat die Aprikose ebenfalls hellrosa bis weiße Blüten. Der Pfirsich blüht spektakulärer in knalligem Rosa oder Pink.

Die Fülle und die Pracht der Blüten hängt von der Art des Baumes ab und davon, wann sie sich öffnen. Während sich die Blüten vieler Pflanzen nachts oder bei schlechtem Wetter schließen, können die Obstblüten dies nicht. Die Blüten der Kirschen und Pflaumen sind in der Regel alle auf einmal geöffnet. Dass **Kirschblüten** sich zudem als eine Art Strauß kompakt nebeneinander drängen, erklärt, warum blühende Kirschbäume ein so besonders faszinierendes Schauspiel bieten. Anders ist es bei sehr vielen Apfel- und Birnensorten. Hier staffelt sich das Aufblühen oft zeitlich, so dass viele Blüten schon geöffnet sind, während sich die **Nachbarblüten** noch nicht entfaltet haben. Das sukzessive Aufblühen hat vor allem in Jahren mit **Spätfrösten** den Vorteil, dass nicht alle Blüten auf einmal durch die Kälte zerstört werden können. Außerdem erweckt es den Eindruck einer langen **Blütezeit**. Tatsächlich blüht eine Einzelblüte durchschnittlich 10 bis 20 Tage lang. Aber hier spielt auch noch die Witterung eine große Rolle. Kühles und regnerisches Wetter kann das Abblühen um mehrere Wochen verzögern. Bei Sonnenschein und Hitze ist die Blütezeit oft schon nach einer Woche vorbei.

OBEN: Ein sehr alter und voll in der Blüte stehender Pflaumenbaum. Seine Lebensenergie ist noch nicht erschöpft. UNTEN LINKS: Apfelblüten sind außen zunächst rötlich-rosa und verblassen zu Weiß, wenn sie sich entfaltet haben. UNTEN RECHTS: Ein in voller Blüte stehender Kirschbaum. Die Blütenbuketts der Kirsche öffnen sich alle zur selben Zeit.

# Blüten**organe**

Kirschblüte
(mit einem Griffel)

Die Blüten unserer heimischen Obstbäume beherbergen sowohl weibliche als auch aus männliche Organe. Sie sind **Zwitterblüten**. Pollen-, Fossilien- und Genvergleich deuten darauf hin, dass die zwittrige Blüte evolutionsbiologisch gesehen ein sehr erfolgreiches Modell ist, das es seit über 200 Millionen Jahren gibt.

In der Mitte jeder Blüte (hier schematisch im Längsschnitt) sieht man den weiblichen **Griffel** ❶ (es können auch mehrere sein) mit der **Narbe** ❷, auf die der Pollen (Blütenstaub) mit den männlichen Keimzellen gelangen muss. Die Narbe ist an der Oberfläche klebrig, so dass die Pollenkörner haften bleiben. Der Pollen lagert in **Staubbeuteln** ❸ am Ende der **Staubfäden** ❹. Zusammen bilden sie das Staubblatt. Eingesenkt in den **Blütenboden** ❺ befindet sich der **Fruchtknoten** ❻. Am oberen Rand des Blütenbodens sitzen die **Kelchblätter** ❼, direkt darüber die **Blütenblätter** ❽ (botanisch: Kronblätter). Sie sind Teil einer schützenden Hülle und visuelles Lockmittel für Insekten. Am Blütenboden befinden sich auch die Nektardrüsen, deren süßer Saft die Insekten anlockt.

Apfelblüte
(mit mehreren Griffeln und einem Fruchtknoten, der fest mit dem Blütenboden verwachsen ist)

weibliches Sexualorgan

**Stempel,** bestehend aus Narbe, Griffel und Fruchtknoten

männliches Sexualorgan

**Staubblatt,** bestehend aus Staubfaden und Staubbeutel

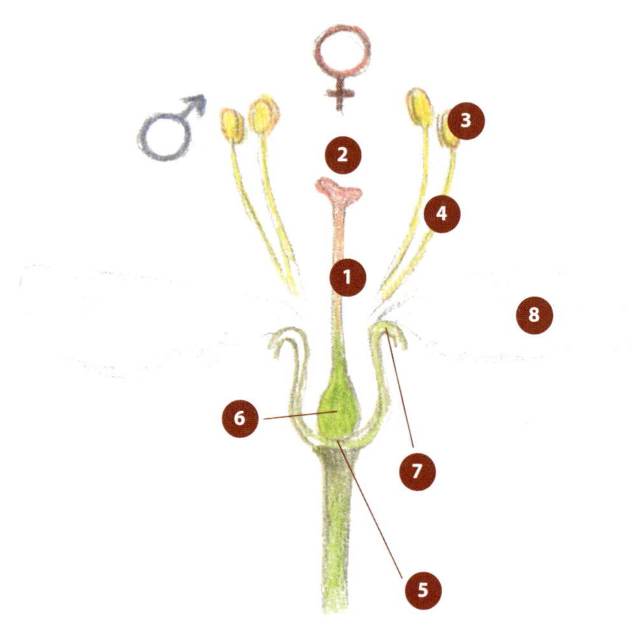

OBEN: Die fünf Griffel einer Apfelblüte, umgeben von vielen gelben Staubbeuteln, bestückt mit Abertausenden winziger Pollenkörnern. UNTEN LINKS: Die Unterseite einer Pflaumenblüte. Deutlich sichtbar der Blütenstiel und der becherförmige Blütenboden, der den Fruchtknoten umgibt, aus dem sich in ein paar Wochen die Frucht entwickelt. UNTEN RECHTS: Ein einziger Griffel einer Pflaumenblüte, dessen Narbe sich von den gelben Staubbeuteln nur bei genauerem Hinsehen unterscheiden lässt.

# **Pollen**transport

Damit die Blüte auch bestäubt werden kann, muss der Pollen auf die Narbe gelangen, und da die **Pollenkörner** keine Beine haben, brauchen sie einen Transporteur. Es könnte der Wind sein, doch der ist unzuverlässig. Effizienter sind Tiere, hier allen voran die **Honigbiene**, aber auch viele Wildbienen, Wespen, Schmetterlinge oder Fliegen. Als sehr produktiv gelten die Honigbienen deshalb, weil sie sehr zahlreich unterwegs sind und weil sie **blütentreu** sind. Das heißt, sie wechseln die Art der Blüten nicht. Haben sie einmal eine Apfelblüte besucht, steuern sie im Anschluss wieder eine Apfelblüte an und schwirren nicht zwischendrin ab, um bei einem Vergissmeinnicht oder Löwenzahn vorbeizuschauen. Das erhöht die Wahrscheinlichkeit, dass sie den Blütenstaub auf der Narbe einer anderen Apfelblüte abstreifen. Interessant für Bienen ist zweierlei. Zum einen der Pollen selber, den sie als Futter für ihren Nachwuchs benötigen, und zum anderen der **Nektar**, den sie sammeln, um ihn in **Honig** als Energielieferanten und Wintervorrat umzuwandeln.

Der Nektar ist das Hauptlockmittel, er wird in winzigen **Drüsen** am **Blütenboden** produziert. Dieser unwiderstehliche Köder besteht hauptsächlich aus Wasser und Zucker.

Die Qualität des Nektarangebots ist unterschiedlich. Je nach Sorte und Witterung schwanken beispielsweise beim Apfel die Werte des **Zuckergehalts** im Nektar zwischen 20 und 55 Prozent. Birnennektar hingegen enthält viel weniger Zucker (2 bis 37 Prozent), was eine der Ursachen dafür sein kann, dass Birnen nicht so oft von Insekten angeflogen werden und weniger Früchte tragen. Vor allem die Konkurrenz durch **Raps** ist groß. Dieser lockt nicht nur mit einem riesigen Blütenangebot, sondern auch mit bis zu 60 Prozent Zucker im Nektar.

OBEN LINKS: Bienen mit an den Hinterbeinen haftendem Pollen, sogenannten Pollenhöschen. Beim Besuch einer Blüte werden einzelne Pollenkörner auf der Narbe abgestreift. OBEN RECHTS: Honigbienen sind sehr effiziente Bestäuber auch deswegen, weil ihre Anzahl so hoch ist. Ein durchschnittliches Bienenvolk besteht aus 20 000 bis 30 000 Individuen. UNTEN LINKS: Unzählige Nektardrüsen befinden sich am Blütenboden und sind wichtiges Lockmittel für Insekten – aber für uns Menschen nicht sichtbar. UNTEN RECHTS: Die zuckerhaltige Lösung auf der Narbe einer Kirsche ist ein effizienter Köder für potenzielle Bestäuber und ein guter Nährboden zum Keimen von Pollenkörnern.

# EXKURS **Guter Pollen** – schlechter Pollen

Da Obstbaumblüten mit weiblichen und männlichen Geschlechtsorganen ausgestattet sind, könnte man meinen, dass die Fortpflanzung einfach ist. Eines der etwa 400 000 **Pollenkörner** eines Blütenbündels einer Birne könnte sich erfolgreich auf der eigenen Narbe niederlassen, denn kürzer kann der Weg zum Bestimmungsort nicht sein. Diese Art der **Fortpflanzung** kommt tatsächlich unter anderem bei Pflaumen vor (siehe Übersicht Seite 100), ist aber Inzucht.

Evolutionsbiologisch ist das nicht erwünscht, weil Inzucht die **genetische Vielfalt** reduziert und so zu weniger gesundem Nachwuchs führen kann. Der Pflaumenbaum ist in dieser Hinsicht sehr unkompliziert, aber die meisten anderen Arten schließen eine **Selbstbefruchtung** kategorisch aus. Und so ist nicht jedes Pollenkorn auf einer Narbe willkommen. Es kann dann zwar auskeimen, aber nicht bis zur Samenanlage wachsen (siehe Seite 106). Neben den Äpfeln verweigern auch die Birnen und Kirschen den eigenen Pollen. Und zwar nicht nur den desselben Baumes, sondern auch den von anderen Bäumen derselben Sorte. So müssen Insekten beispielsweise den Pollen einer 'Kassins Frühe' herbeischaffen, damit eine 'Büttners Rote Kirsche' fruchten kann.

Und so unterscheidet man **selbstunfruchtbare** (selbststerile) und **selbstfruchtbare** (selbstfertile) Obstarten (siehe Übersicht Seite 100).

Bei manchen selbstunfruchtbaren Arten gibt es noch eine weitere Besonderheit: Einige Sorten sind untereinander unverträglich und können sich gegenseitig nicht befruchten. Das nennt man **Gruppen- oder Intersterilität**. Beispielsweise verträgt sich beim Apfel der 'Boskop' nicht mit dem 'Golden Delicious', bei der Birne die 'Williams Christ' nicht mit der 'Guten Luise'. Bei den Kirschen sollte die 'Rieskirsche' nicht neben der 'Berner Adlerkirsche' wachsen.

OBEN LINKS: Die grünlichen Griffel einer Apfelblüte nehmen nicht jeden fremden Pollen an. OBEN RECHTS: So manches Pollenkorn aus den Staubbeuteln dieser Birne hat schon ein Insekt geerntet. UNTEN: Die Narben der Kirschblüten akzeptieren keinen eigenen Pollen.

# **Aktivitätsgrad** der Geschlechtsorgane

Der **Termin** für das Aufblühen und auch die Blühdauer hängen von der Lufttemperatur sowie der Sonneneinstrahlung, der Sorte und dem Standort ab. Je nach Wetter und genetischen Voraussetzungen gibt es mal früher oder später einsetzende und längere oder kürzere Blütezeiten. Unabhängig von diesen Einflüssen aus der Umwelt gibt es sogenannte **frühblühende Sorten**, die normalerweise Anfang April starten, und **spätblühende Sorten**, deren Blüten sich erst einige Wochen später zeigen.

Die Blütezeit ist für uns Menschen offensichtlich. Weniger offensichtlich ist das, was in der Blüte passiert: Staubblätter und Narben reifen zu unterschiedlicher Zeit. Bei Apfel- und Birnenblüten, weniger deutlich bei Kirsche und Pflaume, sind die Narben einige Tage vor der Reifung der Staubblätter **empfangsbereit** (Protogynie).

Die unterschiedliche Reifung der Sexualorgane kann man bei der Birne auch farblich erkennen. Die fünf Griffel mit ihren Narben sind bereits empfangsbereit, während die meist rötlichen Staubbeutel sich zur Blütenmitte neigen und noch geschlossen sind. Je nach Witterung bleibt die Blüte 2 bis 4 Tage in diesem weiblichen Zustand. Dann fangen die äußeren **Staubfäden** an, sich zu strecken, und öffnen ihre **Staubbeutel**. Es dauert etwa 5 bis 7 Tage, bis alle aufgesprungen sind. Parallel verändern sie ihre Farbe, werden immer dunkler und sind dann am Ende schwarz. Manchmal überragen die Staubblätter die **Narben**, manchmal bleiben sie kürzer und verhindern auf diese Weise, dass Bienen auf der Suche nach Pollen und Nektar den Pollen an den Narben derselben Blüte abstreifen. Findet jetzt trotzdem noch ein eigenes Pollenkorn den Weg auf die Narbe, dann setzt es sich zwar fest, aber es kommt zu keiner Keimung bzw. es gelingt dem Pollenschlauch nicht, bis hinunter in den Fruchtknoten zur Eizelle zu wachsen (siehe Seite 106).

Dieser einfache Trick der zeitlich versetzten Reifung ist eine praktische Vorgehensweise des Baumes, um **Selbstbefruchtung** zu vermeiden.

OBEN: Das weibliche Stadium einer Birnenblüte. Die rötlichen Staubbeutel sind noch geschlossen und nach innen geneigt, während die Narben in der Mitte empfangsbereit sind. UNTEN LINKS: Das männliche Stadium einer Birnenblüte. Die meisten Staubbeutel haben sich geöffnet und entlassen ihren Pollen. Die Narben haben sich schon zurückgezogen. UNTEN RECHTS: Zwei Apfelblüten, unterschiedlich weit aufgeblüht. Während die Narben der linken Blüte empfangsbereit sind, beginnen sich in der rechten Blüte die Staubbeutel zu öffnen.

# **Wo und wie** erscheinen Blüten?

Eigentlich kann man nicht genau sagen, wo genau sich an den Ästen und Zweigen Blüten bilden. Das hängt nicht nur von der Art und Sorte des Obstes, vom Wetter oder dem Mineralsalzangebot ab, sondern auch von folgenden Gesetzmäßigkeiten:

- **Alter der Äste**. Generell gilt für alle Obstsorten, dass Blüten immer auf älteren Zweigen erscheinen. Sehr selten bilden sie sich am einjährigen Holz (kommt bei Sauerkirschen oder manchen Apfelsorten vor). Meist ist es so, dass ein Ast (sogenanntes Fruchtholz, siehe Seite 62 f.) in seinem dritten Jahr erste Blüten entwickelt. So lässt sich an der Blühfähigkeit das Alter eines noch jungen Zweiges ganz gut einschätzen.

- **Lage der Äste**. Eher schräge und waagrecht liegende Zweige sind ein guter Ort für Blüten, weil sich hier wachstumsanregende Hormone vermehrt ansammeln (siehe auch Seite 68 f.).

- **Ort und Art der Blüten**. Bevor die Blätter unserer Obstbäume vollständig erscheinen, öffnen sich zuerst die Blüten. Die Blüten werden mit den Reserven des Vorjahres versorgt. Die Ernährungssituation ist noch nicht optimal und wird erst mit der vollen Entwicklung der Blätter einige Wochen später wirklich gut sein (siehe Seite 37).

  Bei den Äpfeln und Birnen, dem Kernobst, erscheinen die Blüten aus **Spitzenknospen** am Ende des Zweiges in Form von Büscheln. Sie öffnen sich zusammen mit kleinen Laubblättern, die sich wie ein Ring um die Blüten gelegt haben. Das verschafft ihnen einen Vorteil: Diese Blätter sind eine Nährstofftankstelle, die die Blüten direkt vor Ort zugleich mit chemischer Energie aus der Fotosynthese versorgen können.

  Bei Kirschen und Pflaumen, dem Steinobst, entwickeln sich Blüten nur aus **Seitenknospen**. Niemals aus den Spitzenknospen, denn diese beherbergen immer nur Blätter bzw. Holz. Sie haben keinen Laubblattring um die Blüte. Ihre Nährstoffversorgung wird relativ zeitgleich mit dem Öffnen der Blätter in der Nähe von Blüten aufgebessert. Zumindest diese Blätter können durch ihre Fotosynthese die Nährstoffdefizite ein wenig kompensieren.

OBEN: Die Krone eines Kirschbaumes. Der blütenlose, obere Teil ist im Vorjahr gewachsen. UNTEN LINKS: Gemischte Blatt- und Blütenknospen am Ende eines Zweiges sind typisch für Äpfel. Von den Blüten wird sich die mittlere zuerst öffnen. Man nennt sie auch Königsblüte, weil sie besser versorgt wird als die anderen. UNTEN RECHTS: Die charakteristischen Blütenbüschel der Birnen. Wie beim Apfel gibt es grüne Blätter direkt am Grund der Blütenstände, mit denen der Baum die angesetzten Früchte gut versorgen kann.

# EXKURS Erfolgreiche **Bestäubung**

Eine Voraussetzung für die erfolgreiche Fortpflanzung ist eine erfolgreiche Bestäubung der weiblichen Narben durch den männlichen Pollen. Hierbei kann man bei Obstbäumen drei Kategorien unterscheiden:

| **selbstfruchtbar (selbstfertil)** | **selbstunfruchtbar (selbststeril)** | **Selbst- und Fremdbefruchter** |
|---|---|---|
| Das weibliche Geschlechtsorgan benötigt keinen fremden Pollen, um Früchte ansetzen zu können. Die Bestäubung durch Pollen der eigenen Blüten oder von Nachbarbäumen derselben Sorte ist möglich. | Das weibliche Blütenorgan benötigt Pollen von einer anderen Sorte, um Früchte ansetzen zu können. Die Narbe akzeptiert keinen Pollen der eigenen, selben Sorte, auch wenn er von einem Nachbarbaum kommt. | Sie sind nicht wählerisch und akzeptieren den eigenen Pollen oder den einer anderen Sorte. Sie bevorzugen jedoch Fremdbestäubung. |
|  |  |  |
| ist mit sich selbst zufrieden | benötigt fremden Spender | ist flexibel bei Befruchtung |
|  |  |  |
| Bestäubung durch Wind und/oder Insekten | Bestäubung durch Insekten | Bestäubung durch Wind oder/und Insekten |
| die meisten Pfirsiche, Quitten, Aprikosen und Nüsse | beinahe alle Äpfel, Birnen und Süßkirschen | Pflaumen, Zwetschgen, Mirabellen und Sauerkirschen |
| |  | |
| | **Gruppen- oder Intersterilität** bestimmte Sorten können sich untereinander nicht befruchten | |

LINKS: Wildrose

Unsere heimischen Obstbäume mit ihren zwittrigen Blüten gehören zur Familie der **Rosengewächse** *(Rosaceae)*. Der Vergleich von Blüten einer Wildrose mit den Blüten einer Pflaume oder eines Apfels machen die Verwandtschaft deutlich.

Es gibt aber auch Pflanzen mit eingeschlechtigen Blüten, die also entweder nur Staubblätter (männliche Blüten) oder nur Fruchtknoten mit Griffel und Narbe (weibliche Blüten) enthalten. Wachsen männliche und weibliche Blüten auf einem Baum oder Strauch, wie beispielsweise bei Wal- und Haselnuss, die zu anderen Familien gehören, spricht man von **einhäusig**.

Wieder anders sieht es bei den hierzulande winterharten Kiwi-Verwandten (*Actinidia arguta*, Sorte 'Weiki' oder 'Bayern-Kiwi') aus: Die Geschlechter sind hier komplett getrennt. Es gibt Sträucher mit ausschließlich männlichen Blüten und solche mit ausschließlich weiblichen. Man nennt diese Konstellation **zweihäusig** oder getrenntgeschlechtig. Um Früchte zu erhalten, müssen hier also weibliche und männliche Sträucher in räumlicher Nähe gepflanzt werden.

# Kapitel 8: **Früchte**

# Vom **Wert** der Frucht

Die Freude der Menschen ist es, Früchte zu ernten. Vor 5 000 Jahren haben Äpfel und Birnen ihren Weg aus dem Kaukasus nach Mitteleuropa gefunden. In Steinzeitsiedlungen wie in den Pfahlbauten am Alpenrand hat man schon Reste der **Holz-Birne** (Pyrus pyraster), der Mutter unserer **Kultur-Birne**, gefunden. Auch die Römer kannten bereits Obstbäume und kultivierten beispielsweise Kirsche und Pflaume in ihren Hausgärten.

Für den Menschen waren Früchte schon immer ein Genussmittel und ein **Vitaminspender**. Aus Sicht des Baumes sorgen Früchte mit ihren Samen für Nachwuchs. Das Fruchtfleisch erfüllt die Funktion, ihn zu beherbergen und in die Welt hinaus zu tragen. Aus biologischer Perspektive sind die Früchte, wenn sie reif sind, ein gutes **Transportmittel**. Frisst eine Amsel eine Kirsche, dann schluckt sie die Frucht samt Kern, fliegt weiter und entleert sich an einem anderen Ort. Idealerweise findet der Same im Steinkern dann einen guten Boden, um ein neues Baumleben zu beginnen und groß zu werden. Die Produktion von Früchten ist also eine Investition in die Zukunft. Und dann spielt es auch keine Rolle, dass gerade junge Äpfel schon mal einen Sonnenbrand bekommen können (der zeigt sich als vertrockneter dunkler, oft kreisrunder Fleck).

Aus evolutionsbiologischer Sicht ist die **Samenproduktion** eine Möglichkeit, neu kombiniertes Erbgut zu entwickeln. Per Zufall bringen die Gene des fremden Pollenkorns zusammen mit denen der Eizelle eine neue **Gen-Kombination** hervor, mit anderen, neuen Wuchseigenschaften. Die geschlechtliche Fortpflanzung hat dafür gesorgt, dass immer wieder neue Obstsorten entstehen und sich in geeigneten Regionen etablieren konnten.

Botanisch gesehen ist die Apfelfrucht ein zu Fruchtfleisch gewordener Blütenboden, in dem der **Fruchtknoten** in Form des pergamentartigen Kerngehäuses **mit den Samen** ❶ liegt. Die Blütenblätter und die Staubblätter werden vollständig abfallen und es bleiben davon keine Rückstände übrig. Anders die **Kelchblätter** ❷ und die **Griffel mit Narben** ❸. Sie verkümmern zum Blütenrest. Der **Blütenboden** ❹ wird zum Fruchtfleisch und wird über den **Blütenstiel** ❺ versorgt.

OBEN LINKS: Blüte eines Apfels mit noch geschlossenen Staubbeuteln. Aus dem Blütenboden 4, der den Fruchtknoten umgibt, entwickelt sich das Fruchtfleisch des Apfels. OBEN RECHTS: Eine wahrscheinlich erfolgreich befruchtete Birnenblüte mit nicht mehr aktiven Staubblättern. UNTEN: Ein aufgeschnittener Apfel. Man erkennt die Bestandteile der ehemaligen Blüte.

# Von der **Blüte** zur Frucht

Das Ziel eines Obstbaumes ist es nicht, Früchte zu tragen. Sein Bestreben ist es, **Samen** zu produzieren, die wiederum in einem «Stein» oder Kerngehäuse im Fruchtfleisch stecken und für Nachwuchs sorgen können. Im Samen sind all die Erbinformationen gespeichert, die in der nächsten Generation weiterleben sollen. Der Weg zur Samenbildung ist aber komplex und es kann viel schief gehen. Schließlich enden bei den Äpfeln und Birnen nur um die 5 Prozent und bei den Kirschen und Pflaumen um die 25 Prozent aller Blüten als Frucht, denn viele Faktoren müssen ineinandergreifen:

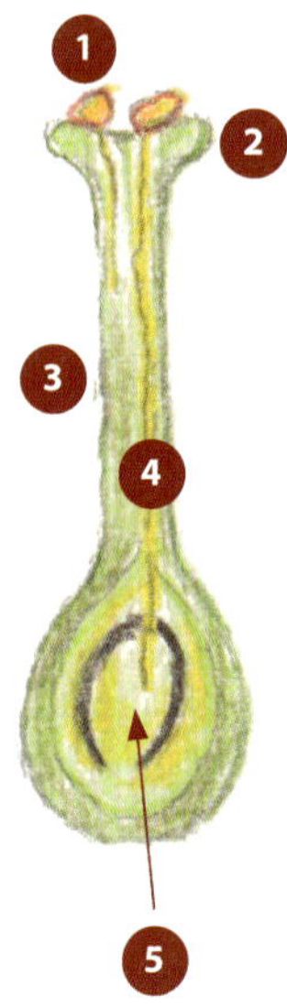


Bei der Bestäubung bleibt **Pollen** ❶ aus den Staubbeuteln auf der weiblichen **Narbe** ❷ haften. Das gelingt nicht vielen Pollenkörnern. Wenn sie auf einer passenden Narbe gelandet sind, werden sie von Rillen und einem zuckerhaltigen Sekret festgehalten, damit sie ja nicht wieder abgleiten. Dort auf der Narbe sollen sie keimen, ähnlich wie ein Same in der Erde. Es entsteht ein schlauchartiges Gebilde, das durch das Gewebe des **Griffels** ❸ bis zur Samenanlage im Fruchtknoten wächst. Hat dieser **Pollenschlauch** ❹ den Eiapparat in der **Samenanlage** ❺ erreicht, öffnet sich seine Spitze und eine der darin enthaltenen Spermazellen vereinigt sich mit der Eizelle. Die Befruchtung ist vollzogen. Wie lange der Pollenschlauch auf seinem Weg von der Narbe bis zur Samenanlage im Fruchtknoten braucht, hängt ab vom Wetter und von der Temperatur. Je wärmer, umso besser. Bei der Kirsche dauert das nur wenige Tage, beim Apfel schon ein gute Woche.

Wenn es in dieser Zeit Probleme gibt, weil der Frost die Geschlechtsorgane der Pflanze zerstört hat, weil Regen verhindert, dass Bienen ausschwärmen, oder weil es zu kalt und die Keimfähigkeit der Pollenkörner eingeschränkt ist, dann kann es zum völligen Ernteausfall kommen.

Ist die Befruchtung geglückt, kann ein Same heranreifen. Um ihn herum entwickelt sich die Frucht, die den reifenden Samen schützt und ernährt, bis dieser Embryo sich selbstständig machen kann und mit dem Apfel vom Baum fällt.

OBEN: Verblühte Kirschblüten. Der Weg zur Frucht ist für unser Auge nicht so ansehnlich, bevor dann knallig rote Kirschen den Baum wieder schmücken. UNTEN LINKS: Eine noch grüne Kirsche neben einer unbefruchteten Blüte mit verwelkten Staubblättern und den Kelchblättern. UNTEN RECHTS: Gleich nach der Befruchtung verkümmern die nun überflüssigen Teile der Blüte. Bei der Birne bleiben Kelchblätter und Griffel als Blütenrest erhalten.

# **Blüte** – Biene – **Frucht**?

Der Weg von der Blüte zur Frucht ist kein Selbstläufer: Akzeptable Pollenkörner müssen transportiert werden, sich auf der **Narbe** festsetzen, keimen, einen **Pollenschlauch** ausbilden und mit diesem in den Eiapparat eindringen. Nach der Vereinigung der männlichen und weiblichen Geschlechtszellen (Sperma- und Eizelle) entsteht ein Embryo, der im Laufe seiner Entwicklung von den Blättern ernährt wird und am Ende vom Baum fällt. Man braucht also ersprießliches Wetter, einen Transporteur des geeigneten Pollens und sonstige gute Wachstumsbedingungen. Aber das sind nur offensichtliche Faktoren. Die Natur hält noch andere Konstellationen bereit, wie aus der Blüte eine Frucht wird oder aber auch nicht.

Eine Spielart ist die **Jungfernfrüchtigkeit** (Parthenokarpie). Es bildet sich eine Frucht, ohne dass eine **Befruchtung** stattgefunden hat. Bei Birnen ist das ein durchaus häufiges Phänomen. Faktoren, welche für die Entwicklung samenloser Früchte eine Rolle spielen, sind vielfältig. Es sind die Sorte, der Ernährungszustand des Baumes und die Witterungsbedingungen zum Zeitpunkt des Blühens. Werden beispielsweise durch Frost die empfindlichen Samenanlagen im Fruchtknoten zerstört, so gibt es trotzdem **hormonelle Impulse**, Früchte anzusetzen. Diese allerdings bleiben klein und krüpplig. Ihnen fehlt die **sortentypische Rundung** und sie werden oft auch schon vor der Reife abgeworfen.

Wenn aus einer Apfelblüte kein Apfel geworden ist, kann auch das Alter des Astes eine Rolle gespielt haben. **Alte Äste** sind durchaus sehr **blühwillig**. Aber es bleibt bei den Blüten, ohne dass sich Früchte bilden. Oder es werden zwar Früchte gebildet, aber diese bleiben klein, weil sie nicht so gut versorgt worden sind. Die Nachkommenschaft gedeiht am besten an jungem, frischem Holz. Und es bedarf mindestens eines dreijährigen Apfelastes, damit Blüten erscheinen, aus denen sich Äpfel entwickeln.

Ein blühender Baum im Frühjahr ist also noch lange kein Garant für eine gute Ernte im Spätsommer oder Herbst.

OBEN LINKS: Zwei vollständig ausgereifte und entwickelte Äpfel. Der kleinere, eine 'Ananasrenette', hat sich nicht gut entwickelt und ist möglicherweise eine Jungfernfrucht. OBEN RECHTS: Ein sehr alter Apfelbaum in seiner letzten Lebensphase. Er blüht noch, aber es werden sich keine Früchte mehr entwickeln. UNTEN: Die kleinere, ein bisschen verschrumpelte Birne neben der voll ausgebildeten, ist wahrscheinlich eine Jungfernfrucht.

# Das Vorrecht des **Stärkeren**

Samen sind die potenziellen Nachkommen unserer Obstbäume, und das Fruchtfleisch wächst außen herum, um darin liegenden **Embryos** zu schützen und später für ihre Verbreitung zu sorgen. Tiere sollen die schönste, die größte Frucht fressen und nebenbei die Samen ausbreiten. Deshalb konkurriert auch der Pflanzen-Nachwuchs untereinander um Nahrung – besonders sichtbar wird das bei den Äpfeln und Birnen. Jede einzelne Frucht ringt um eine bessere Versorgung mit **Nährstoffen**. Im Vorteil sind die älteren, schon größeren Früchte, weil sie durch den zeitlichen Vorsprung eine bessere Ausstattung mit Hormonen haben. Diese Hormone sind verantwortlich dafür, dass sie mehr Nährstoffe erhalten als die jüngeren Mitbewerber, und so werden die Starken noch stärker und die Kleineren bleiben klein. Die **Signalwirkung der Hormone** hemmt den Wuchs der Konkurrenten. Würde man die dominante Frucht entfernen, würden die anderen gleichmäßiger versorgt, weil jetzt auch der Hormonfluss gerechter verteilt wäre.

Auch zwischen dem Wachstum der Zweige und dem der Früchte gibt es **Konkurrenz**. Meistens behalten die Früchte die Oberhand und werden besser versorgt als die konkurrierenden früchtelosen Zweige, bei denen es «nur» um das Holzwachstum geht.

Trotz des **Wettbewerbs** behaupten sich auch schwächere Früchte auf dem Weg zur Reife. Das können ganz normale Äpfel oder Birnen sein, die einfach kleiner sind und sich neben den starken Geschwistern entwickeln.

Interessant ist auch, dass Früchte Blätter in ihrer nahen Umgebung dazu bringen, aktiver zu werden, um mehr **Fotosynthese** zu betreiben. Diese zusätzlich produzierten Nährstoffe können die Früchte gut gebrauchen. Die fruchtnahen Blätter schwitzen mehr und haben auch größere Spaltöffnungen als Blätter außerhalb der Reichweite von Früchten.

OBEN LINKS: Die Fülle der Blüten lässt vermeintlich auf eine reiche Ernte schließen. Tatsächlich entwickelt sich nur ein sehr kleiner Teil zum Apfel. OBEN RECHTS: Drei gleichaltrige, aber nicht gleich große Äpfel. Nur einer der drei hat die volle Größe erreicht und den Wettbewerb um die beste Versorgung gewonnen. UNTEN: Bei den Kirschen ist der Konkurrenzkampf nicht so stark ausgeprägt und es gibt viel weniger Wettbewerb um organische Nährstoffe. Das liegt einfach an der Größe der Früchte, so dass sehr viele der Blüten, sofern sie bestäubt wurden, zur Kirsche werden.

# **Bestandteile** der Frucht

Betrachtet man die Bestandteile unserer Kulturfrüchte und will ihre Qualität beurteilen, so sind drei Komponenten interessant: Wasser, Kohlenhydrate und Pektin.

- Mehrheitlich bestehen Früchte aus **Wasser**, bei saftigen sind es bis zu 90 Prozent.

- Die zweite wichtige Komponente sind die **Kohlenhydrate** in Form von Zucker und Stärke. Sie lösen den ersten Entwicklungs- und Reifeschub der Früchte aus. Wenn die Bäume im zeitigen Frühjahr selber noch keine Blätter haben, um damit energiereiche organische Nährstoffe zu produzieren, müssen diese aus dem im Vorjahr angelegten Lager geholt werden. Der erste Anschub zur Entwicklung der Blüten kommt noch aus der Reserve, die in Stamm und Wurzel überwintert hat. Die Versorgung der Früchte übernehmen dann die Blätter mit den Produkten aus der Fotosynthese. Im Laufe des Reifeprozesses zum Beispiel der Birne wird die in der Frucht enthaltene Stärke wieder in Zucker aufgespaltet, und wenn sie reif ist, ist die Stärke verbraucht, der Zucker bleibt übrig. Wird die Birne dann überreif, verliert sie auch noch den Zucker, weil die Zellen weiter versorgt werden (atmen) müssen. Die überreife Frucht schmeckt nicht mehr.

- Ein dritter Bestandteil sind die **Pektine**, die für die Stabilität der wässrigen Frucht verantwortlich sind. Wir bemerken dies beim Marmeladekochen. Pektingehalt ist das entscheidende Geliermittel; ist der Pektingehalt hoch, dann wird die Marmelade fest. Je älter eine Frucht allerdings ist, umso weniger Pektine hat sie. Früchte werden dann mehlig und die daraus gekochte Marmelade bleibt flüssig.

OBEN LINKS: Die Apfelsorte 'McIntosh', ursprünglich aus Kanada um 1830. Ab Mitte September sind die Äpfel reif und lagerfähig bis in den November. OBEN RECHTS: Eine noch grüne 'Feilnbacher Zwetschge'. Eine sehr alte Sorte, süß, mit festem Fruchtfleisch, zum Dörren und Kuchenbacken gut geeignet. In diesem grünen Stadium ist sie, wie andere noch grüne, unreife Früchte auch, zur Fotosynthese fähig. UNTEN LINKS: Die Birne 'Condo', eine neuere Sorte, saftig und süß, Ende September reif und sehr gut zum Lagern. UNTEN RECHTS: Während sich Süßkirschen eigentlich nur zum Essen und Schnapsbrennen eignen, sind Sauerkirschen unverzichtbar für Kuchen oder Marmelade.

# Gleich **essen**, lagern oder **trinken**?

Früchte haben auch aufgrund ihrer genetischen Ausstattung ganz unterschiedliche Eigenschaften. Das betrifft vor allem Äpfel und Birnen.

- Eignen sie sich für den Frischverzehr, dann spricht man von einem **Tafelapfel**.

- Eignen sie sich eher zum Kochen oder Backen, dann werden sie als **Wirtschaftsapfel** bezeichnet. Sie haben einen höheren Säuregehalt.

- Es kommt auch auf die Erntezeit an. Zum Beispiel ist der 'Klarapfel' mit Fruchtreife ab Juli ein **Frühapfel**. Erst bei einer Reifezeit im späten Herbst spricht man von einem **Spätapfel**.

- Kann man die Früchte nach der Ernte gleich essen oder schmecken sie erst in ein paar Monaten richtig gut? Wenn sie erst nach einiger Zeit genussreif werden, sagt man auch **Lageräpfel**. Kühl und trocken aufbewahrt können sie bis zu neun Monaten ihre Frische behalten.

- Bei den Birnen und Äpfeln spricht man auch noch davon, ob sie sich zum Entsaften bzw. zur Weinbereitung und zum Schnapsbrennen eignen. Ist dies der Fall, nennt man sie **Mostbirne** oder **Mostapfel**. Der Genuss beim Essen hält sich in Grenzen.

Die Auswahl der Sorten ist eine Geschmacksfrage und eine Frage des gewünschten **Verwendungszweckes**.

OBEN: 'Alkmene' – ein säuerlicher Tafelapfel, der frisch besonders gut schmeckt. UNTEN LINKS: Birne 'Pepi' – eine schmackhafte, zwei Wochen lagerfähige Birne. UNTEN RECHTS: Die 'Ananasrenette' ist ein ausgezeichneter Tafelapfel, der bis März lagerfähig ist.

# Fruchtfall

Auch wenn das Wetter gut gewesen ist, entwickelt sich nur ein sehr kleiner Teil der Blüten zur erntereifen Frucht. Bei den Äpfeln sind das etwa nur 5 bis maximal 10 Prozent. Der Grund dafür ist ein **Selbstregulationsmechanismus**, der verhindert, dass sich der Baum übernimmt, denn die Produktion von Früchten kostet Energie in Form von Kohlenhydraten, und zu viele Früchte schwächen den Baum. Daher kommt es zu einer **natürlichen Ausdünnung** und Früchte fallen ab. Sie tun das nicht auf einmal, sondern phasenweise. Drei Fallperioden gibt es:

- Der **Nachblütefall** findet ein bis vier Wochen nach dem Erscheinen der Blüte statt. Betroffen sind vor allem unbefruchtete Blüten und solche, die zwar schon einen Fruchtansatz haben, sich aber nicht weiterentwickeln, weil sie den Wettbewerb gegenüber stärkeren Nachbarn verloren haben und einfach nicht gut versorgt werden. Sie würden die restliche, gesunde Nachkommenschaft behindern, ohne selbst gut zu gedeihen.

- Der **Junifruchtfall** beginnt sechs bis acht Wochen nach der Blüte. Die Apfel- und Birnbäume «**putzen**» sich. Die Kirschen «**röteln**», vor allem nach nasskaltem Wetter. In der Regel fallen Früchte mit wenig Samen ab. Sie sind meist auch kleiner, weil sie gegenüber der größeren Konkurrenz versorgungstechnisch benachteiligt werden. Weniger Früchte am Baum bedeuten, dass die verbleibenden Früchte mehr Licht bekommen, gut mit Kohlenhydraten versorgt werden können und sich nicht gegenseitig behindern. Die **Ausdünnung** ist also ein sinnvolles Instrument des Baumes, um die Kräfte gut einzuteilen und Prioritäten zu setzen.

- Die **dritte Fallperiode** tritt kurz vor der Ernte ein und ist eher ein witterungsbedingter Prozess. Die Früchte sind einigermaßen reif, aber Wind und Unwetter können dafür sorgen, dass sie schon vorzeitig vom Baum fallen. Aus der Perspektive eines Baumes ist das auch kein Problem, denn die Kerne der Früchte sollen ja für die Fortpflanzung sorgen. Nur der Mensch ärgert sich über verloren gegangenes Obst.

Wenn der Obstbaum sich also seiner Früchte entledigt und der Boden voll von Obst ist, dann ist das ein normaler Vorgang und kein Grund zur Sorge, dass die Ernte ausfallen könnte.

OBEN: Die Birnen-Blütenbüschel zeigen schon etliche Fruchtansätze. UNTEN LINKS: Mitte Mai haben sich schon zahlreiche Jungbirnen vielversprechend entwickelt. UNTEN MITTE: Im August ist nur noch eine der jungen Birnen übrig geblieben. Der Baum hat die meisten der Jungfrüchte abgeworfen. UNTEN RECHTS: Das Stielende einer Birne. Wenn die Birne reift, bildet sich ein Trenngewebe quer zur Achse des Fruchtstiels in Form einer schützenden Korkschicht. So kann die Birne vom Baum fallen, ohne die Haut des Astes zu verletztzten.

# **Gute Jahre** – schlechte Jahre

Obstbäume tragen nicht jedes Jahr gleich viel Obst. Auf ein ertragreiches Jahr folgt ein Jahr mit viel weniger oder sogar überhaupt keinen Früchten. Das kann wetterbedingt sein, aber es gibt auch ganz **natürliche Schwankungen**. Dieses Phänomen nennt man **Alternanz**. Typisch ist das vor allem für Apfel und Birne, weniger für die Pflaume, und bei der Kirsche tritt es fast gar nicht auf.

Die Alternanz ist eine **biologische Gesetzmäßigkeit** und bedeutet, dass in einem obstreichen Jahr die Energie in die Entwicklung der Früchte gesteckt wurde und kaum eine Vorsorge für das nächste Jahr getroffen werden konnte. Werden die meisten Nährstoffe für die Früchte verbraucht, fehlen die Reservestoffe für den ersten Austrieb im Folgejahr. Hinzu kommt, dass Blütenknospen schon ein Jahr vorher angelegt werden und der Obstbaum schon im Juni/Juli «entscheidet», welche Knospe im Folgejahr eine Blüte hervorbringt, und welche eine holz- und blattbildende. Wenn nun alle **Energie in die Früchte** fließt, fehlt der Anstoß, Blüten anzulegen. Im Jahr ohne Früchte wiederum hat der Baum Energie im Überfluss, weil keine Früchte da sind, die Kohlenhydrate einfordern. Die fehlende Nachfrage ermöglicht dem Baum, das Lager für das nächste Jahr zu füllen. Man kann auch sagen, der Obstbaum investiert in einem Jahr in den eigenen Nachwuchs. Das kostet Energie. Im darauffolgenden Jahr kümmert er sich erst mal um sich selber und um die eigene Entwicklung. Es besteht also eine **Konkurrenzsituation** zwischen vegetativem (Holz-) und generativem (Frucht-)Wachstum (siehe Seite 120), die im **Zweijahresrhythmus** abwechselnd zugunsten der einen und dann der anderen Seite entschieden wird.

**Alternanz.** Die Neigung zur Alternanz ist auch genetisch bedingt und unterscheidet sich zwischen verschiedenen Sorten. So ist beispielsweise der 'Boskop'-Apfel ein alternierungsfreudiger Baum, während der 'Golden Delicious' relativ regelmäßig trägt.

Der Wechsel von hohen Erträgen in einem Jahr und sehr wenigen Früchten im nächsten ist auch dann geringer, wenn ein ausgewogenes Verhältnis zwischen **vegetativer und generativer Entwicklung** besteht. Wenn also der Baum wächst und gleichermaßen Blüten bildet und das in einem für den Baum austarierten Verhältnis. Im Obstbau und der Biologie nennt man das **physiologisches Gleichgewicht**.

OBEN: Der Zweig eines Apfelbaumes im Frühjahr mit ausgewogenem Verhältnis von Holz-Nachwuchs an der Spitze und vielen Fruchtästen unterhalb, die zahlreiche Blüten entwickeln werden. UNTEN: Ein schwer tragender Apfelbaum, der gestützt werden muss, damit die Äste nicht brechen und durch die Last des Nachwuchses Schaden nehmen. Im nächsten Jahr wird die Ernte geringer ausfallen.

# EXKURS **Kunstwesen** – die Entstehung und Erhaltung von Sorten

Beißt man in einen 'Dülmener Apfel' oder in die 'Nordhäuser Winterforellenbirne', sind diese Früchte Produkte eines Urbaumes. Damit ist gemeint, dass eine Sorte von einem einzigen Baum abstammt, einem **Ursprungsbaum**. Und diesem ersten Baum ist ein schier unendliches Leben beschieden, wenn denn der Mensch für die Verbreitung sorgt. Grund ist die Art der Fortpflanzung, nämlich die der **vegetativen Vermehrung**. Grundsätzlich kann sich ein Baum auf zweierlei Art fortpflanzen:

- generativ – männliche Samenzelle aus dem Pollenkorn befruchtet die weibliche Eizelle in der Samenanlage und
- vegetativ, wenn sich Zellen teilen – man spricht dann auch von ungeschlechtlicher Vermehrung.

Bei der **generativen Vermehrung** weiß man nie so genau, wie die Nachkommen aussehen werden. Bienen und andere Insekten übertragen fremden Pollen, und Gene werden gemischt. Die Früchte sind jedes Jahr die gleichen, aber die Samen darin haben einen meist unbekannten Vater

| **generativ** (geschlechtlich) | **vegetativ** (ungeschlechtlich) |
|---|---|
| aus einem Samen | aus einem Trieb |
|  |  |
| **Sämling** | **Steckling** |
| Der Samen treibt aus und schlägt Wurzeln. Die Eigenschaften der Nachkommenschaft sind nicht bekannt. | Ein Zweig, den man in die Erde steckt, schlägt Wurzeln. Die Eigenschaften der Nachkommenschaft sind bekannt. |

und weisen dadurch genetische Veränderungen auf, die wir nicht unbedingt bemerken. Wenn der Same aus einer solchen Vereinigung mit der ihn umhüllenden Frucht auf den Boden fällt, später keimt und einen Sämling bildet, dann ist eine neue Sorte entstanden, ein **Zufallsprodukt der Natur**. Natürlich kann das auch gezielt bei der Züchtung geschehen.

LINKS: Ein gepfropfter Zweig, der vor einem halben Jahr unter die Rinde geschoben und mit Bast fixiert wurde. MITTE LINKS: Ein aufgepfropfter Zweig nach einem Jahr. MITTE RECHTS: Nach zwei Jahren hat ein neuer Zweig die Schnittfläche eines alten Astes fast vollständig überwallt. RECHTS: Ein völlig angewachsener Ast nach drei Jahren.

Hat ein Mensch einen Baum mit gut schmeckenden Früchten entdeckt und sein Nachbar möchte gern auch so einen Baum, dann kann man das **Erbgut nur vegetativ** weitergeben. Deswegen sind unsere Obstgehölze Kunstwesen, da der Erhalt der Gene in der darauffolgenden Generation nur mit menschlicher Unterstützung gelingt. Man kann den Zweig eines 'Danziger Kantapfels' vom **Mutterbaum** in den Boden stecken und hoffen, dass er Wurzeln schlägt. Daraus würde ein Klon-Kind entstehen, was aber bei Obstgehölzen selten oder gar nicht gelingt. Oder man **veredelt** und verschmilzt zwei Organismen miteinander (siehe auch Seite 30). Es gibt ganz unterschiedliche Methoden der Veredelung, und man «kopuliert», «pfropft» oder «okuliert» Äste bzw. Zweige einer Sorte auf die Äste einer anderen Sorte. Immer geht es darum, zwei fremde Holzteile miteinander verwachsen zu lassen. Es können auch mehrere sein. Und so können zum Beispiel auf einem 'Alkmene'-Apfelbaum gleichzeitig auch noch 'Schweizer Orangenäpfel' und 'Landsberger Renetten' gedeihen.

# Auf einen Blick

OBEN LINKS: Apfelknospen sind unscheinbar und, im Unterschied zu denen der Birnen, filzig behaart. OBEN MITTE: Apfelblüten. OBEN RECHTS: Der Stamm eines alten Apfelbaumes mit unverwechselbarer schuppiger Borke. UNTEN LINKS: Birnenknospen sind kegelig eiförmig mit rotbraunen Knospenschuppen. UNTEN MITTE: Blüten einer Birne. UNTEN RECHTS: Der Stamm eines Birnbaumes mit einer regelmäßigen und nicht besonders auffälligen Borke.

OBEN LINKS: Pflaumenknospen sind kegelig, mit spitzen Enden und violettbraunen Schuppen. OBEN MITTE: Blüten einer Pflaume. OBEN RECHTS: Der Stamm einer Pflaume, eher glatt und unspektakulär. UNTEN LINKS: Die Knospen der Kirschen sind rotbraun, kahl, kugelig und oft als kleiner Strauß angelegt. UNTEN MITTE: Blüten einer Süßkirsche. UNTEN RECHTS: Die sehr charakteristische silbrige und geringelte Borke einer Kirsche.

# Fundstücke Vom Leben und Sterben

OBEN: Rote Nektardrüsen an Kirschblättern sind keine Krankheit. Sie liefern Futter und locken Ameisen an, die dann die (noch kleinen) Raupen verschiedener Schmetterlinge in Schach halten. UNTEN LINKS: Bäume bauen für Notfälle vor. Die End- und Hauptknospe ist ausgefallen und die kleineren Knospen in unmittelbarer Nähe springen ein, um für Ersatz zu sorgen. UNTEN RECHTS: Auch der Tod gehört zum Leben des Obstgehölzes.

OBEN: Die Mistel, ein Halbschmarotzer, der sich gerne in alten Apfelbäumen einquartiert. UNTEN LINKS: Der Baum kämpft bis zuletzt ums Überleben. Ein großer Teil ist schon abgestorben und hat die Borke abgeworfen, und doch treiben noch frische Zweige aus. UNTEN RECHTS: Totes Holz ist ein wichtiger Teil von Ökosystemen, ob im Wald oder auf der Streuobstwiese. Es bietet Lebensraum für eine Vielzahl von Lebewesen, wie zum Beispiel für Ameisen.

# Stichwortverzeichnis

# Literaturverzeichnis

**Büchele, M. (Hrsg.):** *Lucas' Anleitung zum Obstbau.* 33. Auflage. Stuttgart: Ulmer 2018.
**Feucht, W.:** *Das Obstgehölz – Anatomie und Physiologie des Sproßsystems.* Stuttgart: Ulmer 1982.
**Fischer, M. (Hrsg.):** *Apfelanbau – integriert und biologisch.* Stuttgart: Ulmer 2002.
**Friedrich, G.:** *Der Obstbau.* Leipzig, Radebeul: Neumann 1977.
**Friedrich, G.:** *Handbuch des Obstbaus.* Radebeul: Neumann 1993.
**Friedrich, G., Fischer, M.:** *Physiologische Grundlagen des Obstbaus.* 3. Auflage. Stuttgart: Ulmer 2000.
**Friedrich, G., Preuße, H.:** *Ratschläge für den Obstgarten.* Radebeul: Neumann 1991.

GEO KOMPAKT Nr. 38 – 03/2014: *Das geheime Leben der Pflanzen.*
Hase, A.: *Bäume – Tief verwurzelt.* Stuttgart: Kosmos 2018.
Heilmeyer, M. (Hrsg.): *Äpfel fürs Volk – Potsdamer Pomologische Geschichten.* Potsdam: Vacat 2009.
Heilmeyer, M. (Hrsg.): *Beste Birne bei Hofe – Potsdamer Pomologische Geschichten.* 4. Auflage. Potsdam: Vacat 2004.
Hilkenbäumer, F.: *Obstbau – Grundlagen, Anbau und Betrieb.* 4. Auflage. Hamburg: Paul Parey 1964.
Hodge, G.: *Botanik für Gärtner – Von Achselknospe bis Zwiebelpflanze – Die Wissenschaft der Pflanzen.* Köln: Dumont 2015.
Jessen, H., Schulze, H.: *Botanik in Frage und Antwort.* 15. Auflage. Hannover: Verlag M. & H. Schaper GmbH 2001.
Kadereit, J.W., Körner, C., Kost, B., Sonnewald, U.: *Strasburger – Lehrbuch der Pflanzenwissenschaften.* 37. Auflage. Berlin, Heidelberg: Springer 2014.
Keppel, H., Pieber, K., Weiss, J.: *Obstbau – Biologisch und integriert.* 3. Auflage. Graz: Stocker 2018.
Kobel, F.: *Lehrbuch des Obstbaus auf physiologischer Grundlage.* Berlin: Springer 1931.
Kutschera, L.: *Wurzelatlas mitteleuropäischer Ackerunkräuter und Kulturpflanzen, 1. Band der Wurzelatlas-Reihe. Reprint.* Frankfurt: DLG 2010.
Lucas, E., Winkelmann, H.: *Anleitung zum Obstbau – Zum Gebrauch an Obst- und Gartenbauschulen, an landwirtschaftlichen und ähnlichen Lehranstalten sowie zum Selbstunterricht.* 26. Auflage. Stuttgart: Ulmer 1950.
Mägdefrau, K.: *Bau und Leben unserer Obstbäume. Eine Einführung in die Biologie der Blütenpflanzen.* Freiburg: Herder 1949.
Metzner, R.: *Das Schneiden der Obstbäume und Beerensträucher.* 15. Auflage. Stuttgart: Ulmer 1991.
Neder, T.: *Obstgehölze – Der Kosmos Schnittkurs.* Stuttgart: Kosmos 2017.
Schulz, B.: *Gehölzbestimmung im Winter mit Knospen und Zweigen.* 2. Auflage. Stuttgart: Ulmer 2014.
Schumacher, R.: *Die Fruchtbarkeit der Obstgehölze: Ertragsregulierung und Qualitätsverbesserung.* 3. Auflage. Stuttgart: Ulmer 1989.
Seitzer, J. (Hrsg.): *Farbtafeln der Apfelsorten.* Stuttgart: Ulmer 1956.
Sobitchek, J.: *Der Obstbau für den Gartenbautreibenden und den Landwirt nach praktischen Grundsätzen dargestellt.* 2. Auflage. Moldavia: B. Budweis 1938.
Wohlleben, P.: *Bäume verstehen – Was uns Bäume erzählen, wie wir sie naturgemäß pflegen.* 8. Auflage. Darmstadt: Pala 2017.
Zehnder, M., Weller, F.: *Streuobstbau – Obstwiesen erleben und erhalten.* 3. Auflage. Stuttgart: Ulmer 2016.

# Danksagung

Danke Carola für Deine Nachsicht und wiederholte Durchsicht. Danke an die Großfamilie und die Freunde, die da sind, wenn ich sie brauche, und die sich mit mir freuen, wenn ich dieses Buch in der Hand halte. Karin, die Zusammenarbeit mit Dir war ein großer Spaß! Danke auch an Patrizia Haupt, die so professionell und wertschätzend die Fertigstellung des Buches begleitet hat.

### 2.3.3 Zusammenarbeit (10:30 Minuten)

... indem sie losgeht und Polster holt.

### 2.3.4 Ansprechen und Erfragen von Denk- und Handlungsprozessen zur Zielbestimmung und Zielerreichung (11:10 Minuten)

Die Frage, was das von Paul selbst antizipierte Risikoverhalten „Kippeln" für Folgen haben kann, ist von Paul mit dem Wunsch nach Polstern/ Sicherheit selbst angesprochen. Die Reflektion dessen, was nötig ist, damit er „weich fällt", wird gemeinsam betrieben und handelnd umgesetzt. Auch die Reflexion der Therapeutin („Was kannst du tun, wenn du nach hinten fällst?") einschließlich der gegebenen Empfehlung )„Kopf nach vorne unten drücken") sind solche Interventionen der Arbeit am Zielkonzept Sicherheit. Als Paul nun seinen Platz eingenommen hat, fällt ihm ein Kärtchen runter und mit bittender Stimme sagt er: „Können Sie das hochheben, ich will jetzt nicht von meinem hohen Sitz herunter?"

### 2.3.5 Zusammenarbeit und Spielprinzipien – sich die Rolle geben lassen mit Wärme (12:00 Minuten)

Die Therapeutin greift dies auf, praktiziert Zusammenarbeit, sagt dabei: „Wenn man so hoch sitzt, dann braucht man einen Diener, der einem das hoch hebt." Sie strahlt dabei einverständig warm. Und sogleich steigt die Therapeutin noch einmal auf die fürsorgliche Schiene der Zielsetzung Sicherheit ein.

### 2.3.6 Ansprechen und Erfragen von Metawissen (12:10 Minuten)

„Paul, was könntest du tun, wenn du nach hinten fällst, um deinen Kopf zu schützen?" Und Paul hat solches Wissen: „Im Fallen umdrehen."

### 2.3.7 Anregen von Handlungen (12:25 Minuten)

„Das ist sehr gut, aber ..." Die in diesem Thema hoch spezialisierte Therapeutin bietet eine überall wirksame Notfallregel („Den Kopf nach vorne drücken") und verankert dies mit der Anregung zur Erprobung der gemeinten Kopfhaltung und anschließender Bestätigung des Tuns: „Ja, genau so."

## 2.4. Spielzeit – stille Wachstumszeit

Kinder äußern sich im Spielen – und in der Stille des Spielens zeigt sich das Wachstum ihrer Seele, ihrer Kompetenzen und Wertvorstellungen. Was der Entwicklungspsychologe Oerter (1993) in seiner Darstellung der Theorie des Spielens beschrieb, ist ein stets gegebener „übergeordneter Gegenstandsbezug“ der Spielinhalte und eine Wahl des Komplexitatsgrades der Spiele nach einer „Zone nächster Entwicklung“. Kinder gestalten im Spielen ihr seelisches Reifen.

 Genauere Ausführungen hierzu auch im Vertiefungsthema *Spielen – eine gelingende Selbstaktualisierung.*

Die beiden Spielpartner haben nun eine Ausgangsposition für das Spiel eingenommen. Paul nimmt das Spielbrett der Therapeutin und prüft, ob er bei dieser Sitzeverteilung einen „illegalen“ Vorteil haben könnte, indem er etwas auf dem Spielbrett drüben wahrnehmen kann, das er bei waagrechtem Sitz an einem erhöhten Tisch jedenfalls nicht sehen könnte – er demonstriert also die Motivation, fair zu spielen. Dann bittet er beginnen zu dürfen – was zugestanden wird – und so kommt es zu seiner ersten Frage zum …

### 2.4.1 Spielregeln erfragen (13:40 Minuten)

„Mann oder Frau?“ fragt er und die Therapeutin, welche die Spielregel („Es müssen mit Ja oder Nein beantwortbare Fragen gestellt werden“) kennt, fragt zurück: „Darf man so fragen bei uns?“ Damit gibt sie indirekt auch zu erkennen, dass Spielregeln änderbar sind, dass solche Änderungen jedoch verabredet/markiert werden müssen. Paul korrigiert sich sogleich und freut sich über die gewonnene Information: „Super, Männer sind nämlich mehr.“ Inzwischen sucht die Therapeutin für sich eine bequeme und sichere Sitzhaltung, was ihr nicht gleich gelingt: Sie kippt nach vorne.

### 2.4.2 Echt sein (10:53 Minuten)

Eine der drei „Rogers-Haltungen“, die personzentrierte Psychotherapeuten ausführlich trainieren, wird Selbstkongruenz, Authentizität oder Echtheit genannt. Dass Echtheit „trainierbar“ sein soll, verweist auf ein Kernproblem, das hier ebenfalls – wie oben das der Diagnose – nicht ausgearbeitet werden kann. Knapp sei jedoch die Erklärung angeboten, dass personzentrierte Echtheit nicht die Lümmelechtheit des „Mir-ist-gerade-so-zumute“, sondern eine professionelle Verpflichtung mit Blick auf die

Qualität der Beziehung bedeutet. Echtheit ist keine Erlaubnisdimension, sondern eine Verpflichtungsdimension.

→ Im Vertiefungsthema Vertiefungsthema *Echtheit als Verpflichtung – Integrität* wird dies theoretisch differenzierter ausgeführt.

Diese Qualität professionellen Verhaltens ist selten direkt zu beobachten – am ehesten bei Wertkonfrontationen. Aber hier zeigt sich nun, dass das Bemühen der Therapeutin ihr nicht so wie gewünscht gelingt. Modellhaft und authentisch reflektiert sie ihr eigenes Handeln und dessen Unzulänglichkeit: „Uaaahhh ... So jetzt fall' ich nach vorne – anstatt dass du fällst, falle ich hier vom blöden Sitz runter. Mal sehen, ob ich mein Gleichgewicht halten kann ... Jetzt ... Jetzt sitz ich da auch gut."

Paul geschieht ein kleines Missgeschick und selbstkritisch problematisiert er die Sitzlage: „Ist bloß blöd, von hier oben zu spielen."

### 2.4.3 Konfrontieren (14:30 Minuten)

„Das ist eine neue Erfindung von dir, von der du jetzt merkst, sie ist nicht so toll", konfrontiert ihn die Therapeutin. Und Paul stellt sich: „Kommt drauf an, man muss nur ziemlich geschickt sein, wenn einem eine Karte runter fällt ..." Das bestätigt die Therapeutin: „Genau. Und man muss geschickt sein im Sitzen."

### 2.4.4 Reflektieren von Problemlöseverhalten (14:45 Minuten)

Paul fragt sodann nach einer Spielhandlung der Therapeutin: „Warum haben Sie die gelbe Karte [die gesuchte Person, CMH] verdeckt?" Hier haben wir ein Beispiel dafür, dass Kinder letztlich Verhalten zeigen, das auch in den Interventionskompetenzen zu beschreiben ist, denn es handelt sich hierbei um eine solche Reflexion, Paul praktiziert „Reflektieren von Problemlösungen", wie es die Therapeutin mit ihm auch tun würde. Die Therapeutin gibt ihre Erklärung und Paul zeigt ihr in modellhafter Zusammenarbeit eine bessere Lösung, für welche die Therapeutin sich bedankt.

### 2.4.5 Einfühlung (15:15 Minuten)

Paul stellt den durch die Unterbrechung zerstörten Spielstand wieder her und sagt, als er soweit ist, freudestrahlend: „Oh ha ... Ich bin ja ziemlich nahe an Ihnen" Eine Äußerung, die durchaus die Möglichkeit mit sich gebracht hätte, empathisch zu kommentieren „Du freust dich?" In dieser

„Ich-seh'-etwas-was-du-nicht-siehst"-Betrachtung fällt mir hier auf, dass die Therapeutin so zentriert auf ihren eigenen nächsten Spielzug ist, dass sie diese Chance verpasst. Als sie ihre Frage stellt und dabei eine „Nein"-Antwort erhält – die gesuchte Person hat keine dunkle Haut – praktiziert sie aber eine andere emotionale Kategorie:

### 2.4.6 Modell geben (15:26 Minuten)

„Schaaade", zischt sie deutlich ihr Enttäuschungsgefühl modellhaft äußernd. Diese Offenheit wird von Paul direkt aufgenommen, indem er sich laut denkend selbst exploriert: „Warte mal, was ist eine sinnvolle Frage, wo viele rauskommen, wenn sie erfolgreich ist …?" Der weitere Spielverlauf ist nun zunächst vor allem durch die Regeln geprägt. Die Spannung steigt. Bis schließlich die Therapeutin diese Partie gewinnt – und …

### 2.4.7 Einfühlung (17:29 Minuten)

… der eigene Triumph einerseits als Modell – diesmal für Freude, „schenkelklatschend" beim Gewinnen – und andererseits zur direkten, einfühlenden Ansprache des „Aaaah – du ärgerst dich" wird.

### 2.4.8 Grenzen setzen (17:34 Minuten)

Das Folgende ist zwar keine beeindruckende Grenzsetzung, jedoch eine anschauliche Demonstration der Wirksamkeit des ersten Schrittes von Grenzsetzungsverhalten: Die Therapeutin gibt eine Handlungsanregung, diese wird umgesetzt („Magst Du die Karte mal da rein tun?") und Paul kündigt an, dass er eine andere Karte achtlos am Boden liegen lassen möchte („Ich steig' jetzt da nicht herunter") – was eigentlich im sozialen Kontext eine Grenzverletzung wäre. Hier nun sagt die Therapeutin: „Du entscheidest, diese am Boden liegende Karte nicht zu holen." Das Fünf-Schritte-Schema der Grenzsetzung umfasst:

1. Trennen zwischen Absicht und Tat
2. Nennen der bedrohten Grenze
3. Verhindern der Grenzverletzung
4. Androhen einer Konsequenz für beibehaltene Grenzverletzungsabsicht
5. Durchführung der Konsequenz

Und wie von der Macht eines wirksamen Befehls getragen gleitet Paul von der Sitzgelegenheit und holt die Karte. 80% kindlicher Grenzverletzungen werden – wenn sie mit Schritt 1 konfrontiert werden, gestoppt.

→ Wer sich die Bedeutung von Grenzsetzungen und das Fünf-Schritte-Schema hierbei genauer verdeutlichen will, der sei an Vertiefungsthema *Grenzen in der Psychotherapie* verwiesen.

Das Spiel geht in eine zweite Runde, die wieder von Paul begonnen wird. Dabei geschieht ganz am Rande, beiläufig, eine angebotene Reflexion von Verhalten.

### 2.4.9 Wertschätzende Wiedergabe von Verhalten (17:49 Minuten)

Als Paul die Information erhält, dass die gesuchte Person ein Mann ist, sagt er: „weg mit den Frauen!“ Er schnippt jedes Frauenbild mit dem Ausruf „Weg!“ von sich fort. Die Therapeutin spiegelt dies mit einem knappen, akzeptierenden „Hamh – weg mit den Frauen? Hamh.“ und macht über die Stimme deutlich: „Es ist in Ordnung, die Frauen ‚wegzuschnippen?‘“ Danach wird wieder die Einfühlung wirksam.

### 2.4.10 Einfühlung (17:49 Minuten)

„Mist“, sagt Paul, nachdem ihm eine Frage zwar bedeutsame, aber seiner Meinung nach nicht genug, Information gegeben hat. Die Therapeutin sagt mitfühlend: „Du würdest gerne noch mehr raushaben wollen?“ Und wenig später im Spiel: „Jetzt bist du doch neugierig, wie der Rote heißt?“ Das weist Paul zunächst zurück, wird aber dann durch weiteres Suchverhalten bestätigt, so dass die Therapeutin schließlich insistierend anspricht:

### 2.4.11 Ansprechen und Erfragen von Werturteilen (17:53 Minuten)

„Wenn du was wissen willst, dann suchst du so lange, bis du es findest?“ Mit dieser Reflexion hartnäckiger Ausdauer bei der Informationsbeschaffung wird für den unter dem Vorzeichen von ADHS betrachteten Paul deutlich, was offensichtlich ist: Dass seine Ausdauer von seiner Motivation abhängig ist.

## 2.5 Spielfluss ins Abenteuer

Durch einen „Versprecher“ verrät Paul fast seine Figur und durch Insistieren („Was machen wir jetzt?“) klärt die Therapeutin, dass somit in dieser Runde kein echter Gewinner gefunden werden kann. Sie fragt abermals mit der Intention, die Explorations- und Reflexionsfähigkeit des eigenen Bedürfnisses von Paul anzuregen („Was machen wir jetzt?“) und Paul gibt zu erkennen, dass dies Spiel noch längst nicht Sättigung erreicht hat: „Neues Spiel.“ Die Therapeutin reflektiert („Da kann man sich so leicht verraten, in diesem Spiel“) und gemeinsam betrachten sie Schwächen des Materials: „Bei dir fehlen wieder zwei Figuren ...“ Schließlich zappelt Paul endlich einmal so, dass er von der gewollt fragilen Sitzposition herunter fällt. Er bezeichnet es als „Test“ und die Therapeutin klärt, ob das Beibehalten der hohen Sitze von ihm gewünscht ist. „Das ist spannender.“

Es kommen im Weiteren wieder Regelreflexionen („Kann ich nicht beantworten, ich kann nur ‚ja‘ oder ‚nein‘ sagen ...“), Lob („Super, wie vorsichtig du das machst.“) und anderes. Dann sagt Paul: „Jetzt will ich nicht mehr spielen, jetzt will ich mich nur noch von hohen Bauwerken stürzen.“ Die nachdenklich erschrockene (verschwiegen innerlich ablaufende) Reflexion der Therapeutin ist es, sich zu fragen: „Wird damit nur seinem Bedürfnis nach Bewegung Raum gegeben?“ Paul: „Ich steh auf Risiko.“ Therapeutin: „Ja, aber ich nicht.“

Die Therapeutin wird nun zur begleitenden Garantin von Geborgenheit und Sicherheit – und gibt zugleich Anerkennung für den Mut, mit dem Paul sich ins Abenteuer begibt. Und während er sich auf seine erste Mutprobenstufe einlässt, hat er schon die Handlungsplanung: „Danach habe ich mir einen Pudding verdient.“ „Aber wirklich“, bestätigt die Therapeutin. Dann werden noch weitere Sicherheitsüberlegungen angestellt – und ein Plan für das Gebäude, von dem er stürzen will, wird entworfen.

Aber zunächst geht er zum Puddingessen. Damit endet die Videostichprobe der wirklichen Therapie und somit die durch die Offenheit der Originaltherapeutin ermöglichte Mikroanalyse.

# 3 Der Therapieprozess mit Paul – die Fiktion einer personzentrierten Arbeitsbeziehung

Der folgende Ablauf ist vom Autor erdacht und nimmt eine andere Beobachterperspektive ein. Die Grundentscheidung für dieses nunmehr „ausgedachte" Schicksal wollte ich jedoch nicht alleine verantworten und erkundigte mich bei der wirklichen Therapeutin: Ja, der Vater sei in der Realität inzwischen nach weiteren Monaten der Qual verstorben. Alle anderen Einflussfaktoren sind konstruiert – zugleich stammen alle „Zitate" aus der langjährigen Arbeit – teils aus der Supervision von Fällen, teils aus den eigenen Fällen.

## 3.1 Der Arbeitsprozess in der Mittelphase der Therapie

Zunächst kam Paul die nächsten Wochen zur Therapie, als käme er wirklich zu einer fröhlichen, sportlichen Selbsterprobung. Hatten mich die hohen Polstertürme, von denen er sich stürzen wollte, bedenklich gestimmt, so war nun erkennbar, dass er das Thema „Selbstgefährdung" Stunde für Stunde neu inszenierte. Als wolle er in jeder Begegnung sich selbst bestätigen, dass ich ihn davon abhalten würde, zu Schaden zu kommen. „Verschüttet in Höhlen" wurde ebenso zum Thema wie „beim Klettern abgestürzt".

Der doppelte Boden, den solches Spiel mit der „Lebensgefahr" hatte, wurde kaum jemals offen angesprochen. Dass die Krankheit seines Vaters sich zuspitzte, die nächste Phase der Chemotherapie kaum mehr eine Einschränkung des Tumorwachstums brachte, erfuhr ich von den Eltern, schließlich nur noch von der Mutter, da der Vater sich von der Teilnahme an den Elterngesprächen im achtsamen Einverständnis zur Schonung zurückzog.

### 3.1.1 Ruhe und Zuversicht

Jedes Mal wenn Pauls Stunde bevorstand, stellte ich mich innerlich darauf ein, die schicksalhafte Aussage zu meditieren: „Wenn es gut geht, sterben die Eltern früher als die Kinder." Diese traurige Wahrheit des menschlichen Daseins ermöglichte es mir, die Bitternis bei mir zu behalten und zu bewältigen, die darin lag, einen jungen Menschen zu begleiten in einem Prozess, der ihm die Ohnmacht gegenüber dem zunehmend als Sterbeprozess deutlich werdenden Krankheitsverlauf des Vaters auferlegte. „Ruhe und Zuversicht" sind als Interventionskompetenz trainierbar – sie schwingen in der Wärme und Wertschätzung mit, sie bestimmen die Bilderwahl unserer Einfühlungen.

Im Rahmen der Psychotherapieforschung wird diese Erscheinungsform der Rogers-Haltung „Echtheit" gegenwärtig ernst genommen und mit dem Arbeitsbegriff „Allegianz" belegt. Allegianz meint die „basale innere Überzeugung von der Wirksamkeit und Plausibilität des eigenen therapeutischen Ansatzes" (Walz-Pawlita et al. 2009, 359).

→ Genauer wird dies im Vertiefungsthema *Echtheit als Verpflichtung – Integrität* betrachtet.

Eines Tages kam eine Stunde in der die beiläufige, ungenannte Mitbearbeitung von Trauer und Todesangst nicht mehr tragfähig war.

### 3.1.2 Gestaltungsangebot und Selbstexploration

Pauls Vater hatte mit der Familie beschlossen, dass er die nächsten Wochen – absehbar die letzten Wochen seines Lebens – in einem Hospiz leben werde. Die Mutter hatte mir diesen Beschluss mitgeteilt und Pauls nächste Therapiestunde war drei Tage, nachdem der Vater die elterliche Wohnung verlassen hatte.

Paul begann seine Stunde wie gewohnt mit dem Kakao-Ritual und der Ankündigung, dass er in dieser Stunde etwas basteln wolle: „Ich weiß schon, was es werden wird ..." „Aber du verrätst es mir noch nicht?" „Nein, Sie sollen raten ..."

Es stellte sich heraus, dass er sich sogar Material mitgebracht hatte: eine kleine Holzschachtel, wie sie für den Vertrieb einer österreichischen Luxustorte mitgeliefert wird. Er wollte sie bemalen und auspolstern. Als er begann, die Kiste schwarz zu grundieren, bemerkte ich, dass ich erschrak. „Er wird doch nicht einen Sarg machen ...?", war mein Gedanke.

Aus der Verkleidungskiste, in welcher immer auch Stoffreste für Tücher oder Bastelarbeiten zu finden sind, nahm er einen feuerroten Stoff und klebte diesen säuberlich zugeschnitten als Innenfutter ein. Dann begann er die schwarz grundierte Schachtel mit Blumen zu bemalen und fügte in einem Medaillon auf der Deckelmitte seine Initialen ein. Kurz bevor er das schnell gestaltete Werk zum Stundenende vor sich hinstellte, um es abschließend zu betrachten (die Farbe wird trocknen müssen, so dass er dies Produkt bei mir deponieren wird) nahm ich all meinen Mut zusammen und sprach von innen heraus: „Ach Paul, als du angefangen hast, da war ich erschrocken, weil ich dachte, jetzt würdest du vielleicht einen Sarg gestalten. Aber als ich dann merkte, dass du irgendwie eine ganz genaue Vorstellung davon hattest, was du gestalten willst, da war mir klar, du machst etwas,

was für dich wertvoll sein wird und ich habe mich entspannt. Jetzt sieht es aus wie ein ganz persönlicher Schmuckkasten."

Paul strahlte mich mit der seltsamen Mischung aus Trauer und Glück an, die ich schon öfters bei ihm wahrgenommen hatte. Er nickte zunächst nur stumm. Dann platzte er mit Stolz und tiefer Trauer heraus: „Papa hat mir, bevor er ins Hospiz ging, seine ganzen Manschettenknöpfe geschenkt und gesagt, ich solle sie ‚in Ehren halten'." Jetzt weinte der tapfere Knabe. „Ich habe mir nun eine Schmuckschatulle gebaut." „Dass die Andenken an deinen Vater einen guten Ort haben werden." „Genau."

Paul weinte einige Minuten still. Er übergab mir das Kästchen, ich stellte es geschützt ins Regal. Wir trennten uns.

In den nächsten Wochen fanden keine Spiele mit Selbstgefährdungen mehr statt. Paul entdeckte das Thema „Abenteuer- und Urlaubsreisen" für sich und informierte mich in den folgenden Sitzungen jeweils mit den Playmobil-Figuren detailliert darüber, welche Urlaubsreisen seine Familie bisher unternommen hatte und welche Urlaubsziele er kennt aus Berichten anderer Klassenkameraden oder sogar den Fernsehfolgen, die er sehen darf.

### 3.1.3 Rollenübernahme anregen

Paul gab mir klar zu verstehen, dass die Abwesenheit des Vaters in seiner Familie als „Reise" symbolisiert wird und dass er schon so groß und „vernünftig" sei, dass er verstanden habe, dass es eine „Reise ohne Wiederkehr" sein werde. Neben diesem stets den Hintergrund der Stunden bildenden Thema wird jetzt sehr viel über Freundschaft gesprochen. Paul leidet unter seiner Isolation in der Klasse – obwohl seine Unruhe sich langsam legte (was von der Lehrerin wohl zutreffend als „depressive" Ruhe gekennzeichnet wird). Er nutzt die Einbettung in den Schulzusammenhang als einsamen Ruheraum gegenüber der Enge des traurigen Familienlebens, das von den regelmäßigen Besuchen beim Vater im Hospiz bestimmt ist. Als „großer Bruder" hat er nun auch schon manchmal die Verpflichtung übernommen, den Nachmittag mit seiner fast zwei Jahre jüngeren Schwester zu gestalten und so der Mutter zu ermöglichen, alleine den Vater aufzusuchen.

Auch diese Erlebenswirklichkeit der bedrohlichen Reise spiegelt sich im Therapiegeschehen. Auf abenteuerlichen Flugreisen werden Kinder nach einem Absturz zu den einzigen Überlebenden auf einer Insel oder sie sind auf einer Skihütte in den Bergen eingeschneit, ohne dass erwachsene Hilfe absehbar ist. Immer ist ein Großer für einen Kleinen oder eine Kleine verantwortlich. Mir ist dieses wiederholte Szenario des braven Retters schließlich zu angestrengt – ich würde Paul wünschen, dass er sich wieder mehr eigene Freuden erlaubt, statt der anderen Spielfigur immer Schutz und Trost zu organisieren. In den meisten dieser Spielsequenzen bin ich nur außen stehender Beobachter – Kommentator, der das Alleinspiel des Knaben begleitet. So auch in dieser folgenden Sequenz.

Paul hat quasi „Hänsel und Gretel" nachgespielt – zwei Kinder sind im Wald verloren gegangen und der große Bruder weiß nicht mehr weiter. Ich erlaube mir seine letzte Äußerung aufzugreifen. Er hatte als der Große hervorgestoßen: „Das ist ein verfluchter Wald, gibt es denn hier keinen Wegweiser oder einen Förster oder gute Feen …" Ich frage ihn: „Paul, ich könnte doch ein Förster sein?" Nach kurzem Zögern nickt er und ich greife nach einer weiteren, grünen Playmobilfigur und beginne „durch den Wald zu gehen". Dann „finde" ich die beiden verlorenen Kinder. Und biete Paul an:

„Paul, was meinst du, wie es dem Förster geht, wenn er die beiden einsamen Kinder findet? Magst du den mal spielen?"

Paul nimmt diese Rolle sofort an und betroffen beobachte ich, wie dieser sensible Junge nun aus vollem Herzen das zu geben vermag, was ihm durch den Verlust des Vaters verloren gehen wird: feste zärtliche Zuwendung, Zuversicht, Trost … Nach kurzer Zeit sind „Hänsel und Gretel" bestens versorgt.

In diese Wochen fällt der „erlösende" Tod des Vaters.

### 3.1.4 Verzerren

Personzentrierte Psychotherapie lässt dem Klienten die Führung – jedoch nicht ohne Verantwortung. Insbesondere im Bereich der schnellebigen Kinder, der suizidal gefährdeten Erwachsener oder von schweren Stimmungsschwankungen gebeutelten Patienten hat der Therapeut auch die Verantwortung dafür, in welchem emotionalen Zustand ein Klient die Stunde verlässt. Nun ist es jedoch gerade unser Grundanliegen, den Klienten sich selbst so erfahren zu lassen, wie er je und je ist, – und unsere spezielle Kompetenz ist es zu wissen, wie wirksam es ist, in seinen Emotionen wahrgenommen, verstanden, begleitet und widergespiegelt zu sein.

Paul kam in einer der Stunden nach dem Tod seines Vaters in einer seltsam „aufgelösten" Verfassung. Es war nicht Trauerschmerz, Verlassenheitsgefühl oder Wut gegen das Schicksal als Halbwaise. Jedenfalls zeigte sich nichts derartiges in seinen sonst sehr offenen Äußerungen. Er spielte mehrere Partien „Labyrinth der Meister" – gewann zweimal, unterlag einmal, gewann dann wieder und war zugleich irgendwie fahrig, aufgeregt. Ich begleitete seine Spielzüge und versuchte selbst so klar und siegreich wie möglich zu spielen. Eine Grundregel der Spieltherapie verweist darauf, dass wir Kinder und Jugendliche nicht betrügen, indem wir sie „gewinnen lassen", Kinder wählen sich ihre Spiele selbst so, dass sie schon die Erfolge haben, die sie brauchen.

„Ich ärgere mich über mich selber. Ich weiß doch, dass ich es nicht ändern kann – und doch denke ich dauernd so blöde Dinge wie, wenn ich meinem Vater das Leben hätte retten können …" Er platzte mit diesem Gedanken, der wohl die Achse gewesen war, um welche er sich die ganze Zeit gedreht hatte, etwa in der vierzigsten Minute heraus. Noch zehn Minuten und seine Spielzeit wird um sein – ich schrak auf. Tatsächlich ist eine weitere Grundregel aller Therapie, dass wir erlebnisaktivierende Stundenverläufe anzielen – denn diese werden eher als hilfreiche Erfahrungen symbolisiert als gleichmütig verlaufene Reflexionsgespräche – jedoch auch ein mittleres Erregungsniveau zum Stundenende anzielen.

Während wir normalerweise durch empathische Äußerungen jeweils genau das abbilden wollen, was der Klient gerade spürt (sowohl von Inhalt, als auch vom Erregungsausmaß her), hat Minsel (1974) herausgefunden, dass durch die Veränderung entweder des Inhaltes oder der Intensität eines widergespiegelten Erlebens eine Steuerung der Erregung des Klienten möglich ist.

→ Genaueres hierzu ist auch im Vertiefungsthema *Störungsspezifisches Handeln* zu finden.

Ich bemerkte, dass ich schnellstmöglich diese quälende irrationale Selbstüberforderung angehen und Pauls Erregung dämpfen wollte.

Eine unverzerrte Einfühlung hätte vielleicht lauten können: „Die Ohnmacht quält Dich …" Ich versuchte daher eine mehr „kognitive" Widerspiegelung, die das, was Paul da tat (sich in grübelnder Selbstanklage zu quälen), zum Gegenstand der gemeinsamen Reflexion zu machen: „Wenn du an das Sterben deines Vaters denkst, dann treibt dich diese Hilflosigkeit im Kreis?"

Paul erlebte dies als zutreffende Einfühlung, er spürte seine Verzweiflung unmittelbarer und auch die damit verbundene irrationale Anklage: „Genau, ich hasse mich für meine Unfähigkeit."

Eine dämpfende Verzerrung wäre nun wohl gewesen zu sagen: „Das ist bitter, sich so hilflos zu erleben." Ich hätte mich dabei jedoch als Verräter gegenüber dem Leid von Paul erlebt. Es war nicht nur bitter – es war schrecklich für ihn, sich selbst so anzuklagen. Ich wollte die destruktive Komponente des irrationalen Anklagens angehen und sagte: „Mörderischer Hass angesichts von mörderischem Krebs, nicht wahr?"

Jetzt traten Tränen der Verzweiflung in seine Augen, zugleich ballte er die Fäuste und sagte schluchzend: „Krebs ist mörderisch." Nun war er nicht mehr bei sich und der Selbstanklage als Erleidender, sondern in der Wut gegen dieses Schicksal. Und so konnte ich dämpfend auf genau diese verändernde Sicht hinweisen: „Und alle medizinische Kunst konnte in diesem Fall deinem Vater nur das Leiden lindern."

Damit lag die Verantwortung für den Sterbeprozess beim Krebs und die sehr kompetente (medizinische/hospizmäßige) Sterbebegleitung wurde wieder erinnert. Paul nickte – er war bereits etwas ruhiger und ich konnte weiterführen durch eine weitere versachlichende Klärung: „Ohnmacht macht es immer noch schlimmer, lässt dich im Kreis gehen, dich selber anklagen, wo doch schon das Leiden deines Vaters schrecklich genug war und die Trauer eben noch lange anhalten wird."

## 3.2 Reflexion lebensgeschichtlicher und aktueller (Krisen-) Ereignisse im Therapieverlauf

Einige Wochen später greift Paul diese Situation auf. Er war am vorangegangen Sonntag mit seiner Mutter an Vaters Grab gewesen und erinnert sich betroffen an die Traurigkeit der Mutter.

### 3.2.1 Strukturieren

Gespräche mit 10-Jährigen können philosophische Colloquien sein, besonders, wenn sie, wie Paul, gut begabt und sprachlich eloquent sind. Die Therapiestunden bleiben weiter Spielstunden – es gibt jedoch öfters lange Phasen wortarmen Sinnierens und dann eben diese Gespräche. An diesem Tag eröffnet er bei einem Kakao, den er sich seit langer Zeit zum ersten Mal wieder machte, dass er innerlich weiter in Not sei:

„Mama war früher schon oft sehr traurig, jetzt kommt sie aus dem Heulen kaum mehr raus. Manchmal sagt sie: ‚Jetzt wird's bald besser, jetzt hab' ich bald keine Tränen mehr.' Und dann muss ich heulen und werde zugleich wütend." Er sagt dies mit der emotionslosen Blockade, die weder Trauer noch Wut in der nachdenklichen Gegenwart zulässt. Ich weiß nicht, ob es schon an der Zeit wäre, eines der beiden Gefühle oder beide in ihrem Miteinander anzusprechen. Ist doch das schreckliche Sterben des Vaters einerseits und die vorher schon bedeutsam in die Selbstentfaltung des Jungen hineinwirkende mütterliche Depression andererseits wohl beides jeweils Anlass für beides: Wut über die Ohnmacht gegenüber dieser Faktizität und Trauer über den Verlust von Vater und mütterlicher Lebensfreude. Ich entscheide mich, eine Gesprächsgestalt anzubieten, eine Denkanstrengung dort vorzuschlagen, wo der Wirbel der Gefühle Unklarheit herrschen lässt.

„Paul, das sind zwei ganz verschiedene Beleuchtungen – Wut oder Trauer. Wenn du willst, können wir das mal strukturiert betrachten, das würde bedeuten, ich begleite dich im Nachdenken erst mal auf der einen Seite und dann auf der anderen."

„Wut und Trauer nacheinander ansprechen, obwohl sie gleichzeitig da sind?"

„Genau."

„Einverstanden. Wie soll das jetzt gehen?"

„Womit willst du anfangen, mit Wut oder Trauer?"

„Ich weiß nicht, ob ich wütend sein darf."

„Gut, fangen wir mit dieser Seite an. Da war am Grab diese Wut."

„Ja, ich balle die Fäuste, beiße die Zähne zusammen und möchte losbrüllen. ‚Hör auf zu heulen, Mama, du hast doch noch uns. Wir sind auch traurig …'" Paul wird erkennbar emotionaler, ich beobachte, wie über das Erinnern der Wut gleichzeitig die Traurigkeit wieder aktualisiert wird.

„Ok, ‚auch traurig' schauen wir später an. Jetzt bleiben wir bei deiner Wut. Sag mal genauer, auf was du da alles wütend bist. ‚Mama, sei nicht so schwach …', und?" „Oh ja, ich bin auch wütend auf den Krebs und dass keiner helfen konnte, macht mich sauwütend … Obwohl das Sterben zuletzt so ruhig ging. Ich bin wütend auf das, was so etwas macht. Die Gemeinheit, meiner Schwester und mir den Vater, meiner Mutter den Mann zu nehmen." „Wütende Anklage: Das erlebst du …" „Ja, genau, ich erlebe das empörend ungerecht. Andere Kinder haben gesunde Väter und fröhliche Mütter." Paul schweigt nachdenklich – so, als sei für ihn etwas erledigt, indem er diese Empörung ausspricht.

Im Strukturieren werden zwei Seiten eines Konfliktes oder Themas getrennt und nacheinander betrachtet. Abweichend von der „achtsam folgenden" personzentrierten Gesprächsstrategie ist der Therapeut, wenn er das Angebot macht, einen Konflikt strukturiert zu betrachten, dazu verpflichtet, das Thema in seiner Gesamtheit, also auch die andere Seite, zu fokussieren. Er ist dazu verpflichtet, die ganze Struktur zu betrachten.

Ich sage nach längerem Schweigen: „Also, wir wissen jetzt beide, dass es dich empört, dass du es als schreiende Ungerechtigkeit erfährst und aus der Ohnmacht angesichts dieser Seite raus möchtest. Gibt es noch etwas, was dich bewegt, wenn du an die Wutseite denkst?"

„Ich bin auch wütend, dass ich mit Papa nicht mehr zum Fußballplatz kann …" Die Selbstwahrnehmung des Knaben signalisiert ein Ende der Auseinandersetzung mit Wut. Er sagt es zwar noch nachdenklich, aber schon in Kontakt mit Trauer. Wie ein Zahnarzt, der durchs Klopfen auf den Zahn der Verwurzelung von Schmerz auf die Spur kommen will, wird im Strukturieren unter Umständen noch eine Weile auf der einen Seite verharrt.

„Die Wut des Verlassenen, der nun alleine gehen muss. Noch etwas auf der Wutseite?"

„Dass meine Schwester das alles so viel lockerer hinbekommt, macht mich auch wütend. Mama nennt sie nur noch ‚mein kleiner Engel' und ich muss zugeben, sie ist auch einer. Heult nie, jammert nie, mault nie – immer freundlich …" Pauls Sprechen wird zu ruhigem, leisem sebstexplorativen Murmeln.

„Noch etwas auf der Seite?"

„Nein. Das hat gut getan. Die Wut einfach mal auszusprechen. Spielen wir jetzt Halma?"

Fast muss ich lachen, wie Paul das sagt. Er muss einerseits gespürt haben, dass von den vielen Regelspielen, die wir in der letzten Zeit spielten, Halma eines meiner Lieblingsspiele ist, denn offensichtlich will er mich mit diesem Angebot davon weglocken, die Struktur „zu schließen", also auch den anderen Teil des Problems anzusehen.

Sein fragender Blick ist jedoch offen und ich weiß, er erwartet, was ich von mir auch erwarte: „Halt Paul, wir haben jetzt die Wutseite angesehen. Da ist aber noch die Trauerseite. Magst du mal aussprechen was da los ist, wenn ihr am Grab steht?" Er nickt und schweigt lange. Es geht in ihm etwas vor. Er wird weicher und sagt schließlich ruhig, fast sachlich: „Mama hat am meisten verloren."

„Du spürst ihre Trauer so deutlich wie deine?"

„Ja. Und auch hinter der putzmunteren Fassade meines Schwesterchens ist dieselbe Trauer." Paul ist sehr gesammelt. Der Text über die Schwester war kein Angriff, sondern eine geschwisterliche Liebeserklärung. „Und das ist das Traurigste: Wir alle konnten Papas Trauer nicht ändern." Letzteres ist etwas bedrängt hervorgestoßen und berührt mich sehr: Der einfühlsame Knabe sammelt die Trauer seiner Nächsten, den Schmerz des davongehenden Vaters, zusätzlich zu seinem Schmerz als Hinterbliebener.

„Du würdest deinem Vater noch viele glückliche Stunden mit euch gewünscht haben und das macht dich traurig, dass er nur noch traurig weggehen konnte …?"

„Zuletzt waren wir alles andere als traurig. Jetzt sind wir traurig. Zuletzt waren wir nur beisammen …" Pauls Erinnern an den im Hospiz begleiteten Sterbeprozess ist intensiv und von etwas wie Ehrfurcht getragen.

„Das ist ein gutes Bild, im Abschied so still beisammen?"

„Ja. Und es wird mir immer wichtiger, je mehr ich diese Trauerwut spüre …"

Wieder greife ich ein: „Jetzt sind wir auf der Seite der Trauer, die Wut haben wir vorhin gelten lassen. Was wird dir im Trauern so wichtig an dem stillen Abschied?"

„Papa konnte nicht mehr sprechen. Wir hielten seine Hände, Mama und meine Schwester die eine, ich die andere. Mama sagte irgendwann etwas Verrücktes, sie fragte: ‚Fehlt dir etwas?' Sie meinte wohl, ob sie seine Lippen noch mal befeuchten sollte oder so … aber es klang so verrückt. Und da passierte es, dass Papa noch mal die Augen größer öffnete, etwas wie ein Lächeln kam und er mit einer Kraft, die wir alle nicht mehr bei ihm vermutet hätten, ganz leicht den Kopf schüttelte. Wenige Minuten später war er tot."

„Dieses letzte Lächeln …?"

„Ja. Das hilft mir oft aus den Tränen."

Wir schweigen eine ganze Weile. Pauls Gesicht entspannt sich. Die Wut verschwindet nun ganz. Ich frage noch weiter nach: „Paul, gibt es noch etwas, was dir in den Sinn kommt, wenn du an den Grabbesuch und deine Trauer denkst?"

Nach einigen Sekunden schüttelt er still den Kopf und ich tue, was beim Strukturieren getan werden muss, ich schließe die Gesprächsfigur: „Also da war auf der Wutseite Ohnmacht, Empörung, erlebtes Verlassenwerden, Ärger über die kraftlose Mutter und die scheinbar engelhafte Schwester und auf der Trauerseite war zuerst Mamas Verzweiflung, die Trauer deiner Schwester und die deines Vaters – und dann auch deine eigenen Tränen, die du mit der traurigen Stille, dass Papa nun nichts mehr fehlt, zu bannen vermagst? So etwa?"

Mit der Zusammenfassung wird eine Struktur geschlossen und der personzentrierte Therapeut übergibt wieder die Verantwortung für Themenwahl und Gesprächsentwicklung an den Partner. Paul hatte nur genickt und nach einigen Minuten waren wir in ein Regelspiel vertieft. Halma.

### 3.2.2 Wachheit, Momentzentrierung und Verankern

Die Arbeit mit Paul erschien nun eine Zeit lang „glatt" zu laufen. Spielstunden sind in diesem Fall multidimensionale Trainingszeiten. Sowohl innerhalb der Beziehung wird erprobt („Was kann ich dem Therapeuten noch ‚anvertrauen, zumuten, abverlangen …'") als auch unter dem Gesichtspunkt der Selbsterprobung werden kontinuierlich neue Erfahrungen gemacht. Übergreifend ist es in der Hauptphase der Therapie die Arbeit an der Möglichkeit, Inkongruenzerfahrungen zu bewältigen („sich so erleben, wie man sich erleben möchte") und Erfahrungen unverstellt symbolisieren zu können, um sich diesem Strom des eigenen Erlebens überantworten zu können: „organismische Selbstregulation spüren können". Das macht die Gestaltung des personzentrierten Arbeitsprozesses aus.

In dieser Phase der Therapie werden die personzentrierten Arbeitsprozesse derart gestaltet, dass vielfältige Inkongruenzerfahrungen bewältigt werden können, das heißt, sich so erleben und entwickeln, dass man in dem großen Fluss der Erlebensmöglichkeiten die Quellen und Ströme entdecken kann, die man für sich selbst als passend erlebt. Und es geht darum, immer müheloser Erfahrungen unverzerrt wahrnehmen und zum Ausdruck bringen zu können, um sich dem Strom eigenen Erlebens überantworten zu können: „organismische Selbstregulation ohne Abwehr spüren und genießen zu können".

Einige Wochen nach dem Gespräch über Trauer und Wut hatte Paul viel Freude daran, Stunde für Stunde Fußball zu spielen. Im Therapieraum kann dazu natürlich „nur" ein Softball genutzt werden und die Tatsache, dass ein 10-Jähriger mit einem „alten Herrn" Fußball spielt, ergibt nicht gerade das Bild eines hektischen Turniers – aber doch eine sehr lebendige Interaktion. Und es war deutlich spürbar, dass Paul die Spielstunde nach der Zeit der frühen Rollenspiele und der stabilisierenden Regelspiele nun mit einer möglichst undramatischen Beziehungsgestaltung nutzen wollte,

„Rollenübernahme“ und „Konfliktbearbeitung“ sollten in den Hintergrund sinken.

Zugleich war es mir eine große Freude, als solcher Spielpartner zur Verfügung zu stehen, da ich darin das wirksam sah, was Paul nicht bewusst wählte, jedoch offensichtlich gestaltete und genoss: Dieser alte Herr ersetzt in solchen Zeiten den von ihm gegangenen Vater. Zugleich hatte ich damit die Möglichkeit, ihm in einigen Momenten Erfahrungen zu eröffnen, die sonst kaum symbolisiert werden und die durchaus wesentlich sind für gelingende Symbolisierungen. Solche Erfahrungen können aus ganz unscheinbaren Momenten erwachsen, sie können jedoch auch zu wegweisenden Ankern des Erlebens werden, wie weiter unten zu sehen sein wird.

**Wachheit.** In den Ausbildungsgruppen von Kinderpsychotherapeuten, die sich der Mühe unterziehen, die Selbstgestaltung zum personzentrierten Kinderpsychotherapeuten zu wählen, werden die Interventionskompetenzen je einzeln sorgfältig trainiert.

Zusammenfassend sind sie alle dargestellt im Vertiefungsthema *Interventionskompetenzen*.

Die Kategorie „Wachheit“ muss beiläufig immer bedacht sein, sie muss dazu jedoch erst einmal verstanden werden. Was ist denn der Unterschied von Wachheit und Momentzentrierung? So lautet eine der wesentlichen Fragen der Lernenden und in den Ausbildungseinheiten wird das besonders durch zwei der vielen Trainingsübungen deutlich. Wachheit wird trainiert durch die Aufgabe, dass in einem Rollespiel die Therapeutin immer wieder ein Kind „erwischen“ muss, das heimlich etwas an sich nehmen, also „klauen“, will. Im Umfeld dieser „Wachsamkeitsübung“ wird deutlich, wie eine vertrauensvolle Offenheit zu gestalten ist, die scharfsichtig bleibt, ohne dass das Beziehungsgeschehen von Misstrauen und „Überwachung“ belastet wird. Momentzentrierung verdeutlichen wir uns durch die Übung mit dem „magischen Ball“. Die Gruppe stellt sich im Kreis und einer wirft einen „magischen Ball“: ein Nichts, dem er durch pantomimischen Ausdruck Form und Gewicht und dann Schnelligkeit und Kraft eines Ballwurfes gibt. Der Fänger dieses Balles darf dann, durch Kneten, Aufblasen, andere Gewichtung … den magischen Ball verändern und seinerseits weiter werfen, rollen, stupsen, kicken … So symbolisieren wir uns, dass Momentzentrierung bedeutet, „den Ball zu spielen, den das Kind im Moment spielt“.

In den Fußballstunden, die Paul mir auferlegte, galten einerseits die Regeln des Fußballspieles, andererseits konnten sie aufgrund der Raumgrenzen und der Tatsache, dass es ja nur zwei Spielende im Raum gab, nicht wirklich umgesetzt werden – wie hätte denn ein „Abseits“ aussehen sollen? Und zugleich erlebte ich viele Situationen, in denen Paul offensichtlich einverstanden war damit, dass ich gar nichts tun konnte, als seinem artistischen Spiel mit dem Ball meine Aufmerksamkeit zu widmen, ohne ihn wirklich um dem Ballbesitz bringen zu können. So versetzte ich mich als Darsteller der Gegenmannschaft zugleich sprechend in die Rolle eines Rundfunkreporters, der die Könnerschaft Pauls fortlaufend verbalisierte: „Und da gibt er in einem Fallrückzieher den Ball an seinen Mitspieler, der ihn mit einem Kopfball weiterleitet, und schon hat ihn der Nächste mit dem Haken hoch geschleudert und in einer blitzschnellen Drehung täuscht er und gibt wieder ab ..."

Zwischen den dann ab und zu auf mich und das von mir bewachte Tor gemachten, blitzschnellen Angriffen warf mir Paul anerkennende Blicke zu – sie signalisierten mir, dass er sich von diesem Radiokommentator ebenso gerne begleitet sah, wie er Lust daran hatte, mir Tore „reinzuwürgen" oder auch erstaunt meine Abwehrkunst zu respektieren.

Wenn Wachheit so also die sekundengenaue Orientierung auf das Handeln der Klientinnen und Klienten bedeutet, kann sie in etwas ruhigerem Kontext vor allem auch darin bestehen, dass eine längere Phase „Nichtstun" nicht etwa dazu führt, dass der Therapeut oder die Therapeutin gelangweilt aus dem Fenster blickt, in Gedanken abirrt, ein Telefonat führt oder sich eine Zeitung nimmt. Stattdessen besteht die Wachheit dann im genauen, wachen Wahrnehmen dessen, was in der Stille passiert und dem darauf im Moment passenden Reagieren – dies kann auch das gemeinsame Genießen der Ruhe sein, das dann entsprechend formuliert werden sollte, um dieses Erleben in seiner Qualität bewusst zu machen.

**Momentzentrierung.** Die Kunst, sich dem anzuvertrauen, was je und je geschieht, ist daneben Momentzentrierung. So blieb Paul, nachdem er einen „scharfen Schuss" von mir durch einen tollen Hechtsprung gehalten hatte, im Ballbesitz plötzlich eine ganze Weile ruhig am Boden liegen und ich ließ gerade den „Kommentator" beginnen mit „... nach dieser Meisterparade liegt ..." (und wäre auf eine mögliche Verletzung oder mögliche andere Gründe für das Time-out meines Gegners zu sprechen gekommen), als mir deutlich wurde, dass Pauls Haltung nicht mehr die des Fußballspielers im Ballbesitz darstellte, sondern ein entspanntes Liegen eines nachdenklichen Kindes geworden war. Und so änderte ich meine Stimme, stieg aus der Reporterstimme aus und setzte freundlich mit meiner echten Stimme den Satz fort mit: „... Paul entspannt und liegt nachdenklich da. Magst du erzählen, was du gerade denkst?" Paul ließ den Ball wegrollen, verschränkte die Arme unter dem Kopf und sagte: „Ich freu mich auf die Osterferien. Da fahr ich mit den Pfadfindern an die Ostsee."

**Verankern.** Die Therapie und das Leben liefen weiter. Paul fuhr an die Ostsee und es stellte sich heraus, dass in der Gruppe, mit der er reiste, ein Mitschüler seiner Klasse war – tatsächlich bahnte sich damit eine Freundschaft an, wie sie in Pauls Leben bisher nicht vorgekommen war. Nach den Ferien hatten wir unsere erste Therapiestunde und Paul gestaltete die Stunde als hätte es keine Pause gegeben – genau so, wie es häufig üblich ist im personzentrierten Umgang: Er ging zum Schiebetürenschrank, holte den Softball und grinste mich an: „Fußball?“ Ich musste – und wollte auch gerne – antworten: „Klar Paul, deine Stunde, deine Spiele ...“ Wir spielten. Paul demonstrierte seine Ballbeherrschung, die noch artistischer geworden war. Ich gab manchmal „Reporterkommentare“ und strengte mich an, auch wirklich ab und zu mal meinerseits Treffer zu landen. In kurzen Ruhepausen erzählte mir Paul, dass er wunderbare Ferien hinter sich habe und eine schwere Zeit vor sich: „Ich muss beweisen, dass ich die Klasse schaffe ...“

Paul hatte kein sehr gutes Habjahreszeugnis bekommen. Die private Belastung hatte den sonst guten Schüler schwer absinken lassen. Seine Mutter hatte mich darüber deutlicher informiert als Paul und ein Gespräch mit der Lehrerin ergab die Bestätigung der Krise. Es war nicht mehr so sehr das Sozialverhalten, das Paul auffällig sein ließ – es war etwas, was aussah wie „Leistungseinbruch“ oder Versagen. Ich wollte verständig darüber sprechen und bot Empathie an: „Das ist wie eine ständige Drohung, die dich ängstigt?“ Es war ein fast schmunzelndes Zustimmen, mit dem er zugleich das Gespräch beendete: „Ja, ja, das Durchfallen droht mir wie Ihnen das Durchkommen des Angriffs ...“ In den letzten Worten hatte er meine Reporterstimme aufgegriffen und das Fußballspiel durch energisches Bedrohen meines Tores vorangetrieben. Deutlicher konnte er nicht sagen: „Ich mag nicht reden, ich mag spielen!“

Wir tobten mit dem Ball im Raum. 20 Minuten vor Stundenende stand es 18:3 für Paul und ich war durchgeschwitzt. Paul erst recht. Während mein Schweiß die Anstrengung desjenigen war, der seinem Gegenüber gerecht werden will, war Pauls Schwitzen der pure Selbstgenuss eines 10;5-Jährigen beim lustvollen Tun. Wir verabredeten, dass 20:X der Endstand sein würde, und als nach einem 19:4 schließlich mit dem 20:4 Pauls Siegestreffer fiel, da hatten wir noch zwölf Minuten Zeit. Paul, der aufgekratzte Sieger, ging unruhig durch den Raum. Er hatte verabredungsgemäß den Ball in der Ecke liegen lassen – Fußball war vorbei, er war Sieger. Aber was nun? Er hatte noch Zeit. Ich war alarmiert über eine seltsame Anspannung, die von Paul ausging. Als suche er Ärger, als wünsche er sich nun einen Misston, als hoffe er auf einen Eklat? Es hätte mich nicht gewundert, wenn er plötzlich zu einer provozierenden Grenzverletzung gegriffen hätte. Und genauso alarmierend war es, dass er einen Stuhl zu sich herzog, sich darauf sinken ließ, zusammensackte und still wurde. Ich setzte mich in achtungsvoller Nähe. Er blickte unruhig vor sich hin. Nach einiger Zeit war ein wütendes Murmeln zu hören, dass er begann wiederholt vor sich hin zu sagen: „Sieger ... Sieger ... Sieger ...“

Mir war klar, dass dies einer jener Momente einer Psychotherapie sein könnte, in der „ein Engel durchs Zimmer geht“ – es war alles bedeutungsvoll, aufgeladen. Er hatte eine wunderbare, entwicklungsfördernde Ferienzeit hinter sich, er hatte eine an seine Beziehung zu mir anknüpfende, gelungene Spielstunde hinter sich und er war aufgewühlt durch etwas, das er mit diesem Gemurmel benannte. Die Unruhe über seine schulische Verliererrolle stand im Hintergrund seiner Siegerbeschwörung – und andere tiefere und traurigere Beunruhigungen standen dahinter.

Mit der Kategorie des „Verankerns“ wird ein Therapeutenverhalten beschrieben, das wiederkehrende Erfahrungen, Strukturen und vor allem Ressourcen im Leben des Klienten für diesen verdeutlichen, als Kürzel erinnerbar und so zugänglich machen soll. Verankern besteht darin, einem Kind für eine möglichst aktuell offensichtliche Dynamik ein Bild anzubieten, das ihm einen komplexen Zusammenhang dauerhaft, wiederholbar, abrufbar und zugänglich macht. Häufig wird dieses „Bild“ auch noch verknüpft mit einer Körpererfahrung. Manchmal setzen wir unsere Therapeutenverhaltensweisen ein und wissen erst im Nachhinein, was wir getan haben. In jener Sekunde wusste ich jedoch: Dies wollte ich für Paul mittels eines Ankers festhalten, diese Sekunde der Stille wollte ich „verankern“.

Es fällt schwer Lernenden zu vermitteln, was sie in solch einem Moment tun sollen, denn wir selbst, die Ausbilder und Ausbilderinnen und somit „Meister/-innen“, wissen es nicht. Wir können uns nur durch langes, selbstkritisch-mutiges, wiederholtes Erproben ermuntert unserer Intuition überlassen und einfach einsteigen. Meiner Meinung nach ist Intuition eine Kompetenz, die trainiert werden kann.

→ Wer dies genauer verstehen möchte, kann nachlesen im Vertiefungsthema *Interaktionsresonanz – die Rolle der „Intuition“ in der Personzentrierten Kinderpsychotherapie.*

Ich begann zu sprechen und wusste nur, dass ich einen Anker suchen würde:„Paul, der Sieger, sitzt schlaff da und fragt sich, was das meint, ein Sieger zu sein? Paul, der Fußballstar, hat einen alten Mann 20:4 besiegt? Paul, der Feriengenießer, fragt sich, wie er das Schuljahr bestehen soll? Paul, der Pfadfinder, weiß keinen Weg …?“ Ich hatte mein Sprechen ganz leise und behutsam seinem Murmeln angeglichen. Es war eher ein Zwiegesang als eine Zwiesprache, was da zwischen uns lief. Langsam lauter werdend holte ich ihn aus unserer möglichen Trance und fragte: „Paul, was meinst du? Hat dein Vater geglaubt, dass du die Schule schaffst?“

Paul schaute mich aufschreckend verwundert an, dachte einen Moment nach und sagte lächelnd: „Der meinte immer: ‚Paul, du schaffst, was du wirklich willst.‘“

„Und? Hast du ihm geglaubt?“

„Nein. Das war nicht wahr. Ich wollte, ich wollte wirklich, dass er nicht sterben muss.“ Paul hatte das blitzschnell, trotzig und ohne Reflexion gesagt. Und in dem Moment der Stille, der durch meine erschrockene Sprachlosigkeit entstand, lief in ihm unendlich viel gleichzeitig ab. Ich wusste, ich müsse nun keine Analyse irrationaler Annahmen über Omnipotenzsehnsüchte eines liebenden, verzweifelten, trauernden Knaben stülpen. Ich konnte zusehen, wie in ihm selbst das Bild des liebenden Vaters auftauchte, der ihm diesen Überanstrengungsgedanken ausreden wollte.

Da saß der Knabe in ratloser Klarheit. Ich sah, wie seine Hände beide zugeschlossen auf seinen Knien lagen – nicht geballt, sondern nur geschlossen. Und in diesem Moment hörte ich mich sagen: „Paul, achte mal auf deine Fingermannschaften. Sie sind gerade in Ruhe und halten dicht zusammen. Sie sind nicht als kämpfende Fäuste und nicht als greifende Hände organisiert. Leg sie mal flach auf deine Knie ..."

Paul schaute mich verwundert an und ließ die Hände auf seinen Knien sich entspannen. Ich sprach weiter: „Paul, du hast in dir viele Kräfte, all das Können, das du selbst entfaltest, all den Reichtum, den du von Vater und Mutter ererbtest, du bist ein sehr talentiertes, geliebtes Kind. Was hältst du davon, wenn wir uns einen Anker suchen für dieses Wissen, dieses Gespür für den Sieger, den Könner, den Willenskönig?"

Wieder blickte Paul so, dass deutlich war, er hätte nicht rational erklären können, was ich ihn da gefragt habe, aber er meinte dennoch der Frage mit einer herzlichen Offenheit antworten zu können und sagte laut, verständig: „Ja, das wäre schön, einen Anker zu haben für meine Hoffnung."

Und so bot ich ihm an, all dies zu verankern, indem ich sagte: „Gut, Paul, du bist Rechtshänder. Lass deine Linke weiter liegen und ganz langsam rufst du nun den Daumen und die anderen vier auf, sich zu versammeln, zusammen zu rücken. So wie sie vorhin da lagen – nicht wütend geballt und nicht traurig getrennt sondern leicht zueinander geneigt. Mach eine offene Faust, eine geschlossene Hand. Und spür in dieser Hand all deine Kraft als Sieger, als Entschlossener, als Willensstarker, der ‚schafft, was er wirklich will'." Letzteres hatte ich aus seinem Text so zitiert, wie er es seinen Vater hatte sagen hören.

Paul, der sehr verständig war im Umgang mit derlei Anregungen, ließ seine Finger langsam einander finden. Er schloss dabei einen Moment die Augen, um deutlich hinzuspüren. Als er mit geschlossenen Augen und leicht geschlossener Hand dasaß, wiederholte ich leise sein magisches, nachdenkliches Gemurmel von vorhin und sagte nun meinerseits: „Sieger ... Sieger ... Sieger ..."

Wenige Zeit später verabschiedeten wir uns. Paul ließ diesen Anker einige Zeit völlig unerwähnt, doch einige Wochen später sprachen wir darüber. Er machte nochmals die Geste mit der geschlossenen Hand: „Das ist seltsam, weder Faust noch flach ..." Ich schenkte ihm noch eine Beschreibung, für diese Handhaltung und die damit mögliche Geste: „Paul, stell dir vor, in deiner Hand läge ein rohes Ei. Du hast all die Kraft es zu zerdrücken und deine Finger geben ihm all die Geborgenheit um sicher zu sein – so ist das mit deinem Sieger-sein, wenn du bei dem bleibst, was du wirklich willst."

### 3.2.3 Teile-Arbeit

Paul hatte sich mit dem Anker der Kraft der Geborgenheit einen guten Zugang zu seinem väterlichen Erbe gesichert. Zugleich belastete ihn zunehmend die Fürsorge für seine Mutter, das Problem ihrer Depressivität, die sich langsam, im zunehmenden Abstand vom Trauerfall, verstärkt zeigte.

„Meine Mutter kann zum nächsten Gespräch nicht kommen …", so versuchte Paul auf ihren Wunsch hin das nächste Elterngespräch abzusagen. Ich dankte ihm für die zuverlässige Informationsübermittlung und sagte dann: „Aber Paul, wenn deine Mutter nicht kommen kann, dann werde ich mit ihr telefonieren, das muss sie mir schon selber sagen." Mich bewegte dieses Ineinander von Pauls Engagement und mütterlichem Rückzug. Als ich am Abend mit der Mutter telefonierte, offenbarte sich mir eine erschöpfte, trauernde Frau, die sich gerne in eine Ruhephase zurückgezogen hätte. „Die Kinder kann ich doch nicht hängen lassen …" Sie sah sich als die alleinerziehende Witwe, welche die Unterstützung von Pauls Großeltern väterlicherseits nicht ständig nutzen wollte. Sie sagte jedoch zu, zum Elterngespräch zu kommen, und nutzte dieses sodann auch um sich ihrer „Flucht in die depressive Lähmung" zu stellen und stattdessen wirklich die angebotene Unterstützung anzunehmen: „Pauls Großeltern respektieren mich inzwischen. Sie bieten mir an, einmal 14 Tage wegzufahren, auszuspannen. Ich habe keine Angst mehr, dass sie einen Keil zwischen uns treiben. Ich werde das Angebot annehmen."

Paul brachte die Nachricht seinerseits als „Freudenbotschaft" in die nächste Sitzung mit: „Meine Mutter fährt auch an die Ostsee." Und er begann ein Gespräch über Selbstfürsorge: „Sie finden das doch auch richtig, wenn meine Mutter mal an sich denkt und uns den Großeltern ‚zumutet', nicht wahr?" Ich wollte dieses Gespräch nicht als einen Dialog zwischen uns beiden ablaufen lassen, sondern stärker dazu nutzen, Pauls Autonomie zu fördern. Doch zugleich war es unverzichtbar zuzugestehen: „Ja, Paul, ich denke, jeder Mensch muss darauf achten, dass er genug Unterstützung hat."

Doch dann ergriff ich die Möglichkeit, Paul selbst ausloten zu lassen, wie er sich angesichts der Frage „aushalten" oder „Hilfe suchen" orientieren wolle. Die große Kiste mit den Handpuppen war mit einem Griff herbeigezogen und geöffnet und ich bot Paul an: „Was meinst du denn genauer? Ich habe das so verstanden, wenn du mich das fragst, dass es in dir eine Seite gibt, die sich freut, dass deine Mutter ausspannen fährt? Und eine Seite, die ein wenig unsicher ist, ob ‚man' sich so einfach Hilfe holen dürfte?"

Paul sah nachdenklich zu den Handpuppen. Er hatte sie schon in unterschiedlichen Formen bespielt – auch als Medium der Teile-Arbeit waren sie ihm vertraut, so dass er fragte: „Ich soll jetzt eine Handpuppe nehmen, die ganz überzeugt ist, dass es richtig ist, an sich zu denken und eine andere, die behauptet man muss immer Rücksicht nehmen und Pflichten erfüllen?“ Genau so hatte ich es gemeint, so dass ich nur lächelnd zu nicken brauchte.

Nach längerem Abwägen hatte Paul auf seiner linken Hand eine weiße Schneeeule und auf der rechten ein elegantes Pferd. Der Handpuppendialog verlief nun so:

Pferd: Hallo Eule, du sitzt immer nur rum, tust nix und schaust nur traurig. Mach' mal was, unternimm' was, fang Mäuse. Sei nützlich.

Eule: „Langsam, langsam du Großgaul, Großmaul. Ich sitze hier und warte, bis es Nacht wird. Es ist jetzt nicht meine Zeit zu fliegen. Du kannst ja rumtollen, Reiter finden, Wagen ziehen – sei du nur nützlich, wie du willst. Ich bin die weise Weiße, ich hole mir nur nachts die frechen kleinen Räuber, welche die Kornspeicher anknabbern. Ich denke den Tag über lieber nach.

Pferd: Aber wenn ich mich so zurückziehen würde, dann würden die anderen im Stall denken, dass ich krank bin.

Eule: Und wenn ich ständig rumflattern würde, dann wäre ich wohl krank.

Pferd: Ich möchte aber, dass alle sehen, wie gut ich den Pflug ziehen kann, die Kinder am Reiterhof tragen kann, die Kutsche zum Bahnhof schleppe, um Touristen abzuholen.

Eule: Und ich möchte in der Stille, verborgen, bei mir bleiben dürfen und nichts anderes tun.

Pferd: Du bist eben eine unverbesserliche Eule

Eule: Und Du ein eselhaftes Leistungspferd.

Paul hatte sich in eine schmunzelnde Konfrontation dieser Teile hineingearbeitet. Er legte die Handpuppen weg und meinte abschließend: „Jedes zu seiner Zeit, tags mehr Arbeit, nachts mehr Ruhe. Und überhaupt, lass uns spielen.“

## 3.3 Selbsterprobung in neuen Kompetenzen und Beziehungen – Fußball, Computerspiele und Freundschaften

In den nächsten Wochen wurde es anscheinend leichter in Pauls Herzen – seine Leistungsfähigkeit entfaltete sich anders als früher. Er wehrte sich gegen die Hausaufgabenbetreuung durch seine Mutter, machte jedoch tatsächlich das, was zu tun war, selbst. Zwar hätte seine Art, die Ansprüche der Lehrer zu befriedigen, nicht den Maßstäben seiner Mutter genügt, die Lehrer jedoch zeigten sich einverstanden mit dieser Entwicklung und endlich erlebte die Mutter dies als echte Entlastung. Im Elterngespräch, das ich nach Kontakten mit mehreren Lehrern ansetzte, wurde deutlich, dass es der Mutter sehr schwer fiel, loszulassen. „Sein Vater hätte verlangt, dass ich ihn wirklich fordere …“ Sie hatte es traurig und zugleich wütend gesagt. Es dauerte eine ganze Weile, bis unser Gespräch ihr die Möglichkeit gab, sich einzugestehen, dass weder eine überzogene Leistungserwartung (die dem verstorbenen Vater zugeschrieben würde) noch eine resignierende und sich zurückziehende „Dann-mach-doch-alle-Fehler-die-du-machen-willst“-Haltung ihrer liebevollen Zielvorstellung entsprach, für Paul eine gute Mutter zu sein.

Paul wusste immer, wann ich Gespräche mit seiner Mutter hatte – ich fragte ihn auch jedes Mal vorher, ob er sich wünschen würde, dass ich als „sein Anwalt“ ein spezielles Thema oder Anliegen ansprechen solle. Er war inzwischen in einem Fußballclub aufgenommen und hatte zweimal die Woche Training – die Akzeptanz für diese Zeiten waren ihm ein ebenso großes Anliegen wie der Kampf um seine Computerspielzeiten. Während ich mich bei der Vertretung der ersten Position sicher fühlte und auch wusste, dass die Mutter ihm diese Möglichkeit nicht nur zugestand, sondern fest davon überzeugt war, dass dies genau richtig für ihn sei, war auch ich mir unsicher, was denn für diesen klugen Gymnasiasten angemessene Computerspielzeiten seien.

### 3.3.1 Ansprechen und Erfragen von Metawissen

Paul war stolz im Feld der Computerspielerei gut orientiert zu sein – natürlich weit über die Altersfreigaben hinaus, die ihn, der er mit seinen 10 Jahren und 7 Monaten noch nicht einmal „Spiele für 12-Jährige“ – wie er verächtlich meinte – spielen ließe. Als Therapeut angesichts solchen Stolzes zu sagen, „Du kennst dich gut aus und könntest mir Begriffe wie ‚LAN-Party‘ oder den Unterschied zwischen einem Rollenspiel und einem Multiplayer-Rollenspiel genau erklären“, ist wohl den meisten Therapeuten nicht als „Intervention“ bewusst. Dennoch wird gerade diese Therapeutenverhaltensweise von manchen als eine Art Ersatz für das „Loben“ genommen, das wir personzentrierten Therapeuten so wenig wie möglich versuchen einzusetzen. (Auf diesen speziellen Zusammenhang komme ich später verbunden mit der Interventionskompetenz des Bewertens noch mal zurück.)

In einer der Stunden nach dem Elterngespräch zur Hausaufgabenverantwortung rang Paul um seine Autonomie:„Ich möchte in meinem Lieblingsspiel nicht nach der Uhr unterbrechen müssen, sondern dann stoppen, wenn ich eine Aufgabe gelöst, eine Episode beendet habe.“

„Du kennst die Struktur deines Lieblingsspieles und weißt, an welchen Stellen du unterbrechen könntest?“

„Genau."

Mit diesem angesprochenen Metawissen („Ich weiß, dass ich weiß") ist eine Selbstvergewisserung gegeben, die hier zwar banal erscheint, in ihrer stabilisierenden Funktion („Ich kenne mein Können") jedoch konstruktiv wirkt.

In meiner Supervisionsgruppe fand ich eine Orientierung zum Thema Zeit- und Altersgrenzen bei Computerspielen; wir sprachen über Internetseiten, die Rat zur Qualität von Spielen gaben (z. B. www.spielratgeber-nrw.de; www.spielbar.de; www.usk.de) und einigten uns schließlich, dass es im konkreten Fall Paul wohl darauf hinauslaufen müsse, mit ihm selbst Zeitbegrenzungen zu verabreden, die er für sich wählt und diese dann seiner Mutter zur unterstützenden Kontrolle mitteilt. Das Problem, dass seine Leidenschaft zu dieser Zeit dem soeben erschienenen Spiel „Tropico 3" galt – das erst ab 12 Jahren freigegeben war – hatte seine Mutter, der er das Spiel vorgestellt hatte, gelöst: „Ich denke, mir ist lieber, er spielt diese musikberieselte Südamerikastory, als andere Killerspiele …" Paul sagte zu, dass er jeweils nicht länger als ungefähr 30 Minuten pro Tag mit dem Spiel verbringen werde („Wie es halt gerade so ausgeht") und hielt sich in der Folge daran – ja, die Nutzungszeiten sanken in den nächsten Monaten, als die anderen Freizeitaktivitäten bedeutsamer wurden.

### 3.3.2 Familienkultur erfragen

Die Therapiestunden hatten nun einen festen Rhythmus gefunden. Wöchentlich war Mittwoch, 16 Uhr, „unsere" Zeit. Paul wusste, dass es „seine" Zeit war und er nutzte sie. Mal erzählte er zum Einstieg aus seinem Schülerdasein, mal wählte er ein Regelspiel und sprach dann über das Spielbrett hinweg von dem, was ihn bewegte. Meine Einflüsse waren für ihn nicht als „Ratschläge" erkennbar – ich dachte oft an einen der wichtigen Aussprüche von Anna Freud zum Thema „Einfluss nehmen". Sie sagt bereits in der erstmals 1927 erschienenen „Einführung in die Technik der Kinderanalyse" bei einer Falldemonstration: „… eine erzieherische Absicht konnte nicht einmal sein Misstrauen hinter meinen Mitteilungen vermuten." (Freud 1983, 21)

Und doch waren natürlich meine Interventionen für ihn orientierend. Das Ansprechen und Erfragen von familiärem Erfahrungsrahmen ist eine zunächst einmal für die Arbeit mit Kindern und Jugendlichen spezifische Intervention. Im Rahmen von Erwachsenenberatungen werden solche Fragen wohl als selbstverständliche Explorationsfragen auch vorkommen, werden jedoch nicht in ihrer orientierenden Wirksamkeit bedeutungsvoll sein. Paul hatte mir von seiner Schwester Susi erzählt, die er einerseits aufrichtig geschwisterlich liebte und andererseits doch auch in ihrer offenen, selbstsicheren, fordernden „Unverschämtheit" lästig fand. Wir saßen am

Tisch und spielten eine Partie „Auf Achse“. Mir kam es darauf an, dass Paul etwas Abstand fand und sich in der Empörung über die „rotzfrech“ ihre Interessen wahrende kleine Schwester das klar machen konnte, was für ihn wesentlich sein würde, nämlich, dass es weniger darauf ankam, dass seine Schwester zurückstecken lernen müsse, sondern dass er lernen dürfe, dass es auch ihm erlaubt sei „rotzfrech“ seine Wünsche anzumelden.

„Erzähl doch mal, wie ist denn das bei euch. Ich habe verstanden, dass deine Mutter darauf besteht, dass ihr immer zusammen um den Abendessenstisch versammelt seid?“

„Genau. Und Susi erzählt dann immer endlos, kündigt an, welche Freundin morgen bei ihr übernachten wird oder was wir am Wochenende gemeinsam unternehmen sollen … Sie ist einfach nicht zu stoppen. Meine Mutter lächelt mich dann oft an, als wolle sie sagen: ‚Du bist doch der Große, du verstehst doch, dass sie so viel Raum benötigt‘ Und ich bekomme fast Bauchweh vor Zorn, denn ich spüre, dass Mama und ich, wir alle beide eigentlich, auch Raum haben wollen …“

„Oh je, da bist du der liebe Bruder und der brave Sohn, nur der Paul selber hat nichts zu sagen?“

Betroffen schweigt Paul einen Moment, wickelt einen Spielzug ab und spricht erst weiter, als er mir den Würfel reicht: „Naja. Manchmal tue ich so, als hätte ich nicht zugehört und sage dann irgendetwas, was mir wichtig ist. Neulich sprach Susi von dem Besuch ihrer Klasse in einer Bäckerei und ich sagte, als sie gerade fertig war, zu Mama: ‚Am Wochenende möchte ich mit Klaus ins Kino, wir wollen uns den neuen Harry-Potter-Film ansehen.‘ Ich sagte es bewusst so, als hätte ich gar nicht gehört, was Susi erzählte. Und ich weiß, dass es für Susi der größte Ärger ist, dass sie da keinesfalls mitdarf, da er ab zwölf ist und Mama das nicht erlaubt.“ Paul lächelte mit einem schelmischen Stolz, den ich aufgriff:

„Das freut dich, dass du eben doch schon einen Vorsprung hast und mehr darfst.“

Paul nickte und wir spielten weiter. Es gelang mir, die Partie zu gewinnen. Und Paul gelang es, sich darüber wirklich und offen und ausdrücklich zu ärgern. „Nächstes Mal quatschen wir nicht, da wird nur gekämpft“, meinte er herausfordernd zum Abschied.

## 3.4 „Woran werde ich merken, dass ich die Begleitung/Therapie nicht mehr brauche?“ – Abschiedsvorbereitung

Die nächsten Stunden verliefen jedoch wie zuvor: Paul war zufrieden, jene Spiele zu wählen, in denen er dicht an meinem Können war und spüren konnte, dass ich immer, so gut ich kann, spiele – und so konnte er jede gewonnene Partie als richtigen Triumph genießen. Das galt nicht nur für

„Auf Achse", das begann inzwischen manchmal bei „Vier gewinnt" auch möglich zu werden.

Wir hatten die sechzigste Stunde hinter uns – ich hatte nach der genehmigten Langzeittherapie von 45 Sitzungen einen Verlängerungsantrag gestellt, dieser war genehmigt worden. Ein zweiter Verlängerungsantrag war eingereicht und der Bescheid über die Bewilligung der letzten 20 Stunden war bereits eingegangen.

Psychotherapie meint immer eine zeitlich begrenzte Beziehung. Die Therapieziele werden zwar vorab beschrieben – in der Arbeit mit Kindern/Jugendlichen meist zunächst sogar in den „Beschwerdelisten" von Eltern und/oder Pädagogen. Der personzentrierte Psychotherapeut wird solche „Zielvorschreibungen" jedoch nicht einfach übernehmen, da das zentrale Therapieziel einer umfassenden Persönlichkeitsentwicklung und Symptomfreiheit neben den äußeren Auftraggebern (Eltern, Lehrer, Heimpersonal usw.) in der Person des jungen Klienten den zentralen Auftraggeber sieht. Die stufenweise Erreichbarkeit konkreter Einzelziele ist jedoch in allen Therapieorientierungen eingebettet in die „guten Absichten" des Therapeuten. Der „Behandlungsplan" schreibt ihm vor, sich um die Erreichung solcher Ziele zu mühen.

→ Zu diesem ganzen Bereich sind Details im Vertiefungsthema *Personzentrierte Krankheitslehre, Diagnostik, Erstkontakt, Hypothesenbildung, Behandlungsplanung* zu finden.

Im personzentrierten Vorgehen wird nicht zielloser gearbeitet – es werden jedoch die Erfahrungsgrundlagen der Aktualisierung von Lernanlässen und die Ausgestaltung der für die Lernzielerreichung notwendigen Lernschritte – anders als im pädagogisch-didaktischen Konzept der Verhaltenstherapie oder dem deutend-konstruktivistischen Dialog der Tiefenpsychologie – vorangetrieben.

Ziele sind Antizipationen möglicher Entwicklungen. Kompetenzen zu erwerben, irrationale Annahmen zu verlassen, selbstschädigendes Verhalten aufzugeben – Kindern/Jugendlichen, die in ihrer organismischen Selbstregulation verstört wurden, sind Zustände einer „fully functioning person", eines gesunden Selbstseins, unvertraut. Ruhe und Zuversicht des Therapeuten begleiten den Klienten oftmals erst durch die irritierende Selbsterfahrung, „so wie ich mich verhalte, ist es schmerzhaft, es wäre doch auch anders möglich". Darauf aufbauend kommt die Hauptphase der Therapie, in welcher Zielerreichung langsam zum Konzept der Selbstgestaltung werden kann. Ziele werden durch die Klienten dadurch erreicht, dass sie sich in der Begegnung mit dem Therapeuten die Möglichkeiten, die es bedeuten würde, die Ziele erreicht zu haben, selbst vor Augen führen.

Dies kann bei Erwachsenen zu konkreten, kognitiv gesteuerten und frei gewählten Selbsterziehungsprogrammen führen. Bei Kindern/Jugendlichen ist es jedoch zumeist eher ein impliziter Prozess des immer genaueren Spürens, „wie ich sein will". Die Interventionen des Therapeuten werden hierbei nicht isoliert als „zielbezogene Arbeit", sondern als existentielle Begleitung erfahren. Rogers hat mit seinem Verzicht auf „Symptomzentrierung" hierfür den Weg gewiesen, im deutschsprachigen Raum wurde dies nicht nur von den hilfreichen Pionieren des Theorieimportes (Tausch/Tausch 1956) begriffen, sondern z.B. von Däumling (1969) dadurch betont, dass er den klinischen Psychologen als „sein eigenes Instrument" beschrieb. Von Pongratz (1973) wurde mit dem Konzept „der Therapeut und sein Verhalten ist die Droge" derselbe Verzicht auf symptomzentrierte Lernangebote erläutert. In der Begegnung mit einem personzentrierten Therapeuten wirken vor allem die Grenzerfahrung und das Setzen von Grenzen.

→ Diese implizite Umgangsweise mit Lernzielen ist im Vertiefungsthema *Grenzen in der Psychotherapie* weiter ausgeführt.

Im Orientierungsrahmen der „Spielstunde" (oder „Gesprächspsychotherapiesitzung") macht der Suchende die Erfahrung, dass es ihm plötzlich nicht nur erlaubt ist, all das zu wollen, was er immer schon wollte – er macht zugleich die achtungsvolle Erfahrung, in diesem Wollen soweit unterstützt zu werden, wie dies in Abstimmung mit den Kommunikationspartnern duldbar, „gesund", angepasst und erfolgreich möglich ist. Er findet die Möglichkeit, sein Wollen an Werten auszuweisen und zu messen. Und erfährt, dass jeder Wille, der handelnd umgesetzt wird, Eigenart und Verantwortung bedeutet – einmaliges So-sein.

Vielleicht ist es kein Zufall, dass weder im tiefenpsychologischen Fachdiskurs, noch in der Verhaltenstherapie die Arbeit am Thema des „Grenzen-Setzens" durch den Therapeuten so ausgearbeitet ist, wie im personzentrierten Diskurs (Hockel 2011). Dass es in der letzten Zeit schulenübergreifende Veröffentlichungen (Müller-Ebert, 2001) oder psychoanalytische Ausarbeitungen zur Beendigung von Psychotherapien (Rieber-Hunscha 2005) gibt, ist sehr zu begrüßen. In der personzentrierten Arbeit wird der Abschluss der Therapie als Entwicklungsschritt der Klienten und Klientinnen gesehen und dies wiederum wird vorbereitet durch die irgendwann zu stellende Frage: „Paul, woran wirst du merken, dass du unsere Spielstunden nicht mehr brauchst?" Ich hatte diese Frage gestellt, als ich die Zusage über die Verlängerung in den Händen hatte.

### 3.4.1 Reflektieren von Problemlösungsverhalten

In dieser Phase der Arbeit begann Paul sich selbst immer komplexere Projekte in Auftrag zu geben. Er entdeckte die (begrenzten) Möglichkeiten meiner Bastelecke und gestaltete sich zunächst mit Holzklötzen, Säge, Leim und Papier ein „Segelschiff". In einer der nächsten Stunden begann er mich zu fragen, ob es denn nicht auch „Modellbauteile" bei mir geben könne, er würde gerne ein Flugzeug basteln, „aber eines, das dann wirklich fliegt."

„Mit einem echten Motor?"

„Na ja, ein Gummizugmotor würde mir schon reichen."

Er hatte eine klare Vorstellung von einem solchen propellergetriebenen Flugzeug, in dem ein langer Gummi aufgedreht wird, und solange dieser sich wieder abwickelt, das Flugzeug motorgetrieben zu fliegen vermag. Es ist eine Frage der „Situationsgestaltung", ob man als Therapeut sich auf solche Zielvorstellungen einlässt und in diesem Fall war es mir wichtig, Paul diese Handlungsmöglichkeit zu eröffnen. Ich sagte ihm zu, dass beim nächsten Termin ein solcher Bausatz da sein würde. Er beriet mich noch fachkundig zur „Bezugsquelle", wo ich solche Maschinen finden würde und tatsächlich hatte ich dort die Wahl und suchte ihm einen kleinen, jedoch durchaus anspruchsvollen Bausatz aus.

In der nächsten Stunde lag dieses Material unauffällig abgedeckt im Regal – falls Paul andere aktuelle Ideen, Themen, Fragen haben würde, sollte er sich nicht durch das Vordergründige „Ach das war, was ich mir das letzte Mal wünschte …" eingeschränkt sein. Tatsächlich eröffnete Paul die Sitzung mit einem nachdenklichen Gespräch über die Schulerfolge seiner Schwester, die ihn neidisch machten. Und dann entsann er sich – als wolle er zum Thema abschließend sagen: „Mir sind halt andere Erfolge wichtiger" – seines Projektes. Suchend blickte er sich um und mich dann fragend an. Ich wusste genau, was er wissen wollte, reagierte jedoch nicht.

Hätte ich im Sinn gehabt Paul die Qualität unserer „Zusammenarbeit" zu verdeutlichen, so wäre dies eine selbstverständlich anzuschlagende Taste des Interventionsklaviers gewesen und ich hätte nun, durch ihn indirekt aufgefordert, gesagt: „Du schaust nach dem ersehnten Flugzeugbausatz?" Wenn er zustimmen nicken würde, hätte ich ihn auf den Ort hingewiesen. In dieser Phase unserer Arbeit war ich mir jedoch schon sicher, dass Paul genug Erfahrungen vertrauensvoller Zusammenarbeit mit mir gemacht hatte und dass es langsam immer mehr zur Entwicklungsaufgabe für ihn wurde, seine Wünsche als sichere Richtschnur seines Handelns zu spüren. So wartete ich ab, als verstünde ich den suchenden Blick nicht – und als ich bemerkte, dass Paul dadurch unsicher und schon etwas traurig wurde, da sagte ich, die Interventionstaste „Denk- und Entscheidungsprozesse anregen" nutzend: „Paul, du willst etwas wissen. Was könntest du tun, um weiter zu kommen?"

Paul kannte bereits diese „asoziale" Handlungsdimension, er hatte schon oft gemerkt, dass ich manchmal fraglos half und manchmal deutlich sein Eigenengagement einforderte. So fing er an zu lächeln und meinte: „Fragen oder suchen?" Ich nickte lächelnd. Nun zeigte sich das gewachsene Vertrauen darin, dass er nicht danach fragte, ob ich denn daran gedacht hätte, den Bausatz zu besorgen, sondern wortlos aufstand, zum Regal ging und ihn dort mit wenigen aufdeckenden Handgriffen fand.

Paul drehte und wendete die bunt bedruckte Schachtel längere Zeit, las Kleingedrucktes und wog das Gewicht des Inhaltes schüttelnd. Er ließ sich Zeit und ich freute mich, denn es war offensichtlich, dass er diese Zeit auch als Vorfreude und ein wenig als dankbare Anerkennung zelebrierte. Zugleich wollte ich genau dies Verhalten etwas bekräftigen und setzte daher – obwohl ja im Moment kein großartiges ‚Problem' (außer der Arbeitsvorbereitung/Arbeitsplanung) zu lösen war – die Interventionskompetenz „Reflektieren von Problemlöseverhalten" ein, indem ich sagte: „Du arbeitest erst mal mit dem Verstand, bevor die Finger zum Einsatz kommen …?"

Solche Sätze werden (wie fast alles, was wir in der Verantwortung des Therapeuten sprechen) mit einem freundlichen fragenden Ton ausgesprochen, als handele es sich um Fragesätze. Würde der Satz als kühler Aussagesatz betont, könnte es nämlich leicht geschehen, dass der so Angesprochene sich – statt sich seines problemlösenden Vorgehens bewusst zu werden – kritisiert fühlt. Ein ruhiger Blick Pauls zeigte mir seine Zustimmung und bedächtig öffnete er wenig später die Packung, legte die Einzelteile so, wie es die Bastelanleitung vorschlug, zurecht und begann den Zusammenbau.

Das kleine Beispiel steht für viele ähnliche Situationen, in denen solch beiläufig gesprochenes „Reflektieren von Problemlöseverhalten" im Verlauf der Therapie einen Jungen begleitet, der von dem ursprünglich vor allem „Spannung" und „Risiko" suchende Verhaltensweisen zeigenden Unruhekind zu einem mehr und mehr zentrierten Problembewältiger wurde.

### 3.4.2 Provokation

Paul hatte, als ich die Frage nach dem Therapieabschluss stellte, verstanden, dass ich ihn nicht „wegschicke". Indem ich deutlich ansprach, dass unsere Beziehung endlich sein wird und dass es eine wichtige Prüffrage sein wird, woran er denn merken werde, dass er unsere Spielstunden nicht mehr benötigen werde, provozierte ich in ihm das abstrakte Schema „Abschied und Trennung" und dies nun mit dem Hinweis, dass es keine andere Möglichkeit geben wird, als diese Endlichkeit zustimmend anzunehmen. In diesem Sinne ist das „Provozieren" als Interventionskompetenz nicht gemeint – solches vielleicht als provozierend bewertetes Therapeutenverhalten ist in Wirklichkeit eine Form des „Denk- und Entscheidungsprozesse anregen". Ein Kind in der Therapie mit Provokation anzugehen, setzt ein unbedingtes Beziehungsvertrauen voraus. In dieser späten Phase der Therapie konnte ich davon ausgehen und so ergab sich der Einsatz von

Provokation damals in einem anderen Zusammenhang. Paul berichtete von der Intensivierung einer Freundschaft mit Peter, einem Klassenkameraden, sagte dann jedoch:

„Aber eigentlich ist er mir wurscht. Wenn er nie Zeit hat, zu mir zu kommen, dann sehen wir uns halt nur in der Schule oder beim Fußball ..."

Einfühlsam hätte ich sagen können, „er enttäuscht dich da ein wenig" oder auch „dass er nie kommt, macht dich dann bockig, ärgerlich". Eine Anregung zum vertieften Nachdenken hätte sein können: „Welche Art von Einladung würde denn am ehesten Erfolg versprechen ..." Ich nahm jedoch in Pauls trotziger Selbsttröstung mit dem „Wurscht" etwas wahr, was mich zum humorigen Provozieren verlockte. Ich sagte:

„Wurscht! Gleichgültig! Egal! Uninteressant! Vergiss ihn! Wurscht ...?"

Wieder mit dem Frageton und mit der Freundlichkeit, die die denkmögliche Entscheidung, auf diese Freundschaft eben zu verzichten, gleichrangig neben die andere Möglichkeit stellte, sich die Verletzung einzugestehen und neue Wege zu suchen. Paul grinste mich an und nickte. Er griff meine Provokation auf:

„Scheißegal, verrotten soll er, kann mir doch am A ... vorbeigehen ..."

Er murmelte ein weiteres Spektrum solch trotziger Abblitzen-lassen-Äußerungen vor sich hin. Schließlich wurden diese Beschimpfungen jedoch immer leiser und kläglicher und er blickte mich eher Hilfe suchend an.

## 3.5 Reflexion von Werten und Grenzen in einem stabilen Selbstkonzept – Depressionsprophylaxe

Wir wussten beide, dass Freundschaft für Paul einer der wichtigsten Werte geworden war – seine Altersstufe wird als die Stufe des „zwischenmenschlichen Selbst" (Kegan 1986) bezeichnet und die Einbettung in ein Netzwerk tragender sozialer Beziehungen zu Gleichalten ist in dieser Zeit eine der notwendigen Sicherungen für seelische Gesundheit und gelingende Persönlichkeitsentfaltung. In seiner Selbstentwicklung begleitet und stabil zu sein bedeutet zu lernen, dass man „sich auf sich verlassen kann" – diese Haltung einer attraktiven und aktiven Selbstverantwortung ist die beste Prophylaxe gegen die meist aus erlebter / erlernter Hilflosigkeit stammende Gefährdung durch Depression. So war klar, dass sein traurig werdender Blick ernste Hilfesuche war und ich sagte:

„Paul, was könntest du tun, um Peter zu zeigen, dass es dir wichtig ist, dass ihr gemeinsam Sachen unternehmt?"

Mit dieser Einladung zum problemlösenden Denken war Paul bereit, aus der traurigen Trotz-Isolation auszubrechen, und wir entwickelten zunächst fantastische, dann realistischere Ideen über denkmögliche Einladungen und Angebote für Peter.

### 3.5.1 Ansprechen und Erfragen von Werturteilen

Paul hatte sich in der Zeit der Therapie viele Werte bewusst gemacht, einige vertieft und andere neu in sein Selbstkonzept integriert. War dem „ADHS-Kind" klar geworden, dass sein Ehrgeiz, die Lust an stolzen Leistungen, ihn zu einem recht ausdauernden Kämpfer machen konnte, so hatte er nun dieses Konzept Freundschaft als Wert verstanden und war bereit zu kämpfen. Jedoch nicht als Bittsteller.

„Du hast Angst, Peter könnte sich zu überlegen fühlen, wenn er merkt, wie wichtig dir eure Freundschaft geworden ist?"

„Genau."

Es war klar, nun ging es um Pauls Selbstwert. Bei manchen Kindern ist es in dieser Situation sicher sinnvoll, durch sofort inszenierte Rollenspiele dieses Gefühl für „ich bin genauso viel Wert" dadurch herzustellen, dass man in Rollenübernahme die Einladungen von beiden Seiten her auszusprechen trainiert. Paul spürte seine Verletzlichkeit, er wollte das Gleichgewicht im Rang gesichert wissen und ich hatte die Idee, dass es für Paul hilfreich sein könnte, sich spielend selbst zu vergewissern, welchen Rang in welcher Dimension er sich eigentlich zugesteht. Da ich in diesem Moment eine gute Idee hatte, schlug ich sie vor:

„Paul, was hältst du davon, wenn wir ein Könner-Quartett von deiner Klasse basteln?"

Der fragende Blick Pauls war völlig berechtigt – er konnte sich unter solch einem Spiel nichts vorstellen – und ich hatte den Spielnamen auch soeben erst für ihn erfunden, hatte jedoch eine Ahnung davon, was nun entstehen könnte. Und dies gelang. Wenig später waren wir beide eifrig dabei, auf unlinierte Karteikarten (die bei mir als Verbrauchsmaterial zu finden sind) für jedes Kind aus seiner Klasse eine Könner-Quartett-Karte zu basteln. Mein implizites Vorbild hierbei waren die Autoquartette, in welchen die Fahrzeuge nach Hubraum, Höchstgeschwindigkeit, Beschleunigung, Baujahr usw. beschrieben werden und die Spielenden eine Karte verdeckt ausspielen und jeweils einer aufrufen darf, welche Dimension bei den ausgelegten Karten nun „sticht". So ruft einer beispielsweise: „PS!". Dann werden alle Karten aufgedeckt und derjenige, dessen Karte am meisten PS zeigt, erhält alle aufliegenden Karten, kann seinen Besitzstand erweitern und eventuell Quartette ablegen, ehe er die nächste Runde eröffnet.

Die Bewertungsdimensionen des „Könner-Quartettes" waren im Wesentlichen von Paul und seinen Vorerfahrungen mit Charakterbögen und Avataren der Computerspiele herbeigezogen. Und wir hatten bei jeder Wertungskategorie lange Klärungen. So waren beispielsweise Größe, Gewicht, Haarfarbe und weitere Äußerlichkeiten von Paul abgeschmettert worden. Ich konnte seine Ablehnung zusammenfassen durch eine klassische Reflexion eines Werturteils:

„Paul, für dich sind an deinen Mitschülern vor allem die Verhaltensweisen wichtig, also das was ihr Handeln steuert, ihre ‚inneren' Werte?"

Dem stimmte er zu. Und auf dieser Grundlage fanden sich dann: Ehrlichkeit, Mut, Zuverlässigkeit (lässt einen nicht im Stich, petzt nicht ...), Humor (kann über eine Neckerei lachen ...), Großzügigkeit (gibt vom Pausebrot ab, lässt abschreiben ...). In jedem der fünf Werte erhielt nun jeder seiner Klassenkameraden einen Wert – als Vorgabe galt, dass keine Karte in allen Werten gleich sein dürfte – und da stellte sich heraus, dass es Paul sehr schwer fiel, Peter und sich zu unterscheiden. Das Problem wurde gelöst, indem nun doch zwei Äußerlichkeiten zugelassen wurden: Größe (in Zentimetern) und Alter (in Monaten).

Als wir dies Quartett nun spielen wollten, stellte sich heraus, dass Peter und Paul quasi die Supertrümpfe waren. Dies reflektierend sagte Paul schließlich zwei Stunden später einmal: „Peter übernachtet am Samstag bei mir, wir sind jetzt richtige Freunde."

Paul hatte inzwischen akzeptiert, dass wir uns nur noch einmal im Monat sahen. Und er benutzte die Sitzungen quasi als „Qualitätskontrollen" – es war ihm wichtig, jedes Mal den Katalog der Behandlungsziele, wie wir ihn in der Phase des „Woran wirst du merken, dass du mich nicht mehr brauchst" erarbeitet hatten, wie eine Checkliste durchzugehen. „Freunde haben" war eines der Ziele gewesen.

### 3.5.2 Bewerten

In diesen kurzen Stundenabschnitten der „Prozessreflexion" – die Paul zunächst zur Stundeneröffnung gewählt hatte, damit wir „einander" versichern, wie gut sich alles entwickelte, die er dann jedoch an das Ende der jeweiligen Stunde stellte, als sei es quasi jedes Mal ein „Rückblick" – wurde Pauls Interesse daran, wie ich seine Fortschritte sähe, immer deutlicher.

„Du willst ganz sicher sein, dass wir beide nichts falsch machen. Wenn wir uns trennen, dann, weil es gut ist ..." Ich hatte dies angesprochen, ohne mir klar zu sein, wie viel ich damit über den letzten Abschnitt unserer Arbeit sagte und wie sehr gerade dies rückwirkend jeweils die Therapie beleuchtete. Wieder hatte ich ein Werturteil angesprochen – ohne selbst zu bewerten.

Tatsächlich gibt es eine Reihe von Untersuchungen über die Effektivität von Psychotherapie, in welchen das Kriterium, wie lange nach Abschluss der Therapie die gewünschten Erfolge noch anhalten oder sich weiter entwickelten, bedacht und oder gemessen wird. Personzentrierte Psychotherapie hat hier regelmäßig die Stärke dauerhafter Effekte, in vielen Fällen treten nach Abschluss der Behandlung noch weitere Verbesserungen auf. Diese Langzeitwirkung der Gesprächpsychotherapie (Kriz/Slunecko 2007, Eckert et al. 2006) kann ich aus vielfältigen Erfahrungsberichten zur Arbeit mit Kindern und Jugendlichen bestätigen – sie allerdings nicht wissenschaftlich gegenüber anderen Verfahren abgrenzen; jedoch betonte z. B. Schmidtchen, die Effekte der klientenzentrierten Spieltherapie „steigerten sich noch nach einer halb- bzw. dreivierteljährlichen Katamnesezeit" (2002, 190).

Wie ich weiter oben ankündigte, sollen hier noch einige Klärungen zum „Bewerten" als Verhalten des Therapeuten folgen. Wir hatten gesehen, wie bereits in der fünften Minute der wirklichen Paul-Therapie ein Lob ausgesprochen wurde und somit eine zustimmende erste Bewertung praktiziert wurde – auch wenn die normative Orientierung des personzentrierten Therapeuten die ist, so wenig wie möglich zu loben. Lob soll nicht als „Belohnung" eingesetzt werden, es kann andererseits bei einem authentischen Therapeuten nicht unterbunden werden, da wir uns oftmals mit unseren Klienten und Klientinnen freuen und es uns dann „widerfahren" kann, dass wir loben.

Ein Werturteil wurde aus Pauls Verhalten heraus als verhaltensteuerndes Werturteil auch schon in der dritten und siebten Minute reflektiert. Die Therapeutin hatte gesagt: „Es ist dir wichtig, gute Noten zu haben." Später hatte sie mit ihm gemeinsam reflektiert, wie wichtig es ihm ist, Anerkennung dadurch zu erleben, dass ihm „Liebesdienste" erwiesen werden – was damals jedoch auch im Widerspruch zum Autonomiebedürfnis erkannt wurde. Neben diesen beiden Interventionskompetenzen (Lob und Reflektieren von Werten) wirken Grenzsetzung und Wertschätzung ebenfalls bewertend – wenn sie auch nicht identisch sind mit der Therapeutenkompetenz des „Bewertens".

Mit der Grundorientierung eines bedingungslos warmen, wertschätzenden Umgangs mit Klienten und Klientinnen weist sich die Personzentrierte Psychotherapie als „humanistisches Verfahren" aus – eine Benennung, die mir problematisch ist, da ich die humanistische Engagiertheit vieler Tiefenpsychologen und Verhaltenstherapeuten kennen und schätzen lernte und nicht glaube, dass wir Humanität für eine Schule exklusiv beanspruchen sollten. Tatsache jedoch ist, dass diese Grundhaltung auch eine Wertung darstellt: Egal welche Not, Verwirrung und vielleicht Bosheit das Verhalten der Klienten und Klientinnen kennzeichnet – als Mitmenschen mit ihren Menschenrechten sehen wir in ihnen die bedingungslos achtsam anzunehmenden Personen. Wir bewerten ihr humanes Daseinsrecht positiv, auch wenn wir ihr Verhalten eventuell scharf grenzsetzend behandeln müssen.

Mit der Therapeutenverhaltensweise des „Bewertens" sind Handlungen oder Äußerungen der Therapeuten und Therapeutinnen gemeint, die deutlich machen, wie sie selbst werten. Hierbei sind grundsätzlich zustimmende Bewertungen gemeint. „Grundsätzlich" meint in der Alltagssprache von Juristen, dass es schon absehbar ist, dass es auch Ausnahmen von solchem Grundsatz geben wird: Manchmal sind persönliche Wertungen auch unvermeidlich kritisch. Bewerten soll und darf Erlaubnis geben (z. B. auch die Erlaubnis sich der Bewertung durch den Therapeuten anzuschließen), Grenzsetzungen orientieren über Grenzen, Gebote, Verbote – sie sollen Klientinnen und Klienten darüber Orientierung geben, was unabhängig von emotionalen Bewertungen als soziale Norm gültig sein muss. Grenzsetzungen müssen rational argumentativ ausgewiesen sein (nicht etwa so immer eingebracht werden).

→ Genauere Ausführungen zum Grenzen setzen sind im Vertiefungsthema *Grenzen in der Psychotherapie* zu finden.

Wertungen sind persönliche Stellungnahmen, in welche subjektive Normen (wie beispielsweise ästhetische Urteile) oder persönliche Bevorzugungen eingehen dürfen.

Und doch ist selbst bei dieser Erlaubnis zum authentischen Äußern von persönlich bedeutsamen Werten die gewünschte Zielvorgabe für das Therapeutenverhalten, dass es möglichst nur dann bewertend sich zeigen möge, wenn dem Kind/Jugendlichen wesentliche Handlungsmöglichkeiten bzw. erwünschtes Verhalten markiert werden sollen.

Ich hörte mich eines Tages zu Paul sagen: „Du hast gerade einen Zug rückwärts getan – das ist eine neue Regel. Wenn Du die einführen willst, dann müssen wir klären, ob sie für mich auch gilt. Wenn aber die bisherigen Regeln weiter gelten sollen, dann war das Schummeln. Und Schummeln finde ich deiner nicht würdig."

Das Letztgesagte war eine handfeste und altmodisch ausgesprochene Wertung. Ein anderes Mal bewertete ich sein Verhalten nachträglich: „Dass du den Nachmittag mit deiner Schwester in den Tierpark gegangen bist, damit deine Mutter ihre durchreisende Freundin ganz für sich haben kann, das hat mir gefallen. So etwas nenne ich echte Unterstützung."

Sich des Betruges zu enthalten als Handlungsmöglichkeit eines würdigen Daseins, die Norm innerfamiliären Zusammenwirkens als Unterstützung zu benennen und erfahrbar zu machen – das alles war mein „Bewerten". Als Kinderpsychotherapeuten können und wollen wir natürlich nicht verstecken, wie wir die Welt sehen und was wir wie bewerten. Das erfordert die Echtheit. Ausdrücklich aussprechen sollten wir Bewertungen jedoch eher selten.

## 3.6 Beziehungsgestaltung – der Therapeut als „Erleichterer und Verbündeter"

Die folgenden vier Therapieepisoden mit Paul sind besonders auffällig als Illustrationen von Handlungskompetenzen zu sehen. Ja, sie demonstrieren vier differenzierbare Formen von Bündnispartnerschaft zwischen Therapeut und Klient. Ich stelle sie hier vor, da sie jeweils einen komplexen Arbeitsbereich des Spieltherapeuten und einen Schwerpunkt seiner Entwicklungspartnerschaft fokussieren.

In diesen Stunden stellte ich Paul all das zur Verfügung, was meinerseits in der „Schatztruhe“ meiner Handlungsmöglichkeiten für ihn bereit lag. Da ich in den vielen Jahren ununterbrochener Fort- und Weiterbildung die Schulen der Kinder- und Jugendlichenpsychotherapie und die kreativen pädagogischen Felder darum herum – von Psychomotorik bis Kinderhypnose, von Kunsttherapie bis Zauberstunden – sehr intensiv zur Kenntnis genommen hatte, fiel es mir leicht, jede der nun nach langen Pausen entstehenden Stunden mit einem methodischen Schwerpunkt vorzubereiten, ohne den Inhalt meinerseits vorzugeben.

### 3.6.1 Macht und Ohnmacht der Therapeuten? Bündnispartnerschaft als Paradigma

Die Idee, Psychotherapie „non-direktiv“ zu gestalten (Axline 1976) war eine wesentliche Entdeckung: Mächtige Erwachsene müssen im Umgang mit hilfsbedürftigen Kindern/Jugendlichen eine besondere Vorleistung des Machtverzichtes erbringen. Die Beziehung Kind-Therapeut ist wie die Beziehung von X zu Y – solche orientierenden Beziehungsbeispiele zu erarbeiten, ist Bestandteil der Ausbildung zum personzentrierten Therapeuten. Die kleinen Klienten und Klientinnen sehen in uns zunächst vielleicht einen Arzt, einen Lehrer, eine Tante o. ä. Rogers hätte den Lehrerberuf gerne umdefiniert in den Beruf des Lern-Erleichterers („Facilitator“, Rogers 1974, 104ff) – und hat damit gegenwärtig im Zuge innovativer (insbesondere auch spiel-)pädagogischer Konzepte zunehmend Erfolg.

Die Therapeuten von Kindern und Jugendlichen lernen ihre Beziehung so zu gestalten, dass sie eine Erfahrung vermitteln, die sie als Bündnispartner erfahrbar macht. Kinder- und Jugendlichenpsychotherapeuten sind nicht nur soziale Bündnispartner aller um das Kindeswohl bemühten Kräfte – insofern oft auch den Eltern gegenüber erziehungsberaterische „Anwälte des Kindes“. Sie sind vor allem für ihre jungen Anvertrauten Bündnispartner für deren Selbstentfaltung. Und diese Bündnispartnerschaft differenziert sich nach Bündnispartnerschaft für den Selbstausdruck, für die Vielfalt der Selbstdeutung, für das Selbsterleben und die Selbstgestaltung.

Ich denke, dass jeder Kinder und Jugendlichenpsychotherapeut sein eigenes Kompetenzprofil hat. Schulische Ausbildungen sind wichtig, da der Einstieg in den Beruf des Psychotherapeuten oder der Psychotherapeutin eine rationale Fundierung der Allegianz erfordert. Mit Allegianz wird inzwischen jene spezielle Begeisterungsfähigkeit, jene Überzeugung benannt, die Therapeuten und Therapeutinnen benötigen, um in ihren fachlichen Vorgehensweisen und deren Wirksamkeit überzeugend zu sein – und selbst an sie zu glauben. Für mich ist dies eine gegenwartsnahe Art das zu sagen, was in der Forschergruppe um Rogers mit dem Konzept Authentizität gesagt worden war: Die Echtheit des Therapeuten deckt seine Allegianz ab. Oder besser: Allegianz ist die therapiebezogene Authentizität des therapierenden Menschen.

→ Mehr zu dieser Handlungsdimension im Vertiefungsthema *Echtheit als Verpflichtung – Integrität.*

Allegianz stellt sich erst in dem Umfang ein, in welchem ein Ausbildungskandidat sich „durch das Tal der Selbstunsicherheit" gemüht hat. Mit diesem Tal der Selbstunsicherheit benennen jene Psychotherapieausbilder, die bereits in der Ausbildung den Kandidaten zur Seite stehen beim Problem ihrer Echtheit, jene unvermeidliche Phase existenzieller Verunsicherung in der Zeit, in der Lernende für Einzelschritte ihres Verhaltens fachliche Vorschriften haben: „Praktizieren Sie Einfühlung ... Geben Sie dem Kind entsprechend Ihrem Verstärkerplan lobende Rückmeldung ... Halten Sie sich mit Deutungen zurück ..." Diese werden jedoch bei ihrer Umsetzung selbst zunächst noch „ich-fremd", manchmal regelrecht „albern" oder gar „lächerlich" erlebt. Erst nach langer Übung sind solche schulischen Instruktionen so verinnerlicht, dass Lernende ihre Handlungen durch diese Steuersätze gestalten können und sich dabei nicht lächerlich oder selbstunsicher, sondern authentisch erfahren. Bisher war der Preis solcher Sozialisation häufig die Identifikation mit der Schule. An anderer Stelle habe ich ausführlicher dargestellt, warum es hilfreich ist, Lernenden unterschiedliche schulische Zugänge zu eröffnen (Hockel 1999a). Ein Kernpunkt dieser Argumentation lag und liegt in der unterschiedlichen Ausprägung des Machtmotives in den Lernenden und den diesen Ausprägungen entsprechenden therapeutischen Grundorientierungen.

→ Wer dies genauer verstehen möchte, findet im Vertiefungsthema *Ein psychotherapeutisches Menschenbild* genauere Angaben.

Die ausführliche Reflexion über die Sehnsucht danach, ein wirkmächtiger Psychotherapeut zu sein, wurde hier zitiert, da ich mir im Fall Paul genau dies an mehreren Stellen intensiv wünschte. Und weil ich im abschließenden Kapitel dieser Arbeit mit der Darstellung der vier Ausprägungen von Bündnispartnerschaften in einer anderen Weise nochmals mit dem Konzept der Schulen und Grundorientierungen konfrontiert bin.

„Wer nur hämmern gelernt hat, dem erscheint jedes Problem nagelförmig", sagt der Volksmund, der um die menschliche Lust an Veränderungsmächtigkeit weiß. In den multidisziplinären Fachdiskursen der Psychotherapie ist die Entwicklung übergreifender Konzepte derzeit stark im Gang. Wie weit die deutsche Besonderheit, Psychotherapieausbildung immer mehr von der Grundlagenforschung in klinischer Psychologie abzukoppeln und sich dem österreichischen Weg der Erfindung einer eigenen Basiswissenschaft „Psychotherapie" mit deren privat-universitärer Verankerung anzuschließen, tragfähig bleiben wird, soll hier – wie viele andere berufständisch bedeutsame Fragen – nicht weiter diskutiert werden. Wer wie ich das Glück hatte, über elf Jahre Verantwortung zu tragen für die Anwendung aller psychologischen und psychotherapeutischen Kompetenzen im Dienst von Gesundheit und dabei mit einem sehr kompetenten ärztlich-analytisch-gruppendynamisch gebildeten Mediziner und einer in den USA ausgebildeten Kunsttherapeutin Veranstaltungen zu leiten, an denen täglich zwischen 300 und 500 Münchner Bürgern teilnahmen, der weiß, dass Psychoprobleme nicht „nagelförmig" sind, und dass die Vielfalt der Konzepte nicht gegen, sondern für das Fach spricht: Erfolgreiche Psychotherapie ist immer vom subjektiven Gesundungswillen des Erkrankten soweit abhängig, dass alle angewandte Psychotherapiekompetenz den Status des „Heilversuches" haben wird.

Jedes menschliche Selbst ist unersetzlich und letztlich unvergleichlich. Selbstentfaltung in den Dimensionen Selbstausdruck, Selbstdeutung, Selbsterleben und Selbstgestaltung findet im Kinder- und Jugendlichenpsychotherapeuten jeweils seinen Bündnispartner.

### 3.6.2 Bündnispartner für Selbstausdruck: Der Kriegername

Ich hatte Paul bereits oft mit kreativen Medien Unterstützung angeboten, so war das „Könnerquartett" (siehe oben bei 3.5.1 Ansprechen von Werturteilen) eine solche Gestaltungsidee.

Paul hatte in einer der „Monatsstunden", wie wir die nun nur noch alle vier Wochen stattfindenden Sitzungen benannt hatten, lange davon erzählt, dass er sich darüber informiert hatte, wie Indianer zu ihrem Kriegernamen kommen: „In den Computerspielen da erfinden wir unsere Nicknames oder den Namen des Avatars einfach so – ich habe jetzt vor, ein neues Spiel zu beginnen und überlege mir, wie ich mich dort nennen soll. Wenn ich ein Indianerjunge wäre, müsste ich nun meinen Stamm verlassen und so lange in die Bergwüste gehen, bis ich mit einer Vision heimkomme, die mein Medizinmann mir dann als Wegweiser zu meinem Namen deutet." Mir erschien dies, als habe er mich gebeten, ihn bei der Suche nach einem angemessenen Neu-Namen zu unterstützen und dabei auch schon eine Methode genannt ohne, dass er diese wohl kennen konnte.

Das Methodenrepertoire des Umgangs mit gegenständlichen Ausdrucksmedien ist unerschöpflich. Neben den psychiatrienahen Traditionen der Gestaltungstherapien und den neueren hochqualifizierten Spezialisierungen in Kunsttherapie gibt es die nahezu unerschöpfliche Schatzkiste des

Werkens und Bastelns, des Malens, des Gestaltens. Als ich Paul seine Namenssuche problematisieren hörte, schob sich mir für diese Fragestellung eine Idee in den Vordergrund.

„Paul, wenn es dir Recht ist, könnten wir doch so etwas Ähnliches wie die Visionensuche hier machen, was meinst du?"

Er schien gehofft zu haben, dass ich solch einen Vorschlag machen würde. Sofort sah er mich fragend an und stimmte zu. Und wenige Momente später machten wir das, was vor vielen Jahren Dr. Rorschach bei der Herstellung seiner Tafeln machte: Wir gestalteten Klecksbilder. Ich sagte:

„Paul, mach erst mal eine ganze Serie mit unterschiedlichen Farben, lass sie einfach entstehen und trocknen und dann erst, wenn du viele hast, geh' zu deinem inneren Medizinmann, schau dir die entstandenen Bilder/Visionen besinnlich an und wähle eines aus, das dich anspricht, das dir einen Namen anbietet."

Mit Eifer und Freude machte Paul sich mit den Fingerfarben und vielen Blättern schweren Papiers daran, eine Serie von Klecksbildern zu gestalten. Nach 20 Minuten hatte er zwölf Bilder fertig und das erste war bereits trocken. Er sah mich fragend an.

„Du überlegst, ob da schon das Richtige dabei sein kann? Magst du mal schauen, wie sie geworden sind?"

Paul war ungeduldig – er wollte zum Stundenende einen originellen Kriegernamen mitnehmen, um den so benannten Avatar in seinem neuen Spiel einsetzen zu können. Und so begannen wir, uns den entstandenen Gestaltungen zuzuwenden.

Paul hatte Schwarz, Feuerrot und Blau in unterschiedlichen Mengen als Farben benutzt. Die Klecksbilder sind häufig „maskenartig" durch ihre Symmetrie und so gelang es ihm, sofort jedes der Bilder mit einem Namen zu benennen. „Rindsauge" hieß das Bild mit den beiden großen Augenlöchern und dem geschwungenen Gehörn, „Wolfszahn" ein anderes. Eines der Bilder betrachtete er mehrfach, ohne es zu benennen: Schwarz-rot – hatte es weniger Ausdrucksanregung oder waren so viele Assoziationen in ihm, dass er sich nicht entscheiden konnte?

Letzteres war wohl der Fall, denn er bezog mich nun in die suchende Sortiererei seiner Eindrücke ein, indem er an mich hinorientiert laut zu denken begann: „Das sieht unheimlich und freundlich zugleich aus. Der breite Schlund hier, das könnte ein gefährliches oder ein gemütliches Maul sein und diese Fransen hier Zotteln oder harte Hörner. Die Augen sind rund und offen und das Rot da unten, das ist der Hals, ein Tuch oder ein roter Bart. Wenn ich mir die Stimme dieses Wesens vorstelle, dann höre ich mächtige Laute in einer fremden Sprache …"

Er sinnierte weiter und ich wusste genau, er brauchte keine weitere Anregung von mir. Schließlich begann er Benennungen zu erproben und es war deutlich, dass die anderen Bilder nicht mehr sehr interessant waren, es würde wohl ein Name zu dieser Maske werden. Endlich hatte er bestimmt:

„… Krasso, der freundliche Krieger. Er kann seine Zotteln stahlhart machen, kann seine Zähne ausfahren und hat um den Hals ein magisches rotes Tuch, das ihn fast unverwundbar macht. Seine …"

Paul beschrieb mir die Figur des zischend ausgesprochenen „Krasso" später noch öfter in seinen Funktionen als Avatar in seinem neuen Lieblingsspiel. Er hatte mit der gelungenen Ambivalenz von Härte und Bedrohlichkeit bei gleichzeitig gemütlicher Freundlichkeit einen starken Teil seiner Persönlichkeit ausgedrückt.

### 3.6.3 Bündnispartner für Selbsterleben: Der Regentanz

Das laute Denken hatte Paul in unseren Stunden ganz spontan als Element seines Spielens schon oft eingesetzt. Auch andere kreative Techniken werden von Kindern im Spiel immer wieder neu- und nachgeboren. Die Vielfalt der erlebnisaktivierenden Methoden in Musik- und Tanztherapie, das spontane Singen und spielerische Experimentieren mit Xylophon und Trommel, Gong und Triangel usw. gehören in die Möglichkeiten der Spieltherapie ebenso selbstverständlich wie Übungen aus dem Bereich der Körperarbeit, Entspannungs- und Meditationstechniken. Mehrfach hatte ich mit Paul kleine Fantasiereisen gemacht, wobei mir meist die beiläufige Übung der Körperselbstentspannung, die Paul dabei erlernte, wichtiger war als der jeweilige Inhaltsfokus der Reise.

Eines Tages hatte er – es war in einem früheren Abschnitt der Therapie – aus solch einer Reise in das Land der Wunschbäume (das waren ausgedachte Bäume, an denen als Früchte fertige, klare Wünsche hingen) nicht etwa deren Erfüllung, sondern sich drei neue Wünsche mitgebracht. Das Bevorraten eines Kindes/Jugendlichen und auch z.B. eines depressiven Erwachsenen mit unerfüllten Wünschen gehört zum Kernbestand einer Psychotherapie. Häufig geschieht es ganz beiläufig implizit, dass Klienten sich darüber klar werden, was alles sie sich an Änderung, Entwicklung, Neuerung und, Bereicherung ihres Lebens wünschen. Bei überangepassten Kindern – und Paul war in der Fürsorglichkeit für seine Mutter inzwischen stark „parentifiziert" in der Gefahr, der Mutter einen Partnerersatz anzubieten, statt sein eigenes Kinderleben weiter zu entfalten – kann es methodisches Anliegen des Therapeuten sein, die „Speisekammer unerledigter Wünsche" mit dem Kind zu füllen. Paul hatte sich vom Baum der Wünsche gepflückt: „Einen Fahrradausflug mit einem Freund, ein Buch wie es mein Vater in meinem Alter gelesen hat, einmal völlig verrückt toben." Wobei er zum Letzteren sofort verlegen hinzufügte: „Aber das sollte natürlich auch irgendwie Sinn machen."

Der Radausflug war im Moment, da er den Wunsch gepflückt hatte, bereits zu einem konkreten Projekt geworden, von dem er wusste, dass er es in der nächsten Woche verwirklichen würde: „Peter macht da mit und seine Eltern erlauben es bestimmt. Wir radeln zu Peters großem Bruder, der hat ein Gasthaus, dort übernachten wir und fahren am Sonntag zurück." Der Wunsch nach einem Buch, wie es sein Vater gelesen hatte, stellte sich als Anliegen für das nächste Elterngespräch heraus: Paul wollte mehr über seinen inzwischen verstorbenen Vater wissen und hatte sich auf diese Weise einen kreativen Zugang zu dem, was seine Mutter vom Vater wisse, gebahnt. Ich sollte die Mutter beim nächsten Elterngespräch bitten, ihrem Sohn zu erzählen, welche Bücher sein Vater in der Kindheit gerne gelesen habe. Das war alles schnell besprochen. Und offensichtlich hatte Paul den letzten Wunsch für die Erfüllung hier bei mir in der Spielstunde vorgesehen.

Ein wenig erinnerte mich der Wunsch zu „toben" an die problematischen Wünsche vom Therapiebeginn, als Paul davon sprach „sich von hohen Türmen stürzen" zu wollen, da er „das Risiko liebe". Zugleich erschien es mir jedoch, als sei der Wunsch nun ein anderer, ein gesünderes Bedürfnis nach begeistertem, engagiertem körperlichen Selbsterleben, wie er es inzwischen draußen in der Einsatzfreude als Fußballspieler sowieso genoss.

Nun sah ich es als meine Aufgabe, ihm sogleich, noch in dieser Stunde, diesen an mich adressierten Wunsch möglichst erfüllbar zu machen. Da der zweite Wunsch mich betroffen gemacht hatte und ich nachgedacht hatte, welche Bücher ich denn in Pauls Alter gelesen hatte, stellte sich sehr schnell eine Idee ein. Mir war ein indianischer Regentanz eingefallen – aus irgendeinem Grund, der mir selbst unklar war, holte ich das Bild jedoch geographisch und geschichtlich näher an unser Erleben heran.

„Ok. Paul, lass uns an das Toben, das sinnvolle, gehen?"

„Au ja!"

„Gut. Stell dir vor, du bist König in einem afrikanischen Stamm von Schwarzen, die in der Steppe leben – den endlosen Wiesen, in denen Löwen und Antilopen, Elefanten und Nashörner leben. Wir beide sind jetzt der Stamm und es fällt einfach kein Regen mehr. Schon seit Monaten ..."

„Genau. Jetzt musst du der Medizinmann sein, der Regenzauberer. Als König befehle ich dir, den Regen herbei zu zaubern."

„Klar, mein König. Wir werden den großen Regentanz tanzen müssen. Dazu müssen wir uns vorbereiten." Und mit leiserer Stimme fragte ich noch deutlicher: „Wir sollten nun zwei Tage nichts essen und sollten wir uns auch die Gesichter anmalen und etwas verkleiden?" Die „Metastimme", mit welcher der Therapeut, der in einer Spielrolle ist, dann doch auch Therapeutentexte sprechen kann, wird in Personzentrierter Kinderpsychotherapie häufig eingesetzt. Diese „Metastimme" verdeutlicht dem Spielpartner, dass er der Spielführende bleibt – in Kindersprache „der Bestimmer" bleibt – auch wenn der Therapeut einen Einwurf, eine Spielidee, eine Konkretisierung einbringt (siehe oben, z. B. 2.4.1 Spielregeln erfragen).

Paul war begeistert und fügte der somit sogleich entstehenden Gesichterbemalung und Verkleidungsverfremdung noch die Musikinstrumente hinzu: Ich bekam die Oceandrum, er nahm sich das Tamburin und den Schlegel, mit dem der große Gong angeschlagen werden konnte. In wenigen Minuten waren wir bereit und ich begann – denn als Medizinmann war dies mein Job – den großen Regentanz. Es wurde genau das, was sich Paul gewünscht hatte, das große sinnvolle Toben, laut, stampfend, bis wir beide ziemlich erschöpft das Stundenende als hereinbrechenden Regen benannten und uns verabschiedeten.

### 3.6.4 Bündnispartner für Selbstdeutungen: Eine Traumarbeit

Die drittletzte Monatssitzung hatte Paul vorbereitet, indem er im Monat davor sagte: „Ich habe heute Nacht von meinem Krieger Krasso geträumt. Der war plötzlich in einer Großstadt unserer Zeit – wo doch seine Welt sonst eine ganz andere ist. Er stand hinter einer großen Glasscheibe – einem Schaufenster vielleicht. Er war, glaube ich, Buchhändler geworden.“ Paul war über diesen Traum sehr erstaunt, nicht beunruhigt, jedoch verwirrt und offensichtlich erhoffte er sich von mir Unterstützung bei der Frage danach, was dieser Traum denn zu bedeuten habe. Ich versprach ihm, dieser Frage beim nächsten Treffen Raum zu geben.

Seit Freud mit der Traumdeutung dies erinnerbare Erleben aus der Welt des Schlafens zur deutbaren Traumsubstanz gemacht hatte – und damit die menschheitsgeschichtliche Tradition solchen Traumdeutens in den Versuch einer rational-analytischen Sinnsicht gehoben wurde – gehört der Umgang mit diesem Material zur Psychotherapie. Die Vielfalt der Vorgehensweisen allein schon der analytischen und der tiefenpsychologischen Traumarbeit ist bereichernd. Nimmt man daneben noch die Möglichkeiten, die im Umfeld dieses Zuganges entwickelt wurden, zur Kenntnis, so liefern Gestaltpsychologen und Hypnotherapeuten, Verhaltenstherapeuten und Klarträumer eine weitere Vielzahl von Handlungsperspektiven.

Meine bevorzugte Technik im Umgang mit Träumen habe ich der Gestaltpsychologie entnommen: Da alles, was im Traum vorkommt, nur im Kopf eines Schlafenden existiert, kann alles auch nur der Schlafende sein. Auf dieser schlichten Grundlage werden die Trauminhalte jeweils zur laut denkenden Identifikation preisgegeben und der Träumer exploriert so die Facetten jenes Selbstseins, das ihm der Traum vorhielt. Der größte Vorzug dieser Handlungsmöglichkeit ist meiner Auffassung nach, dass sie den Träumenden als den Experten seines Traumes erkennbar macht und ihm die Deutungshoheit zurückgibt. Ich war gespannt, was Paul in seinem Traum alles finden würde.

Paul war inzwischen 11;9 Jahre alt und seine sprachlichen Möglichkeiten waren sehr entwickelt. Wir hatten Spaß miteinander im Umgang mit Sprache. Ich erklärte ihm die Technik gestaltpsychologischer Traumdeutung und wir verdeutlichten es uns an einem Beispiel: „Stell dir vor, du hättest von einem Schraubenzieher geträumt, dann würde ich dich jetzt vielleicht bitten: ‚Paul, sprich alles sofort aus, was dir in den Kopf kommt, wenn ich dir vorschlage – und du jetzt zu sagen beginnst: Ich bin ein Schraubenzieher'…"

Er platzte heraus „Ich würde mich nur um mich selber drehen …" Wir lachten beide. Damit war aber auch klar, dass er das Vorgehen gut verstanden hatte. Bei der Arbeit an Träumen ist es nun wichtig, zunächst die offensichtlichen, prominenten „Identifikationsobjekte" im Hintergrund zu lassen, da sich an diesen meist sowieso die alltagsnahe und „vorschnelle" Deutungsarbeit des Träumenden festmacht. Es gilt zunächst Rahmen, Raum, Zeit des Traumgeschehens zu aktualisieren und die hervorstechenden Konfigurationen erst vor einem ruhig akzeptierten Hintergrund sichtbar zu machen. Wir rekapitulierten den Traum und ich bot ihm an:

„Paul, als erstes Element greife ich etwas heraus, was in deinem Traum erst gegen Ende und nur am Rand vorkommt – ich schlage dir vor, zu sagen und dann laut weiterzudenken: ‚Ich bin eines der Bücher in der Handlung von Krasso, dem Buchhändler …'"

Paul stutzte nur einen Moment lang, dann wiederholte er und sprach weiter: „Ich bin eines der Bücher in der Handlung von Krasso, dem Buchhändler, ich bin ein alter Schinken, ein geheimnisvolles Buch. Ich stehe zwischen vielen Büchern. Krasso hat eine Handlung für alte, gebrauchte, geheimnisvolle Bücher und ich gehöre hierher. Und will gar nicht verkauft werden …"

Er verstummte. Es ist in dieser Arbeit eine delikate Frage, wann und wie intensiv der begleitende Psychotherapeut nun jeweils wieder Impulse gibt. Ich habe mir angewöhnt, mich hier ganz auf meine Intuition zu verlassen und relativ ausdauernd die einzelnen Identifikationen abzuklopfen. Das geschieht, indem ich die jeweiligen neuen Texte selbst wieder aufgreife und anbiete. So entstand folgender Textwechsel. Ich sagte für ihn wiederholend:

„Ich bin ein dickes, altes Buch …?"

„Ich bin geheimnisvoll. ich wurde nicht sehr oft gelesen. Wer in mir blättert, findet Bilder, die man nicht vermutet. Ich bin ein Buch voller Geheimnisse …"

Wieder schwieg Paul. Ich ließ ihm Zeit und wusste dabei, dass in ihm eine Vielzahl von Fantasien war. Diese alle auszusprechen, war ihm zu viel. Er genoss offensichtlich das innere Blättern in Geheimnissen. Nach einiger Zeit sagte ich, wieder seine Selbstexploration anstoßend:

„Ich bin ein geheimnisvolles Buch voller Bilder und Geheimnisse. Wie geht es mir in dieser Buchhandlung, wie geht es mir mit Krasso, dem Händler?"

„Ich stehe gerne hier. Hier sind viele so wie ich. Und Krasso kennt unseren Reichtum. Er hat uns hier versammelt. Er verkauft uns nicht an irgendwen, ich bin sicher, er gibt mich nur an jemanden weiter, der der Richtige ist, der mit meinen geheimen Botschaften etwas anfangen kann …"

Ich bot ihm noch mehrere solche Explorationsfragen an und es entstand das runde Bild eines sich wohl fühlenden Geheimnisträgers, am richtigen Fleck, in guter Obhut, mit der Erwartung nur dann und nur an jemanden weitergegeben zu werden, der angemessenen Gebrauch von all dem Geheimnisvollen in diesem Buch machen werde.

Die Exploration der Identifikationspole rundet sich meist dadurch, dass der Träumer auf die Frage „Gibt es noch etwas, was zu dem X gehört?" verneinend antwortet und nach der anschließenden Frage „Und wenn du dich das alles so sagen hörst, hat das dann etwas mit dir, mit Paul zu tun?" auch die Bestandsaufnahme abgeschlossen ist. Oft erscheint es den Träumern so, dass bereits eine erste solche Detail-Identifikation soviel bedeutsame Inhalte ergibt, dass es fast verzichtbar erscheint, weitere Elemente anzusehen. Ich habe mir jedoch angewöhnt, grundsätzlich mindestens drei Elemente anzufragen und erst danach abschließend zuzugestehen, dass der Träumer mit dieser Technik ja auch alleine mit einem Tagebuch oder mitlaufendem Tonband später noch alle möglichen anderen Elemente eines vielgestaltigen Traumes ausloten kann.

Als nächstes bot ich ihm an: „Paul, sei doch mal diese große Glasscheibe ..."

„Ich bin eine große Schaufensterscheibe. Ich lasse Blicke durch mich gehen – von draußen sieht man Bücher, von drinnen sehe ich Fremde, die sich in mir spiegeln oder mich durchschauen ..." Sinnierend schwieg er. Diese Nachdenklichkeiten, in denen das „laute Denken" verlassen wird, weil die Gedanken meist zu angeregt, komplex oder schwer aussprechbar werden, sie müssen einerseits geachtet werden, andererseits möchte ich auch wirklich mitbekommen, was alles in der Innenwelt des Träumers, durch meine Aufmerksamkeitsfokussierung ausgelöst, in den Vordergrund drängt. Ich gehe daher behutsam mit meiner Stimme in dieses Schweigen und biete an: „Ich bin durchsichtig ..."

Paul griff auf und fuhr fort: „Ich bin durchsichtig und das ist gut so. Sollen die da draußen sehen, welche Reichtümer hier versammelt sind. Sollen sie angelockt werden. Und Krasso kann über seinen Ladentisch hinweg hinaussehen auf die Straße. Ich stelle mich zur Verfügung. Ich bin nur ein Schutz, eine durchsichtige Wand. Ich spüre auch den Unterschied, da draußen ist es kalt und zugig, laut und stinkig, hier drinnen warm und ruhig. Ich schütze und bewahre ..."

Paul explorierte sich noch eine ganze Weile und als ich die abschließende Frage aussprach „Kannst du mit dieser Scheibe was anfangen, hat das was mit Paul zu tun?", da grinste er mich breit an und meinte: „Kann es sein, dass ich für Sie so durchsichtig bin?" Ich erschrak ein wenig, da mein eigenes Verständnis dessen, was Paul über sich als „Schaufensterscheibe" alles gesagt hatte, ganz anders gewesen war. Ich hatte mehr an die bewahrende und zweikanalige Funktion des Erinnerns gedacht. Doch konnte ich seine Deutung auch gut annehmen: „Zumindest versuche ich den Durchblick zu behalten", schmunzelte ich zurück.

Als nächstes bot ich ihm an: „Paul, sei doch mal die Großstadt …“

„Ich bin modern, liege an einem Meer, ich habe Wolkenkratzer. Man könnte mich für New York halten, aber ich bin anders. Ich werde bewohnt von Wandelwesen. Die Menschen in mir sind heute nicht mehr das, was sie einst waren. Sie können immer erst dann in mir leben, wenn sie vorher ein anderes Dasein hatten. So wie Krasso, der freundliche Krieger. Er musste sich erst verwandeln in den, der Bücher findet. Er wurde zum Sammler und dann durfte er hier in mir seinen Platz finden als Händler …“

Wir arbeiteten noch eine Weile an diesem intensiven Bild und ich war froh, dass ich die „Sei doch mal Krasso …“-Karte nicht zu spielen brauchte, da Paul offensichtlich mit der Vielfalt von Aspekten, die sich in diesen drei Anläufen offenbart hatten, bereits ganz sinnsatt und zufrieden war. Dass Krasso, der freundliche Krieger, sich verwandelte, war ihm keine Beunruhigung mehr.

### 3.6.5 Bündnispartner für Selbstgestaltung: Der mutige Paul

Als letztes wesentliches Methodenbündel möchte ich aus dieser Arbeit mit Paul heraus jene Vielfalt ansprechen, die vielleicht am deutlichsten mit dem Konzept der Spieltherapie oder der Personzentrierten Kinder- und Jugendlichenpsychotherapie verbunden wird, da das kindliche Spielen vor allem im Symbolspiel, im Rollenspiel, in den Kaspertheatern und Märchenspielen, Playmobil, Barbie-Puppen und He-Man, „Schwarzes Auge“ und Computerspielen populär ist. Kinder, die spielen, sind „nicht von dieser Welt“ – sie sind unterwegs in jenen auf unsere Wirklichkeit nur vermittelt bezogenen Phantasiewelten – sind Weltraumfahrer, Märchenprinzen, „Erwachsene“ – alles, was sie „in echt“ nicht sein können.

Die Interventionskompetenz, „Rollenspieler“ zu sein, bringen Therapeuten, die Zugang zu ihrer eigenen Spielfähigkeit und Erinnerungen an ihre Spielkindheit haben, ganz selbstverständlich mit. In der Interventionsforschung hat die Forschergruppe des amerikanischen Persönlichkeitspsychologen George A. Kelly einen sehr erwachsenen Zugang zu diesem Feld gefunden. Indem Kelly Persönlichkeit selbst als ein „Rollengefüge“ beschrieb, eröffnete er den Weg zu einer „fixed role therapy“ (Adams-Webber 1983), in der beispielsweise mit Jugendlichen, die sich im Auf- und Umbruch zur erwachsenen Selbstgestaltung und Selbstverantwortung befinden, verabredet wurde, Einzelkomponenten erwünschten Zielverhaltens spielend zu erproben: „Wenn Sie ihre Schüchternheit besiegt haben werden, wird man das daran merken, dass Sie lauter sprechen … Spielen Sie bis zum nächsten Termin doch bitte einen ‚Lautsprecher‘, sagen Sie alles, was Sie sagen, laut …“

Solche „Rollenspielverabredungen“ hatten tatsächlich Rückwirkung auf die „Spieler“, die bewusster ihr Verhalten so gestalteten, dass sie sich wohl fühlten. Für Paul musste ich keine fixierten, zu übenden Rollenverabredungen finden, er hatte von den ersten Stunden an mit sozialen Rollen gespielt: Mal war ich „ein Verkäufer" und er ein sehr wählerischer „Kunde" – nicht in einem Kaufladenspiel, wie es kleinere Kinder spielen, sondern im Umgang mit der Vielfalt der Spielzeugautos, aus denen er sich dasjenige wählte, mit welchem er spielen wollte – ich musste es ihm „verkauft, angepriesen" haben.

Später wurde ich in die Rolle eines „Behinderten" gerufen und Paul erprobte seinen moralischen Mut, mit mir achtungslos oder achtungsvoll umzugehen – mal war ich in Lebensgefahr, weil Paul einen „Rücksichtslosen" spielte, mal ging es mir gut, weil er einen hilfsbereiten „Pfadfinder" spielte.

Eine längere Zeit erprobte Paul offensichtlich Erinnerungen an Situationen, in welchen ihm vorgelesen worden war oder er Videokonserven konsumiert hatte: Wir waren mit den Handpuppen dabei, Räuber Hotzenplotz, Kasperl und das Krokodil und Jim Knopf zu spielen. Schließlich zofften sich die He-Man-Figuren und Skeletor wurde zur übermächtigen bösen Siegerfigur.

In diesen Phasen hatte er sich jeweils als aktiv Handelnder so gestaltet, wie es die Rolle vorgab. Später, nach einer langen Zeit gemeinsamer Regelspiele, in welchen sich Paul klar machte, dass es Spiele gab, in welchen wir gleich stark waren – mal war er der erfolgreichere Unternehmer in ‚Auf Achse', mal ich – und andere, in welchen er sicher siegte (Memory) oder in denen er mich nicht schlagen konnte (Schach). Unser geregeltes Spielen war ganz und gar realistisch entsprechend unserer Kompetenzen. Die emotionale Seite von Ehrgeiz und Enttäuschung war ausgelotet – er wusste, wie er sich einen Sieg verschaffen konnte, Spannung erhöhen oder Herausforderungen mit einer an Sicherheit grenzenden Wahrscheinlichkeit Unterlegenheitserfahrung abschließen würde.

Ich möchte die therapeutischen Handlungsmöglichkeiten dieses Bereiches abschließend an jenem Teil von Pauls Selbstgestaltung erläutern, die er während der Therapie kontinuierlich entfaltete, indem er die ursprünglich selbstgefährdenden, tollkühnen Handlungsimpulse langsam immer kontrollierter in mutiges Handeln transformierte. Dabei ist abschließend auch eine sehr berührende Erfahrung aus der Zeit nach dem Tod von Pauls Vater zu berichten. Ich las in dieser Zeit gerade ein sehr materialreiches, anregendes Buch zum Thema „Mut – zur Wiederentdeckung einer persönlichen Kategorie" (Stäblein 1993) und es kann sein, dass dieser Themenfokus meines Denkens ein wenig dazu beitrug, dass wir dem Thema mehr Aufmerksamkeit widmeten als sonst üblich. In fast jeder Kinderpsychotherapie wird an der Bewältigung von Ängsten gearbeitet, dies jedoch von vorneherein als Entwicklungs- und Wachstumsprozess einer Mut-Qualität zu gestalten, ist seltener.

Die depressive Seite seiner Mutter hatte Paul früher belastet – mit dem Tod des Vaters war jedoch mehr in den Vordergrund getreten, wie sehr diese Frau trotz ihrer eigenen Not die Kinder liebte und versuchte ihnen gerecht zu werden – auch indem sie es unternahm, Impulse zu geben, welche die Trauer um den Vater erleichtern sollten. Vielleicht hatte die Wahl ihres Geburtstagsgeschenkes für Paul damit zu. Er hatte gerade seinen elften Geburtstag gehabt und seine Mutter hatte ihm eine prächtige Ausgabe von „Robinson Crusoe" geschenkt. Ich weiß nicht, wer sie dahingehend beraten hatte, offensichtlich jedoch war ihr Gedanke, dass die Geschichte cincs allcinc lebenden Schiffbrüchigen eine angemessene Lektüre für einen trauernden 11-jährigen Halbwaisen sein könnte. Vielleicht wollte sie ihm damit auch einen Impuls zur Ablösung von ihr selbst geben, als würde sie sagen: „Sohn, vertraue dich den Abenteuern der Welt an, nur Mut …" Und anscheinend war dieser Impuls wirklich fruchtbar, denn Paul las und spielte Robinson – und fast alle Angstsituationen des Buches wurden besonders sorgfältig inszeniert. Zugleich war Paul inzwischen ein integrierter Schüler und für zwei seiner Mitschüler ein „bester Freund" geworden. Im Übergang zur endgültigen Beendigung der Therapie – wir hatten verabredet, uns noch zweimal zu sehen – ergab sich diese Sequenz:

Paul fragte mich: „Was meinen Sie, kann man Mut lernen?" Schmunzelnd meinte ich: „Ganz sicher." Paul schwieg plötzlich sehr lange – sein Gesicht drückte sehr tiefe, ernste Nachdenklichkeit aus und ich wartete einfach ab. Und schließlich sagte er: „Ich weiß nicht, ob ich den Mut gehabt hätte, ins Hospiz zu gehen, um zu sterben. Mein Vater war ein sehr mutiger Mann." Das Letzte hatte er mit jenem trotzigen Stolz gesagt, der den Trauerschmerz des „Du fehlst mir, Vater" zudecken sollte durch ein „Dein Mut ist bei mir". Und so war es für uns beide angemessen, dass ich sagte: „Ja, Paul, dein Training ist bald abgeschlossen – so dass du Vaters Mut gut weiterführen kannst." Wir lächelten einander zu. Paul hatte sich klar gemacht, dass er sich selbst als mutig gestaltet hatte.

# 4 Abschied, Abschluss, Trennungskompetenz – unverzichtbares Können menschlicher Lebensgestaltung

Der Mensch ist das Lebewesen in der Zeit: Unser Sein ist bestimmt durch das Bewusstsein, durch die Fähigkeiten des Erinnerns und des Hoffens, durch die zeitreisende Kompetenz unseres Denkens. Probehandelnd schaffen wir erdachte Zukunft, erinnernd werten wir vergangenes Erleben zu Erfahrungen aus. Diese Zeitkompetenz, die es uns ermöglicht, Pläne und Ziele über Jahrzehnte zu verfolgen, erfordert auch die Kompetenz zu erkennen, wann ein Geschehen „vorbei“, ein Prozess „zu Ende“ und ein Entwicklungsschritt getan ist – wann „Geschichte“ wächst. Veränderung findet ununterbrochen statt. Die Schwellen, in denen wir Abschnitte des Erinnerten organisieren, sind häufig zunächst unvermerkt und werden manchmal nur nachträglich deutlich. „Der erste Schultag“ kann eine bedeutsame biografische Zäsur sein, die Trennung von der Kindergärtnerin mag manchmal ein erster Verlust sein.

Trennung im Leben eines Kindes ist gewichtiger als im späteren Leben: Erstmals begegnet es dem Tod und unerwartet steht ein 10;6-Jähriger am Sarg seines Vaters. Wenn es gut geht, sterben die Eltern früher als die Kinder. Ein schlichter Satz, dessen hilfreiche, orientierende Wahrheit oft vermieden wird, da an diesen Abschied nicht gerne gedacht wird. Der traurige Abschied von einem geliebten Menschen macht Trauerarbeit unverzichtbar. Der Abschied von einem Wegbegleiter, wie es der Therapeut ist, wird auch mit Wehmut geschehen. So wie eine „gute Ferienzeit“, eine anregende Reise zu Ende geht. Er zwingt jedoch nicht unbedingt zum Trauern, da zugleich gemeinsam das Wachstum der Wahrheit eines gelingenden Lebens genossen werden kann.

Jeder Abschied ist eine „Grenzerfahrung“ – nicht immer so dramatisch wie jene, denen Jaspers (2004) diesen Rang zugestand, jedoch eindrücklich. Grenzen markieren Entwicklungsschritte und der Abschied am Ende einer Psychotherapie ist ebenso bedeutsam wie die Beziehungsaufnahme. Er muss gelingen.

→ Der Gesichtspunkt der Achtsamkeit auf Grenzen ist im Vertiefungsthema *Grenzen in der Psychotherapie* zu finden.

Als vor vielen Jahren der Spiegel über die neu aufgetauchte Rogers-Therapie berichtete, stellten die Autoren anhand von Patientenberichten fest, dass dies eine Methode sei, die den Patienten so behandele, dass dieser am Schluss das Gefühl habe, er hätte seine ganze Therapie „selbst gemacht“.

Dies war damals auch der Titel des kleinen Berichtes. Dem entspricht die personzentrierte Auffassung, die im Abschied die aktive Lösung jener Wegbegleitung des Klienten sieht, die dokumentiert, dass Kongruenz und Autonomie dem Klienten nun eine freie Selbstverwirklichung gestatten.

Ich unterscheide Abschied und Abschluss. In der Begegnung mit Paul fand zuerst der Abschied statt und danach erst der Abschluss mit der Mutter. Nun also zum Abschied von Paul.

## 4.1 Abschied

Die letzte Sitzung mit Paul war herangekommen. Paul hatte meine Frage nach seinen Wünschen nicht beantwortet, seine schmunzelnde Mitteilung war: „Lassen Sie sich überraschen!" Nun betrat er das Spielzimmer wie immer. Ich war neugierig, denn ich hatte erwartet, er würde vielleicht ein Produkt, ein Bild oder etwas anderes dabei haben, so wie ich mir eine Abschiedsgabe für ihn ausgedacht und vorbereitet hatte.

### 4.1.1 Ein Abschiedsfilm

„Wir können die kleine Videokamera zum Filmen benützen?" Seine Frage war mehr eine Feststellung als wirklich eine Unsicherheit. Er kannte meine Ausstattung: Die „große" Videokamera war diejenige mit dem Weitwinkelobjektiv, die ich zur Dokumentation benutzte und die dementsprechend manchmal einfach in der Zimmerecke stand. Dort stand sie auch an diesem Tag und war bereits eingeschaltet. Die „Kleine" war eine Handkamera, wie sie Touristen für ihre Reiseaufzeichnungen benützen. „Na klar." Die Technik war sofort verfügbar. Während die große Kamera unsere Spielstunde dokumentierte, wurde die kleine zum Filmen benutzt. Paul schien ein komplettes Drehbuch im Kopf zu haben. Er nahm die Kamera und bat mich, so hinter ihn zu treten, dass ich nicht im Bild sein würde, wenn er den Raum filmte. Sorgfältig und mehrfach absetzend nahm er den Raum auf und benannte dabei wie ein Radiokommentator – ich entsann mich des Fußballspielens, währenddessen ich mit solcher Rollenvorgabe Pauls Leistungen kommentierte – was er sah:

„Hier, gleich beim Eintreten, sehen wir unter einem Hochbett einen Sandkasten und davor ein Puppenhaus. Dort oben …", Schwenk der Kamera zum Hochbett mit seinen zwei weiteren Ebenen, „… ist die Kapitänskajüte … Dort drüben das Kaspertheater. Und hier hinter den hohen Schiebetüren verbirgt sich die ganze Welt des Spielens. In diesen Regalen lauern Monster, warten Autos, lagern Bausteine, liegen die Musikinstrumente bereit …"

Er machte eine detailgenaue Dokumentation meines Raumes, die einige besondere Benennungen enthielt, die ausschließlich mit seiner persönlichen Spielgeschichte zu tun hatte. So war er es, der auf der ersten Hochbettebene eine faltbare Matratze zu einer „Kapitänskajüte" auf jenem Schiff gefaltet hatte, das strandend Robinson auf seine Insel gebracht hatte.

Dann unterbrach er die Aufnahmen und erklärte mir, welchen Film er nun zu drehen beabsichtigte: „Das wird ein Krimi. Sie sind der Erfinder eines Superchips und sitzen zuhause in Ihrer Villa. Sie haben den Prototypen in der Hand. Ich spiele einen Einbrecher, hole mir den Chip und töte Sie." Ich war ziemlich erschrocken über diesen Ausgang, vertraute mich jedoch seiner Regie an. Er hatte erstaunliche Kompetenz in der Kameraführung und gemeinsam wurde der Kurzfilm genau so, wie er ihn sich gedacht hatte.

Als wir zusammen vor dem Bildschirm saßen und uns die Aufzeichnung ansahen, wurde mir klar, wie richtig sein Film war. Er hatte einen Mann in sein Leben gelassen in jener Zeit, als der Krebs seinen Vater tötete. Nun war die Trauer noch nicht abgeschlossen, sie überlagerte sich durch eine andere Trauer, die wir gemeinsam erlebten: Die melancholische Trauer der Endlichkeit unserer Beziehung. Schon wieder musste er einen wichtigen männlichen Begleiter ziehen lassen. Er sollte sich trennen, ohne sich „weggeschickt" oder „verlassen" zu erleben. Und so musste er die vorhandene Einsicht, dass es keinen Grund mehr für unser Bündnis gab – er war in seinem Arbeitsverhalten ruhiger geworden, hatte Freunde, war über den Tod des Vaters „hinweggekommen" – übersetzen in eine Metapher: Als Dieb des kostbaren Chips konnte er dessen Hersteller tötend verlassen.

Ich spürte den Stolz über die Rolle des „kreativen Erfinders eines wertvollen Chips, den der Räuber haben will" und die Trauer über die schmerzhafte, „mörderische" Trennung. Paul nahm sich den „Chip" und wurde im Abschied vom Opfer zum Täter. Das konnte ich ihm und mir zugestehen. Obwohl ich sah, dass eine längere Begleitung vielleicht noch andere Formen selbstkongruenten Seins im Miteinander erbracht hätten und einen weit weniger dramatischer Abschied, eine weit weniger „brutale" Metapher für das Ende erbracht hätte.

Es war ein sehr innerliches Miteinander beim Ansehen des Filmes. Einen Moment fürchtete ich, dass Paul den Wunsch äußern könne, diese Aufzeichnung mitnehmen zu dürfen. Das hätte ich nicht gestattet. Ich hätte vielleicht so etwas gesagt wie: „Paul, den Film in deinem Kopf wirst du jedenfalls mitnehmen und dieser wirkliche Film wird hier zehn Jahre archiviert bleiben. Wenn du ihn noch mal sehen willst, kommst du mal vorbei. Aber so, wie ich dich nirgends vorführe, so will ich auch nicht, dass du mich irgendwann, irgendwo vorführst, obwohl es ein gelungener Krimi ist, den wir da geschaffen haben." Als er aufstand, blickte er mich sehr freundlich an und – als hätte er meine gedachten Worte gehört – sagte er: „Den Film lass ich bei Ihnen, Sie heben ihn doch noch einige Zeit auf, dass ich ihn mir noch mal ansehen könnte, wenn ich wollte?"

### 4.1.2 Eine Abschiedsgabe

Meine Abschiedsgabe hatte einen anderen Aspekt von Trennung angezielt. Nur wenige Trennungen sind so endgültig wie die durch den Tod. Häufig müssen wir uns von lieb gewordenen Überzeugungen trennen, weil sich herausstellt, dass sie Täuschungen waren. Enttäuschungen schmerzen einerseits, andererseits schaffen sie jeweils eine neue Möglichkeit der Selbstgestaltung. Paul hatte eine Kindheit voller überschießender Aktivität hinter sich gebracht und war bei unserem Kennen lernen in einer Weise lebendig, die von Lehrer und Kinderarzt als krankheitswertig hektisch gesehen worden war. Er war als ADHS-Kind eingestuft gewesen. Nun hatte er anderthalb Jahre lang die Möglichkeit gehabt seine Hirnnutzung neu zu organisieren: In Achtsamkeit vor den eigenen inneren Prozessen, in enger Beziehung zu einer selbstreflexiven Instanz – seinem kinderpsychotherapeutischen Prozess. Ich hatte bisher die Kontinuität jenes Elementes unserer Arbeit, der in einem roten Faden „Selbstwahrnehmung" zu sehen ist, nicht angesprochen.

Wie am Beispiel vom Regentanz (Kapitel 3.6.3) die dynamische Seite der Entspannungsfreude zu erkennen ist, so hatte ich auch oftmals, wenn Paul sich dafür öffnete, Zeiten der angeleiteten Entspannung mit ihm erlebt.

Mein Angebot in diesem Zugang ist meist eine schlichte Achtsamkeitsübung: Sich entspannt setzen und begleitet von meiner Stimme den eigenen Körper durchwandern, von den Zehenspitzen bis zum Scheitel. Nach dieser Vorbereitung machten wir Zeitwahrnehmungsübungen. Ich sagte: „Paul, ich schalte jetzt den Timer ein und er wird nach einiger Zeit piepsen. Schätz mal, wie lange die geschenkte Stille war."

So hatte Paul die rückwärts zählende elektronische Uhr, den Timer, kennen und schätzen gelernt. Es war ihm ein Sport geworden, 45 Sekunden von 60 Sekunden unterscheiden zu können. Auch hatte ihn der Ehrgeiz der Dauerentspannung – des Übergangs zum meditativen Innehalten, gepackt. Es hatte Stunden gegeben, in denen dieses angeblich „hyperkinetische" Kind sich über 15 Minuten still in sich selbst versenkt verhielt.

Nun hatte ich einen solchen Timer gekauft und ansprechend eingepackt: meine Abschiedsgabe. Paul freute sich ehrlich.

## 4.2 Abschluss

Hat der Abschied etwas Persönlich-Feierliches, so sehe ich im Therapieabschluss jenen verbindlichen Teil, der rückblickende Entwicklungsklärung und vorausblickende Vereinbarungen umfasst. Häufig ist die Reihenfolge in Kinderpsychotherapien eher so, dass einem Abschluss, der eventuell gemeinsam mit den Bezugspersonen erfolgt, noch ein Abschied folgt. Also eine Zeit, die nur den beiden gehört, die sich trennen. Der Abschluss mit Pauls Mutter folgte jedoch nach dem Abschied von Paul. Nach anderthalb Jahren Psychotherapie gehörte dieses abschließende Gespräch mit der Mutter dazu. Die letzte Therapiestunde war diesmal ausnahmsweise vor dem letzten Elterngespräch. Es war ruhig und von einer Stimmung tiefen Vertrauens geprägt.

„Paul hat sich sehr verändert. Er ist älter, reifer, stiller, ausdauernder geworden."

Wir schmunzelten beide, denn es war klar, dass die sehr genau reflektierende Mutter die Veränderungen durch das „Älterwerden" hier benannte, ohne dadurch den Effekt der Therapie schmälern zu wollen. Das Älterwerden ist in Kinder- und Jugendlichenpsychotherapien ein Bündnispartner der sich immer einfindet. Der kann allerdings auch zum Gegner werden, wenn Kinder unbeeinflussbar sein wollen und sich gerade im Älterwerden eine Fehlhaltung verfestigt.

„Und er hat den Tod seines Vaters gut bewältigt."

Weiter sprach die Mutter dann von ihrer eigenen Depressivität. Begleitet vom Hausarzt, der ihr ein aktivierendes pflanzliches Medikament verschrieben habe, und intensiv betreut von einer Psychotherapeutin ihrer Wahl, könne sie den Alltag „schon ganz gut meistern".

Die Nachbefragung der Lehrer hatte ich als Vorbereitung des Abschlussgespräches hinter mich gebracht – es ist immer eine bedeutende Belastung, hinter Lehrkräften her zu telefonieren. Sie haben einen engen Zeitrahmen und im Zeitbudget eines freiberuflichen Psychotherapeuten sind all diese Kontaktzeiten unbezahltes Engagement. Die neue Klassenleiterin war mit Paul zufrieden. Der frühere Klassenleiter hatte noch die Entwicklung bis zu den großen Ferien mitbekommen und bestätigte auch, dass er froh war: „Ich konnte bei der Übergabe der Unterlagen Paul als einen ausgeglichenen, lebendigen Schüler nennen – ohne Hyperaktivität. Das ist einer auf den Sie sich verlassen können."

Die Mutter hatte am Elternsprechabend ähnliche Botschaften von mehreren Lehrern erhalten und so freuten wir uns gemeinsam über diesen Erfolg. Die Beziehung zur kleinen Schwester war ausgeglichen und liebevoll. Es war etwa ein Jahr nach dem Tod des Vaters. Das erste halbe Jahr der Therapie hatte der Vater noch gelebt. Ich sprach auch das an, was ich das Treppenstufenmodell der Psychotherapie nenne: „Sehen Sie, wir beide sind zufrieden mit diesem erfreulichen Abschluss. Im Treppenhaus eines Lebens kann aber eine Psychotherapie so etwas sein wie ein Treppenabsatz. Aufatmend hält man inne, bevor man ins nächste Stockwerk steigt. Auf dem weiteren Weg kann es jedoch vorkommen, dass man abermals in Atemnot gerät und sich daher auf den nächsten Treppenabsatz freut, um zu rasten. Es kann kein Therapieziel sein, lebenslängliche Funktionstüchtigkeit herzustellen, obwohl ich diese Ihnen und Paul wünsche. Aber wenn sich neue Probleme zeigen, dann sollten Sie sich nicht scheuen, erneut Hilfe zu suchen."

Die Mutter bestätigte dies und verriet mir dann verschämt, dass es am

Rande ihres Lebens – jedoch langsam näher kommend – einen Mann gäbe, der sie umwirbt. Etwa ein halbes Jahr später bekam ich eine erste Postkarte von Paul, die davon berichtete, dass er erneut im Pfadfinderlager an der Ostsee sei und gerne an unsere Zeit zurückdenke. Über drei Jahre erhielt ich noch solche Karten. Auf einer der Letzten war die Rede von der zweiten Hochzeit seiner Mutter.

## 4.3 Trennungskompetenz – die andere Seite der Bindungsfähigkeit

Nachhaltige Bindungsmuster bewähren sich in Trennung und Abschied. Um etwas Geliebtes loslassen und betrauern zu können, muss man zunächst daran gebunden sein. Zugleich muss in der Tiefe einer sicheren Bindung auch die Sicherheit des Endlichen gegeben sein; „Bis dass der Tod Euch trennt", ist hierfür immer eine griffige, realistische Formel.
Die befreiende Seite der Wirklichkeit jeder Trennung, die erlösende Sicherheit unserer sterblichen Daseinsweise muss zur Lebensqualität hinzu gesehen werden. Wer nicht Abschied nehmen kann, kann nicht frei geben und hat so auch keine innere Freiheit. Wie oben gesagt: „Wenn es gut geht, sterben die Eltern früher als die Kinder." Wie schlicht diese Wahrheit ist. Aber was meint dieses „gut"? Begreifen wir Zeitlichkeit als Sterblichkeit so, dass wir zugestehen können: „Es ist gut, dass dein Leid zu Ende geht – unser Leid als Verlassene werden wir leben können." Es ist gut, wenn Kinder ihre Eltern beim Sterben begleiten und nicht umgekehrt. Während diese Frage ins Beziehungsleben aller Menschen eingreifend gelöst und beantwortet werden muss, ist eine andere Frage, die spezieller für den Psychotherapeutenberuf zutrifft, vielleicht schwieriger zu beantworten:

„Wenn es gut geht, trennen sich Therapeut und Klient in einverständiger, stolz-fröhlicher Melancholie."

„Wenn es gut geht, freuen sich Klient und Therapeut darüber, einander nie mehr zu bedürfen."

„Wenn es gut geht, war die Begegnung mit dem Wegbegleiter Psychotherapeut für beide Seiten lehrreich und die Trennung erfreulich."

Was meint hier „gut"? Trennungskompetenz (Müller-Ebert 2001) bedeutet die Fähigkeit, tiefe Bindungen einzugehen und dabei nicht besitzergreifend zu sein. Das Geheimnis der Wirksamkeit Rogerianischer Psychotherapie liegt unter anderem genau hier. Nicht besitzergreifende Wertschätzung wird hier vom Psychotherapeuten verlangt. Beziehungen, deren emotionale Qualität denen von tiefen Freundschaften, – in Kinder- und Jugendlichenpsychotherapien durchaus auch jenen von familialen Liebesbeziehungen – entsprechen dürfen, müssen gelöst werden. Möglichst ohne weitere Verwundung, sondern eher mit dem verwunderten „Wir sehen uns vielleicht nie wieder – und genau das ist gut so und erfreulich."

# 5 Zusammenfassung der Falldarstellung

Die Eltern suchten Hilfe, weil das Kind sich so verhalten hat, dass deutlich wird, dass es bzw. die Familie („das System“) Hilfe bedarf. Ein „schon immer“ auffällig lebendiger Knabe mit hoher Sensibilität und guter Intelligenz macht sich auffällig. Zum Zeitpunkt einer dramatischen Zuspitzung der familiären Belastung durch das Sterbeschicksal des Vaters wird sein Verhalten für die Schule „untragbar“ und für die Eltern deutlich „hilfsbedürftig.“

Ich sah und erlebte einen 10-jährigen Knaben, der das Beziehungsangebot einer Psychotherapeutin und später eines Psychotherapeuten gut zu nutzen vermochte. Ein gemeinsamer Weg von anderthalb Jahren machte uns miteinander vertraut. Er kann nun seine Bedürfnisse artikulieren und „für sich sorgen“ – und dabei die Auseinandersetzung mit seinen Inkongruenzen steuernd gelten lassen:

Er klärte in der ersten Begegnung mit der wirklichen Therapeutin, wie viel Engagement er dieser Therapeutin wert ist. Ich führte diese Vorgabe weiter, indem ich im fiktiven Therapieprozess ausarbeitete, wie viele Beziehungsproben Paul mir aufgab und wie sehr er darauf angewiesen war, mich zuverlässig präsent zu erleben.

Genussvoll ließ er sich „versorgen“ – Schwerpunkt der ersten wirklichen Interaktionen. Hier ging es nur um ihn. Dies bildet eine Klammer um die gesamte Interaktion (von Kakao- bis Puddinggenuss) der ersten Begegnung. Tatsächlich können wir davon ausgehen, dass der Knabe dies über einen längeren Arbeitsprozess des Erlernens von Anpassungsstrategien so beibehalten hat.

Experimente mit dem Anspruch an „Unfallvermeidung“ (Sicherheit) trieb er voran, um in Kontakt zu kommen mit seiner Selbstbestimmung, Selbstzuwendung und Selbstbekräftigung. Er liebte und steigerte Risiko. Dies versuchte ich in der Erzählung von der fiktiven Therapie weiter zu veranschaulichen.

In der Interaktion mit der Therapeutin erlebte er sich als freundschaftsfähiger Spielpartner, als einer, der sich mit Regeln, die soziales Miteinander steuern und befriedigend gestaltbar machen (Spielregeln, Sicherheitsgesichtspunkte), konstruktiv und freiwillig auseinandersetzen kann und sie lernen kann. Diese soziale Kompetenz ist seine Ressource, die es auszubauen galt. Bis hin zum Anker von der haltebereiten, offenen und doch schon umschließenden Hand wurde ihm dies im Prozess der Therapie deutlich. Auf diesem Weg lernte Paul

- sich zu entspannen und eigene Sicherheit und Eigenwert wahrzunehmen (Selbstsicherheit).

- seine eigenen Wünsche („Nervenkitzel") von konfrontativen Außenbedingungen („Gefahr" – Unfallgefahr, Todesgefahr für Vater) abzugrenzen (Angstbewältigung).
- sozialen Beziehungen zu vertrauen, sie aufzusuchen und auszugestalten (Freundschaften, Entfaltung des zwischenmenschlichen Selbst). „Wer ist dein bester Freund", wird zu einer beantworteten und orientierenden Frage.
- die vielseitigen Facetten seiner Persönlichkeit kennen und sie in sein Selbstkonzept zu integrieren (Krasso).
- Trennungen als unvermeidlich und mit Trauerarbeit zu bewältigende Elemente menschlichen Daseins zu achten, zunächst in der Bewältigung des Vaterverlustes, dann sehr viel abgeschwächter, doch für seine Autonomie bedeutsam, im Abschied vom Therapiegeschehen.

In der Darstellung des Falles stellte ich vor allem die einzelnen Interventionskompetenzen heraus. Jede Therapie hat ein anderes Profil der eingesetzten „Klaviertasten" – ist ein Musikstück mit sehr unterschiedlichen „Noten", „Modulationen" und „Tempi". Die Darstellung hat alle – gegenwärtig im Curriculum Personzentrierter Kinderpsychotherapie getrennt in ihrem Einsatz zu lernenden und zu übenden – Interventionskompetenzen beschrieben. Das bedeutet nun nicht, dass in jedem Behandlungsfall all diese Therapeutenverhaltensweisen eingesetzt und gezeigt werden müssen. So wenig wie ein Operateur alle Griffe, ein Medikamenten-Verschreiber alle Präparate in jedem Fall einsetzen wird, so wenig umfassend muss das Therapeutenverhalten sein. In vielen Fällen reichen die übergreifenden Rogers-Haltungen der wertschätzenden, einfühlsamen und authentischen Begegnungsgestaltung. So differenziert wie notwenig und so achtsam und zurückhaltend wie möglich wird dem Kind begegnet.

# 6 Therapeutische Vertiefungsthemen

Lexikalische Vertiefungen zu einzelnen Punkten stellen diese zehn Exkurse dar, die in der Falldarstellung von Paul nur knapp behandelt sind und die sich hoffentlich ebenso gerne flüssig nacheinander lesen lassen und so einen Gesamteindruck vom theoretischen Hintergrund Personzentrierter Psychotherapie geben.

Im ersten dieser zehn Vertiefungsthemen versuche ich mein – und wie ich hoffe damit auch „ein" oder „das" *Personzentrierte Menschenbild* zu fassen. Menschenbilder wachsen aus der alltäglichen Art, wie wir auf unsere Mitmenschen sehen – sie kommen „naiv" vor, sie sind jedoch für Berufe, die am Menschen handeln (Ärzte, Lehrer, Maskenbildner, Beerdigungsunternehmer ...) bedeutsam, da deren Dienstleistung je nach ihrem zu Grunde gelegten Menschenbild sich unterscheiden kann. Das Menschenbild der Psychotherapeuten und -therapeutinnen muss vor allem mit jener Anmaßung fertig werden, dass Psychotherapeuten Experten für seelische Gesundheit sein müssen und daher angeblich eigentlich wissen müssten, wie gutes Leben gelingen kann. Sie müssten glückliche Menschen sein.

Es sei denn, es wird ihnen selbst auch zugestanden, „krank oder gestört" zu sein. Was würde eine solche Diagnose bedeuten? Wer könnte das feststellen? Wer hat überhaupt das Recht (und die Möglichkeit) seelische Krankheit festzustellen? Und was bedeutet diese Feststellung für eine Helferbeziehung, in welcher einer die orientierende Person und der andere der Hilfsbedürftige ist? Und noch dazu, wenn der Hilfsbedürftige ein Kind oder Jugendlicher ist? Die personzentrierte Antwort verzichtet weder auf *Diagnostik noch auf Krankheitstheorie* (Kapitel 6.2), sie ist jedoch getragen von dem Anspruch, das Leid desjenigen, der es erlebt, so ernst zu nehmen wie nur irgend möglich ohne ihn in seiner Selbstbestimmung einzuschränken. Störungen an sich sind Einschränkungen, Inkongruenzen, die überwunden werden können.

„Sie glauben also an das Gute im Menschen?", diese Interviewfrage zeigte mir vor Jahren eines der damals noch weit verbreiteten Probleme mit dem Personzentrierten Ansatz, mit einer humanistischen Psychologie. Das Menschliche ist das Gute, das Böse ist unmenschlich, und schrecklicher Weise sind Menschen zu unmenschlichem Handeln fähig – ja, sie finden zu Recht Grausamkeit natürlich: Die Natur ist sinnleer und grausam, das Menschsein dagegen kennt Güte und Sinn. In der dritten Vertiefung wird hergeleitet, wie diese Grundhaltung nicht als Ergebnis auf Philosophie oder eine „Religion" zurückzuführen ist, sondern auf der Basis empirischer Forschung erarbeitet wurde. Dies ist das Menschliche – den Menschen wert zu schätzen. Ihm von Anfang an mit *Wärme* (Kapitel 6.3) zu begegnen, um Geborgenheit erfahrbar zu machen, eine gelingende Bindungsfähigkeit zu entfalten und in der „Kindzentrierung" nur eine alterspezifische Variation grundlegender Personzentrierung zu leben.

Rogers (1973b) belegte mit seiner Forschergruppe die Wirksamkeit von *Einfühlung* (Kapitel 6.4). Zu erfahren, dass man in seinem emotionalen Erleben verstehbar sein kann, dass Mitmenschen sich die Mühe machen können, neugierig auf die Innenseite unseres Erlebens zu sein. Damit ermöglichen sie uns die Erfahrung eines dichten, berührenden Kontaktes als Grundlage einer konstruktiven Beziehung. Dies war schon immer das Zeichen von Freundschaftsbeziehungen. Nun war ausgewiesen, dass solche „Freundlichkeit" auch „Werkzeugcharakter" haben kann, dass Empathie auch ein Hilfsmittel ist.

Damit entsteht jedoch auch die Nachdenklichkeit darüber, was es bedeutet, wenn ein professioneller Behandler handelt wie ein „Freund". Es taucht begründet das Thema der *Echtheit* auf (Kapitel 6.5). Es hatte sich empirisch gezeigt, dass jene Gesprächsserien erfolgreicher waren, in welchen die Therapeuten und Therapeutinnen als authentisch erfahren wurden. Ist dies nun eine Erlaubnis, „einfach so zu sein, wie man ist"? Die Wirklichkeit ist komplexer: Ja, wir müssen lernen, einfach so zu sein, wie wir sind – und haben dennoch gerade nicht die Erlaubnis, so zu sein, sondern die Verpflichtung, jeweils bezogen auf unser Gegenüber authentisch zu sein. Die damit zu lernende Verantwortung umfasst auch den Umgang mit Informationen, die unseren Klienten und Klientinnen unterschiedlich bedeutsam sein können.

Sicherheit in unserem echten Sein gewinnen wir gerade in der Arbeit mit Kindern und Jugendlichen durch die Unterscheidung zwischen authentischem „ernsten" Sein und dem Dasein in Rollen, im Spiel. Winnicot (1971) kennzeichnete Psychotherapie ganz allgemein als den Überschneidungsbereich zweier Spiele, dem des Therapeuten mit jenem des Klienten. Spielen ist gelebte Freiheit – all die persönlichen Zwänge und Verantwortlichkeiten, die wir „in echt" haben, können im Spielen „aufgehoben" werden. Hierzu ist es nötig, ein tiefes *Verständnis vom Spielen* zu entwickeln (Kapi6). Spielen ist erfahrene Selbstaktualisierung und als solche unmittelbar heilsam.

Was ist sonst noch zu tun, wenn man nicht nur beisammen sitzt und „Gesprächpsychotherapie" praktiziert, sondern mit Kindern und Jugendlichen die gesamte Handlungsverantwortung dafür teilt, ob gesprochen, gespielt, geübt oder gearbeitet wird? Welche Handlungsweisen muss der personzentrierte Psychotherapeut, die personzentrierte Psychotherapeutin bei der Arbeit mit Kindern und Jugendlichen kennen, verfügbar haben und „anschlagen"? Mit dem Bild von den *Interventionskompetenzen* als Tasten des spieltherapeutischen Klaviers wird die lernbare Vielfalt solchen Verhaltens beschrieben (Kapitel 6.7). Zusammenfassend wird hier auch verdeutlicht, was wann in der Behandlung mit Paul geschah. Und zugleich wird deutlicher, dass wir eben nicht „spielen", sondern Verantwortung für ein höchst professionelles Verhalten haben.

Innerhalb dieser Therapeutenverantwortung gibt es eine Größe, die wir erfassen müssen: Wie kann es gelingen, das Richtige im richtigen Augenblick zu tun, zu sagen, zu „spielen" oder zu fordern? Mit dem Konzept der *Interaktionsresonanz* (Behr 2002) ist hier eine Größe benannt, die meiner Auffassung nach auf der Seite des Therapeuten bzw. der Therapeutin auch als „Intuition" zu beschreiben ist (Kapitel 6.8). *Intuition* meint gesättigte Kompetenz: Die großen Solisten einzelner Musikinstrumente spielen eben nicht „identisch", sondern weit jenseits der selbstverständlich zu fordernden „technischen Vollkommenheit" mit einer jeweils einmaligen, personalen Intuition – ihrer Auffassung des jeweiligen Musikstückes.

Wenn somit die Intuition dem Spieltherapeuten die Verantwortung für die jeweils von ihm gewählten Interventionen auferlegt, so stehen wir abermals vor der Frage, ob denn dann das Handeln des Therapeuten „beliebig, willkürlich, unvorhersehbar" sein wird? Tatsächlich ist im Personzentrierten Konzept die Zielvorstellung von der „fully functioning person" übergreifend gültig. Dieses Wertkonzept leitet das Therapeutenhandeln, da wir mit dem Wissen um Selbstkongruenz und diese herstellende organismische Selbstregulation/Selbstaktualisierung uns darauf einlassen können, dass die Kinder/Jugendlichen jeweils ihren eigenen Weg suchen und finden. Dabei jedoch schulden wir ihnen Orientierung, um sie „in der Welt der Wirklichkeit zu verankern" (Axline 1976, 73). Dies geschieht, indem wir sehr achtsam mit *Grenzen in der Psychotherapie* (Kapitel 6.9) umgehen.

Spieltherapie ist professionelle Spielzeit zwischen einem Kind/Jugendlichen, dessen Entwicklung gefördert, dessen Not behoben werden soll, und einem dafür ausgebildeten, hoch spezialisierten Psychotherapeuten. Die Möglichkeit, gestörten Kindern ungestörtes (heilendes; Weinberger 2001) Spielen zu ermöglichen, ist nicht „uniform". Spieltherapie ist keine unspezifische Entwicklungsförderung, sondern eine jeweils gezielt heilungswirksame Erfahrungen herbeiführende Interventionsart. Insofern ist Spieltherapie nicht unspezifisch sondern durchaus *störungsspezifisch* (Kapitel 6.10). Es wird jedoch nicht „der Zwang", „die schüchterne Ängstlichkeit" oder „die primäre Enuresis" behandelt, sondern störungsspezifisch wird mit den entsprechenden Kindern und Jugendlichen wirksame Beziehungstherapie zu Störungsbewältigung praktiziert.

Diese zehn Vertiefungsthemen stellen meinen Theoriehintergrund bereit. Sie sind zum Teil Erfahrungsberichte zu einzelnen Theorieaspekten Personzentrierter Psychotherapie, zum Teil weisen sie auf vertiefende Literatur hin. Das Kerngerüst meiner Psychotherapiesicht stellte ich mehrfach bezogen auf Einzelfälle, ein depressiver Junge (Hockel 2002a) und ein zwangserkrankter Jugendlicher (Hockel 2003), dar. Eine Zusammenfassung meines Verständnisses von Wirkfaktoren und Strategien am Beispiel des Umgangs mit Zwangserkrankungen beschreibt fünf Fälle als Demonstrationen der identifizierten fünf Wirkfaktoren (Hockel 2002). Sie benenne ich als Wegweiser für Elternberatung und ebenso als Qualifizierungsdimensionen in der Psychotherapieausbildung:

1. Selbstprüfung
2. Annehmen
3. Echt sein
4. Einfühlen
5. Fördern und Fordern.

Drei dieser fünf sind Haltungsaspekte der Rogerianischen Personzentrierten Psychotherapie. Selbstprüfung akzeptiert das psychoanalytische Modell der denkerischen Selbstaufklärung. Fördern und Fordern geschieht durch das Bereitstellen von Lernerfahrungen – und nimmt so meiner Auffassung nach das Insgesamt der Lernforschung und der Verhaltenstherapien auf. Es kann letztlich nur eine einheitliche psychotherapeutische Fachkunde geben. Theologisch, philosophisch, biologisch und medizinisch wird „der Mensch" zu einem je eigenen Fachgegenstand. Psychologisch ist Psychotherapie die Fachkunde zum heilsamen Umgang mit seelischen Störungen und Erkrankungen.

## 6.1 Ein psychotherapeutisches Menschenbild

„Nach Jahren therapeutischer Erfahrung bin ich tastend zu der Überzeugung gelangt, dass dem Menschen eine Tendenz zur Entwicklung aller seiner Fähigkeiten innewohnt, die der Erhaltung oder Förderung seines Organismus – seiner Geist und Körper umfassenden Gesamtperson dienen. Dies ist das einzige grundlegende Postulat der klientenzentrierten Therapie", schreiben C. R. Rogers und J. K. Wood gemeinsam (1977, 117). Betrachtet man lebende Systeme, Menschen, wie autopoietische Systeme, so kann man in der modernen Biologie den Begriff des „Attraktors" finden, einer mathematischen, oft schlicht wirkenden Funktion, die in sich die Besonderheit trägt, höchst komplexe Strukturen zu beschreiben. Die Kraft der „organismischen Selbstregulation" nenne ich den zentralen Attraktor seelischer Gesundheit und gehe davon aus, dass langfristig diese Sicht auf den Menschen unvermeidliche Grundlage aller beruflichen Psychotherapie sein wird.

Personzentrierung ist jene Beziehungsgestaltung, die den Behandler dazu verpflichtet, in authentischer und einfühlsamer Achtung vor dieser Tendenz der organismischen Selbstregulation mit dem „Hilfsbedürftigen" umzugehen. Meiner Auffassung nach ist diese Sicht für ein psychotherapeutisches Menschenbild unverzichtbar. Die Aneignung einer personzentrierten Umgangsweise (authentisch, einfühlend, achtsam) stellt die Basisdimension zum Erwerb professioneller Kompetenzen dar. In der Ausbildung in Gesprächspsychotherapie oder Personzentrierter Spieltherapie wird mit dieser Basis begonnen. In anderen schulischen Ansätzen wird meiner Beobachtung nach dieselbe Sicht mit der wachsenden Berufserfahrung im Handeln des Berufstätigen auch tragend. Wo sie sich nicht herausbildet, wird meist eine „ideologisch" eingeengte Auffassung von Psychotherapie wirksam, die fortlaufende Selbstrevisionen erfordert.

Der Beruf des Psychotherapeuten ist jung. Es wurden in Deutschland 1999 zwei neue akademische Berufe geschaffen, die staatsgeprüften, somit approbierten Psychologischen Psychotherapeuten (Hockel 1999b) und die ebenso approbierten Kinder- und Jugendlichenpsychotherapeuten (Hockel 1998a). Mit jenen Ärzten, die Psychotherapie gelernt haben und betreiben, gibt es somit drei Gruppen, die als Beruf anzugeben vermögen, Psychotherapeut zu sein. Heilpraktiker, die in Deutschland auch Psychotherapie betreiben, dürfen dies nicht mit dieser Berufsbezeichnung tun.

### 6.1.1 Psychotherapie bietet dem einmaligen Individuum eine heilsame Begegnung – diese ist immer ein Heilversuch

Ich gehe in den folgenden Überlegungen davon aus, dass jeder Beruf eine ganzheitliche Persönlichkeitsprägung verlangt, insbesondere bei akademischen, freien Berufen, die Verantwortung für hohe (Rechts-)Güter (Gesundheit, Recht, Kunst usw.) tragen. Wer als Jurist qualifiziert wurde, hat ein differenziertes, professionelles Rechtsverständnis. Der Arzt kennt die funktionellen Zusammenhänge menschlicher Gesundheit. Der Künstler hat im Hintergrund der Geschichte seines Faches eine Kundigkeit, die alltagsweltliches Kunstverstehen hinter sich lässt.

In derselben Weise verlangt der Beruf *Psychotherapeut* einen zu findenden berufsethischen und funktionalen Identitätszusammenhang und eine klare Einbettung ins Versorgungssystem (Hockel 1998). Den Beruf *Psychotherapeut* sehe ich gegenwärtig noch als einen sich langsam weltweit erst herausbildenden Beruf, da in dieser Gesamtsicht beispielsweise die drei genannten deutschen Varianten erst zu einer Konfiguration integriert werden müssen. Viele meiner Kollegen und Kolleginnen meinen dagegen, dass es bisher keinen Psychotherapeuten geben könne, da die schulischen Orientierungen von Psychoanalytikern, Tiefenpsychologen, Verhaltenstherapeuten und den anderen „Lehrlingen" wissenschaftlich anerkannter Psychotherapieformen noch zu keiner übergreifenden, allgemeinen oder integrierten psychotherapeutischen Fachkunde geführt hätten. Auf der Ebene von Ausbildungskandidaten mag dies zutreffend sein – und dies erscheint mir nicht als Mangel, sondern als angemessene Möglichkeit mit einem Grundsatzproblem der Psychotherapeutenqualifizierung umzugehen: Schulisch einsteigen ist unverzichtbar – ebenso wie es nachher nicht eine Schulen- sondern eine Psychotherapieverantwortung gibt.

Seit Rogers (1959) seine Theorie der Psychotherapie, der Persönlichkeit und der zwischenmenschlichen Beziehungen vorlegte, ist die damit begründete personzentrierte Richtung der Psychotherapie mit einem anspruchsvollen Forschungshintergrund versehen. Versuchen wir das Personzentrierte Konzept in Abgrenzung zu anderen Orientierungen zu begreifen, so kann ich dies nur auf der Ebene der Ausbildungskandidaten sinnvoll sehen: Man kann Psychotherapie als Handlungskompetenz nicht mit „Herzoperationen" beginnen, sondern muss zunächst lernen, Blutdruck zu messen und eventuell einen eitrigen Abszess zu öffnen …

Ich meine, dass psychotherapeutische Kompetenz zwar aus ursprünglich als „Schule" zu verstehender „Lehrzeit" erwachsen muss. Psychotherapeut zu werden, bedeutet, ein professionelles Verhaltensrepertoire zu erlernen. Solche Qualifizierung kann sinnvoll mit dem Bild vom „Wandern im Tal der Selbstunsicherheit" beschrieben werden: Solange wir uns selbst dabei beobachten, dass wir bestimmte, schulisch vorgeschriebene Verhaltensweisen verwirklichen, kann es unvermeidlich dazu kommen, dass wir uns unecht, ja „albern, lächerlich" finden. Erst wenn uns der Regelsatz entsprechenden Verhaltens zur Selbstverständlichkeit geworden ist, können wir authentisch sein. Diese Entwicklung kann bei jedem komplexen Kompetenztraining beobachtet werden – erinnern Sie sich nur an die Zeiten vor der Führerscheinprüfung.

Mit der Staatsprüfung lassen Psychotherapeuten und -therapeutinnen dieses Tal der Selbstunsicherheit hinter sich: Sie sind nun eigenverantwortlich berechtigt, Heilkunde auszuüben, und es besteht die Erwartung, dass ihre Kompetenz hierfür ausreiche. Ich gehe jedoch davon aus, dass die Fachkunde des Psychotherapeuten nicht auf eine Schule begrenzt bleiben darf, denn kein Behandler kann die Verantwortung für sein Handeln an eine Schule delegieren. Jede einzelne reale Psychotherapie ist einmalig, ein Unikat: Der Mensch, der helfend beeinflusst werden will/soll, kann alle Angebote nur in seine einmalige Lerngeschichte integrieren, sie annehmen, indem er seine Selbstgestaltung entsprechend vorantreibt.

Im Heilkunderecht wird hierfür unterschieden zwischen Heilbehandlung und Heilversuch. Während bei einer Heilbehandlung die Regeln der ärztlichen Kunst und die dahinter stehende Fachkunde streng ge- und beachtet werden müssen, beginnt der Heilversuch dort, wo diese Fachkunde nicht mehr ausreicht, wo zwar möglicherweise Diagnosen vorhanden, therapeutisch jedoch Ohnmacht eingetreten ist. Mit personzentrierter Hinblicknahme auf die Einmaligkeit jedes Menschen gesagt: Dort, wo beispielsweise psychosomatisch der Gesundungswille fehlt oder wenn eben noch jenseits des erforschten Bereiches der medizinischen Fachkunde liegende Probleme vorliegen. Hier kann dann der Arzt zum Heilversuch greifen: Er darf authentisch das tun, was er für richtig hält, auch wenn es bisher in keinem Lehrbuch steht. Ich gehe davon aus, dass diese Situation, die für die Körpermedizin die Ausnahme darstellt, für die Psychotherapie das Grundparadigma ist. Psychotherapie ist immer ein Heilversuch, der auf die authentische Beziehung angewiesen ist. Psychotherapie ist immer durch die Freiheit des zu Therapierenden begrenzt.

Die Schulen der Psychotherapie unterscheiden sich. So kann man Personzentrierte Psychotherapie von Verhaltenstherapie unterscheiden durch den Vergleich von entdeckendem Lernen mit curricularem Unterricht. Personzentrierung ist kein Bekenntnis, sondern eine Kompetenz: Eben diese, die Lernen in Freiheit (Rogers 1977) ermöglicht. Personzentrierte Psychotherapie unterscheidet sich von Psychoanalyse und Tiefenpsychologie wie Selbsterziehung von Erziehung. Wenn wir nun mit professioneller Kompetenz die Fallverantwortung übernehmen, so sind wir im Hochtal der Selbstunsicherheit, wenn klar ist, dass jede Psychotherapie ein Heilversuch ist und nicht die Anwendung einer „richtigen" Methodologie. Hier müssen wir uns der Frage stellen, ob wir die Fallverantwortung an unsere Ausbildung delegieren wollen oder ob wir gewissenhaft dafür gerade stehen, dass wir darauf angewiesen sind, authentisch „das Richtige im richtigen Augenblick" zu tun. Das Hochtal psychotherapeutischer Selbstunsicherheit werden wir niemals verlassen – außer in intuitiv evidenten Handlungsmomenten (Kapitel 6.8).

Im Jahr 1970 legte Kaminski seinen „Entwurf einer integrativen Theorie psychologischer Praxis am Individuum" vor und entfaltete einen Rahmen, der klinisch-psychologisches Änderungswissen und die allgemeinen Probleme der Wissensanwendung sehr differenziert betrachtete. Dabei wurde deutlich, dass ein Psychotherapeut – Kaminski spricht damals noch vom psychologischen Praktiker – sein Handeln mit zumindest fünf „Speichern" zu steuern hat: Änderungswissen, Kompetenzwissen, Bedingungswissen, „Gewissen" und Vergleichswissen. Und es wird der Anspruch verdeutlicht, dass in der praktischen Phase, dem, was wir Psychotherapie nennen, die Beziehung zwischen „Psychologe und Klient – das Zusammenspiel zweier Problemlöser" (Kaminski 1970, 480ff) genannt werden kann. C. R. Rogers hat mit der Aktualisierungstendenz oder dem Prinzip der organismischen Selbstregulation dieselbe Annahme gemacht und betont:

> „Es ist offensichtlich, dass diese hypothetische, grundsätzliche Fähigkeit von außerordentlicher psychologischer und philosophischer Bedeutung ist. Psychotherapeutisch behandeln bedeutet dann nämlich, die vorhandenen Fähigkeiten eines potentiell kompetenten Individuums zu fördern." (C. R. Rogers 1987, 47)

Psychotherapieausbildung versucht einem Berufsträger jene Kompetenz zu vermitteln, die notwendig ist, um die Begegnung mit einem solchen Helfer zu einer heilsamen, hilfreichen Begegnung zu machen. Nach der

Staatsprüfung beginnt jene Verantwortung, die schulenübergreifend psychotherapeutische Fachkunde erfordert. Um mit einem Bild fortzufahren: Wer mit der Approbation seinen Führerschein machte, der hat mit der alltäglichen Fallverantwortung die Herausforderung zu bewältigen, auch im Linksverkehr, unter einem anderen Verkehrsregelsatz als dem seiner ersten Schule, umsichtig und unfallfrei fahren zu können.

### 6.1.2 Die Motive derer, die Psychotherapie lernen und leisten wollen

Wer sich zu solch einem hilfreichen begegnungsfähigen Heiler/Helfer ausbilden lassen möchte, der bringt hierfür seine persönlichen Motive mit. Ich gehe davon aus, dass Ärzte und Psychotherapeuten in ihrem Berufshandeln sehr stark von dem geprägt sind, was McLelland (1971) das Machtmotiv nennt. Hierbei ist nun interessant, dass McLelland dieses Motiv differenziert als eine Entwicklung betrachtet, die vier Stadien umfasst. Wie ich an anderer Stelle ausführte (Hockel 1999a, 69f), können diese vier Stadien des reifenden Machtmotivs sehr gut zentrale Aspekte der schulischen Orientierungen von Psychotherapeuten beleuchten.

*Tab. 6.1.1: Vier Stadien des Machtmotives als Motiventwicklung für Ausbildungsanwärter der Psychotherapie (Hockel 1999, 70; nach McClelland 1971)*

| | **MACHTQUELLE** | |
|---|---|---|
| **MACHT-OBJEKT** | ANDERE | SELBST |
| SELBST | Stufe I:<br>Es stärkt mich.<br>„Ich bin bedürftig – Klientenrolle, Klienten-Selbstverständnis“ oder „Es stärkt mich, dies zu lernen – auch die Kenntnisse der Psychotherapie“ | Stufe II:<br>Ich stärke mich.<br>„Ich möchte verstehen, wenn ich mich selbst analysiere und deute, kann ich mir (und vielleicht anderen) helfen.“ |
| ANDERE | Stufe IV:<br>Es drängt mich,<br>meine Pflicht zu tun.<br>„Ich möchte, dass der andere sich selbst helfen kann, wenn mein Verständnis und die Begegnung mit mir ihm dabei dienen, habe ich meine Aufgabe erfüllt.“ | Stufe III:<br>Ich habe Einfluss auf andere.<br>„Ich möchte anderen helfen und habe die notwendigen Kenntnisse hierfür, die richtigen Theorien etc. gelernt..“ |

Mir erscheint es offenkundig, welche Schulen und welche Grundorientierung welcher Struktur des Machtmotivs zuzuordnen sind:

**Stufe I:** Wer andere als Machtquelle erlebt und deren Macht auf sich selbst anzuwenden weiß und in dieser Art des „bestärkt-Werdens“ sich selbst erlebt, wird wohl eher in der Position des Patienten auf die Psychotherapie treffen. Zugleich mag dies aber auch das Motiv des ersten Lernenden, des Studienanfängers sein.

**Stufe II:** Wer vom Motiv des „Erkenne dich selbst“ gefangen ist, wird wohl auf den Spuren der Geisteswissenschaft zunächst auch die Ausführungen der großen Psychoanalytiker finden und sich dort orientieren.

**Stufe III:** Wer von der Selbsterkenntnis ausgehend, Kenntnisse erwirbt, um anderen zu helfen, der will Technologiewissen und wird dies auch anwenden: Zunächst, am schnellsten wirksam, in der Anwendung von Verhaltenswissenschaft auf Verhalten.

**Stufe IV:** Wer schließlich Macht als jene Dimension erlebt, die anderen gehört, der wird die eigene Macht als katalytische Macht in den Dienst der Werte und der anderen stellen und so eine Art „angewandte Philosophie, humanistische Psychologie“ mitverantworten.

### 6.1.3 Die Hinblicknahme auf den Menschen: Das personzentrierte Menschenbild ist eine Heuristik

Um nun den Menschen angemessen zu „behandeln“, ist es nicht ohne Bedeutung, wie wir „den Menschen“ sehen. Für mich als Entwicklungspsychologen gibt es „den Menschen“ gar nicht. Die Menschen kommen in zwei Geschlechtern vor und diese sind „von Natur aus anders“ (Bischof-Köhler 2002). Entwicklungspsychologische Aussagen über „die Kinder“ oder „die Jugendlichen“ sind heutzutage kaum mehr bedeutsam, da die Erkenntnisse über die Entwicklungswege von Jungen und Mädchen deutlich signalisieren, dass sie je eine eigene Wesensart haben. Unser Menschenbild definiert die Rolle, die wir dem Auftraggeber unseres Handelns, dem Hilfesuchenden zudenken. „Wer vom Arzt Spritzen und Tabletten erwartet, ist auf andere Art krank, als wer Wahrheit und Klarheit von ihm erwartet“ (von Weizsäcker, 1987, GS 7, 10). Was erwarten wir von uns als Behandelnde selbst? Wie sehen wir die Behandelten? Ich denke, es ist gut möglich, ein personzentriertes Menschenbild um fünf Fragen herum zu gruppieren. Es aus dem Ringen um die Antwort auf diese Fragen zu gestalten:

- Wer zwingt mich zu leiden, zu sterben? Wer meint, dass wir leiden müssen?
- Wie können wir unser Wollen begreifen, wenn wir kaum zu erkennen vermögen, was die anderen wollen?

- Warum sind wir nicht einfach im Paradies geblieben? Warum sollen wir uns um einen Gesamtsinn des Daseins mühen, wenn wir kaum an einen Sinn des eigenen Seins glauben?
- Was darf ich hoffen? Was ist der innerste Kern meiner Identität, meiner Authentizität – bin ich „gut“ oder „böse“?
- Wo finden wir die Hebel und Kräfte, um uns selbst und anderen zu helfen?

Diese Fragen sind gruppiert, um den fünf Aspekten des von mir so genannten psychosomatischen Pentagramms (siehe unten) gerecht zu werden und um die meiner Auffassung nach grundlegenden fünf Wirkfaktoren der Psychotherapie (Annehmen, Einfühlung, Selbstprüfung, Echt-sein und Fördern/Fordern) zu beleuchten. Diese Sicht wird entsprechend der psychotherapeutischen Fachkunde Kenntnisse und Kompetenzen aus fünf Grundlagenfächern der Psychotherapie (Medizin, Psychologie, Theologie, Philosophie und Biologie) umfassen müssen.

Tatsächlich ist so der Anspruch zu erheben, dass Psychotherapie auf einem Menschenbild der gesamten Humanwissenschaften begründet sein muss. Da dieser Anspruch nur sehr schwer einzulösen ist, muss verstanden werden, dass mit dem Begriff eines psychotherapeutischen Menschenbildes vor allem jene Heuristik zu kennzeichnen ist, mit welcher derjenige, der Hilfe anbieten möchte, den Hilfsbedürftigen ansieht. So waren auch die großen Kontroversen zwischen Behaviorismus und Personzentrierung oder die Beschreibung einer „Humanistischen Psychologie“ als dritter Kraft (zwischen Psychoanalytisch-medizinischem und Behavioral-lernpsychologischem Ansatz) zu verstehen.

Meiner Auffassung nach muss das psychotherapeutische Menschenbild eine Beziehungsheuristik darstellen: Wer Psychotherapie betreibt, muss gelernt haben, mit Menschen einfühlsam, achtungsvoll und echt umzugehen, da dies Grundlage für die konstruktive Zusammenarbeit zweier gleichberechtigter Problemlöser ist. Psychotherapie wird also immer personzentrierte Psychotherapie sein müssen.

### 6.1.4 Das Psychosomatische Pentagramm

Diese Herleitung meiner Position mag nun manchem ungenügend erscheinen. Ein Exkurs zum psychotherapeutischen Menschenbild, der sich darauf begrenzt, fünf Grundlagenfächer zu nennen und dann jedoch nur eine Beziehungsheuristik anbietet, mag ärgerlich verkürzt erscheinen. Ich kommentiere daher aus meiner Sicht mögliche, tragfähige Positionen zu diesen fünf Wissensbeständen, um deutlich zu machen, wie dem Anspruch des psychosomatischen Pentagramms hier doch vertiefend entsprochen werden kann. Übergreifend können zum Menschenbild die „Modelle des

Menschen" von Hampden-Turner (1983) Veranschaulichungen bieten, denn die dort dargestellten Modelle werden auch wirklich mit ansprechenden, konkreten Bildern präsentiert.

Von Weizsäcker hatte philosophierend das Seiende (ontisch) vom Erlebenden (pathisch) unterschieden und diesem Pathischen „immer einen persönlichen (subjektgebundenen) Charakter" (von Weizsäcker 1987, GS7, 49) zugesprochen.

> „Als Lebender aber sage ich nicht ‚ich bin', sondern: Ich möchte, oder ich will, oder ich kann, muss, darf, soll; oder ich will, darf usw. alles dieses nicht." (von Weizsäcker 1987, GS7, 48)

Als die fünf wesentlichen Kennzeichen nehme ich demnach: Wollen, Können, Dürfen, Müssen, Sollen. Diese fünf Gesichtspunkte lebendigen Seins ordne ich den Wirkfaktoren/Wegweisern der Psychotherapie (Hockel 2002c) zu. Es ergibt sich so eine Synopse der drei Ebenen von Fachkundewurzeln von Psychotherapie und Psychosomatik, der pathischen Aspekte menschlichen Lebens (von Weizsäcker 1987, GS7, 48) und der Wirkfaktoren von Psychotherapie (Hockel 2002c).

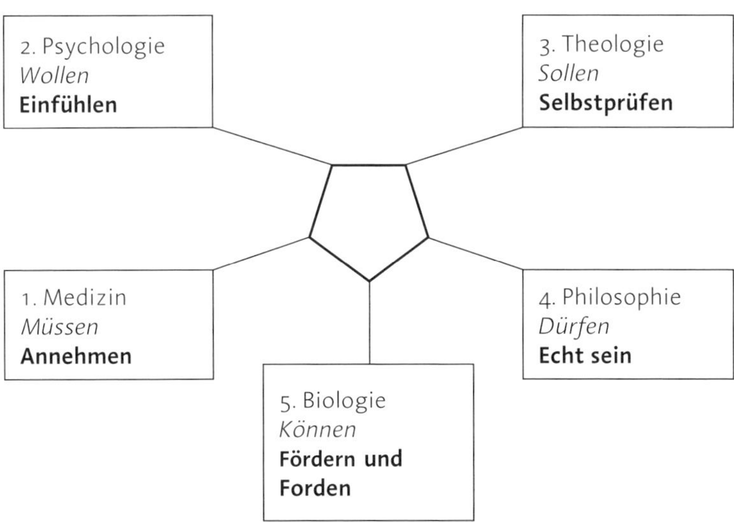


*Abb. 6.1.1: Das Pathische Pentagramm: die fünf Grundwissenschaften der Psychotherapie, die fünf Erlebnisaspekte Pathischen Erlebens (von Weizsäcker 1987, GS7, 48) und die fünf Wirkfaktoren der Psychotherapie (Hockel 2002c, 150)*

Die Aspekte der fünf Grundlagenfächer werden im Folgenden nun ein wenig illustriert:

**Medizinisches Wissen.** Wer zwingt mich zu leiden, zu sterben? Wer meint, dass wir leiden müssen? Die Hinfälligkeit des Leibes, die Geißel der Krankheiten, die Gefährdung unserer Gesundheit – das Fachgebiet Medizin hat eine stolze und großartige Tradition im erfolgreichen Umgang mit solchen Fragen.

In Uexkülls (2003) Darstellung der Modelle ärztlichen Denkens und Handelns kann eine übergreifende Plattform gefunden werden, die sich weit über das Gebiet Psychiatrie und Psychotherapie hinaus erstreckt und gerade deshalb Grundaussagen zur ärztlichen Problemsicht, zum medizinischen Menschenbild umfasst. So führt Uexküll einiges über die Utopie einer Humanmedizin und die Wirklichkeit der Heilkunde aus, das für jeden Psychotherapeuten Basiswissen sein sollte. Für personzentrierte Psychotherapeuten mag es bedeutsam sein, dort davon zu lesen, dass Gesundheit dem Prozess entspricht, „in dem das System [die Person, CMH] sich selbst erzeugt. ‚Pathogenese' ist dann nicht mehr ein Prozess, der eine vorgefundene Gesundheit abbaut oder zerstört, sondern eine Blockierung der Gesundheitserzeugung, die mehr oder weniger ausgedehnt, mehr oder weniger langwierig sein kann und dementsprechend mehr oder weniger schwerwiegende Konsequenzen hat" (Uexküll 2003, 1344). Mit dem Begriff der „Blockierung der Gesundheitserzeugung" ist meiner Auffassung nach eine exakte Spiegelung des Attraktors seelischer Gesundheit, dem personzentrierten Grundkonzept der organismischen Selbstregulation, gegeben. Auch der gewichtige Schlusssatz legt uns dieses Werk ans Herz: „Humanmedizin ist Beziehungsmedizin und Beziehungen zwischen Menschen lassen sich nicht durch technische Surrogate ersetzen" (Uexküll 2003, 1350).

Fachlich spezialisierte Werke, wie das der Autoren Möller, Laux, Kapfhammer (2008) bilden die Vielfalt der Schulen ab. So wird beispielsweise der Blütenkorb „Humanistische Psychotherapieverfahren" (Butollo et al., 2008) quasi lexikalisch dargestellt und dort zum Menschenbild eingangs gesagt:

> „Aus heutiger Sicht kann die humanistische Bewegung als der Versuch eines Paradigmenwechsels gesehen werden. Es vollzog sich so etwas wie ein Umbruch in der Perspektive des Menschen von sich selbst und seinem Platz in der Welt. Das vom cartesianischen Wissenschaftsverständnis geprägte duale Verständnis von Leib und Seele wird abgelöst von einem Menschenbild, in dem das Individuum als organische Einheit kognitiver, seelischer und körperlicher Aspekte betrachtet wird... Wichtige Konzepte der angewandten Psychologie, wie die Annahme einer systemischen Selbstregulation oder die Bedeutsamkeit der zwischenmenschlichen Be-

> ziehung als zentraler Bedingung für Krankheit oder Gesundheit, sind aus diesen humanistischen Therapieansätzen hervorgegangen." (Butollo et al. 2008, 841)

**Psychologische Grundlagen.** Wie können wir unser Wollen begreifen, wenn wir kaum zu erkennen vermögen, was die anderen wollen? Mit dieser Frage das Fachgebiet Psychologie zu eröffnen, ist sehr eigenwillig, erscheint es doch zunächst, als sei Psychologie nur aus der Neugier auf die Gesetze des psychophysischen Funktionierens des Menschen geboren. Und doch erscheint mir diese Frage genau den Kern psychologischen Erkennen-Wollens zu treffen: Denn die Verstehbarkeit des Mitmenschen, die Einfühlbarkeit in seine Welt, die „Übersetzung" zwischen dem Menschen als Subjekt einerseits und als „Objekt" der Erforschung andererseits steht in Frage, wenn Fragen der Psychologie gestellt werden.

Wer Psychotherapie als eine in enger Kooperation mit ärztlichen Kollegen angewandte Psychologie begreift, dem wird das Insgesamt psychologischer Wissensbestände hier unverzichtbar sein. Innerhalb unseres Faches ist es eine realistische Selbstbescheidung, kaum von so globalen Konzepten wie „Menschenbild" zu berichten, da die Erforschung allein schon eines kleinen bedeutsamen Details, z.B. dem Zusammenspiel von Motivation und Persönlichkeit (Kuhl 2001) zu einer Differenziertheit der Gegenstandssicht führt. Diese würde den Praktiker weit überfordern, wenn nicht direkt in die Praxis hineinreichende, empirisch gewonnene diagnostische Instrumente (Kuhl/Kazén 2009) und Verständnis vertiefende Ausführungen zu pathologischen Strukturen der Systeminteraktionen dort auch zu finden wären. Entwicklungspsychologie (Fend 2000, Oerter/Montada 2002, Siegler et al. 2005) muss, entsprechend dem stürmischen Erkenntnisgewinn im Fach, alle fünf Jahre erneut zur Kenntnis genommen werden. Das wird in der Berufspflicht jedes Psychotherapeuten zur Fortbildung aufgegriffen.

Mein persönliches und professionelles Menschenbild ist auch durch die historisch provozierende These von Jaynes (1988) bestimmt, die von der Entstehung des individuellen Bewusstseins aus einem über zweitausend Jahre zurück liegenden „Zusammenbruch der bikameralen Psyche" bestimmt ist. Mit Asendorpf (1999) gehe ich davon aus, dass „keiner wie der andere" ist und dass ich in der Psychologie „meine Liebe" (Riegel 1981) sehe. Dies alles macht einen kleinen Teil des psychologischen Fundamentes meines Menschenbildes aus.

Ich möchte jedoch vier Bücher genauer erwähnen, die mir persönlich bedeutsame Grundlagen waren.

Benesch (1984) hatte es als ein empirischer Psychologe gewagt, eine Psychologie der Weltanschauungen zusammenzustellen, wobei er diese als „Zwischenfragen" beschrieb. Damit öffnete er eine Tür zum Fragen. Er kam zu vielfältigen, übergreifenden Orientierungen auf fachpsychologischer Grundlage, die er in zehn Forderungen an die Weltanschauungen des 21. Jahrhunderts zusammenfasste. Ich will sie hier mit von mir gewählten Verdichtungen ansprechen (Benesch 1984, 348ff passim):

1. Persönliche (individuelle) und soziale (kommunikale), zielstrebige (finale) und übergreifende (transzendentale) Orientierungen schaffen die Perspektiven, „aktionale Orientierungen setzen sie in eine Lebenstherapie um."
2. Weltanschauungen müssen etwas von der Anziehungskraft der unerklärlichen Welt vermitteln.
3. Bedeutsame Fernziele für die Menschheit der nächsten Jahrhunderte müssen formuliert werden.
4. Werte müssen als veränderlich begriffen und ausformuliert werden. um der Wertefunktion selbst eine Neufundierung zu geben.
5. Persönliche Weltanschauungen sollen sein und sich ihrer Fusionskraft bewusst werden.
6. Wir bauen die Welt, in der wir wohnen, um. Unsere Weltanschauung muss diesem Umbauprozess entsprechen.
7. Hohe Ideen und schlichte Funktionsmechanismen müssen ein „Handwerkszeug für den Sinnalltag" sein.
8. Weltanschauungen wachsen selbst gesteuert und in Selbstunterweisung. Sie müssen Hilfe zur geistigen Eigenständigkeit anbieten.
9. „Die Weltanschauungen der Zukunft müssen Ermutigungen zur Sinnappetenz sein; das ist auch eine öffentliche Aufgabe."
10. „Marie von Ebner-Eschenbach prägte den zeitlos gültigen Satz: ‚Die Moral, die gut genug war für unsere Väter, ist nicht gut genug für unsere Kinder'. Anfang und Ende für die Veränderung sind immer wir selbst. Die äußeren Sinngebungen können stützen, verstärken, aber sie ersetzen nicht die innere Erfüllung: Wenn wir den Daseinssinn nicht in uns finden, ist es zwecklos, ihn woanders zu suchen."

Der Allgemeinpsychologe Norbert Bischof hatte sich – wohl in enger Partnerschaft mit seiner Frau, der Entwicklungspsychologin (Bischof-Köhler 1993, 2002) – daran gemacht, das Menschheitsdenken zum Menschenbild zusammenfassend darzustellen. Kernsätze aus seinem Grundlagenwerk „Das Kraftfeld der Mythen – Signale aus der Zeit, in der wir die Welt erschaffen haben" (Bischof 1996) mögen dies verdeutlichen:

> „Der Mensch ist durch seine Natur genötigt, sich zu entwerfen, begegnet dabei aber der Gefahr, sich zu verfehlen." (S. 76)

> „Wenn wir keine Kinder mehr sind, brauchen wir klare Grenzen." (S. 147)

Als Quintessenz beschreibt Bischof die Gefahr der Radikalisierung von Menschen.

> „Feste emotionale Konturen wirken wie die Kammerung im Rumpf moderner Ozeanschiffe: sie verhindern, dass bei schwerem Wetter die Stabilität verloren geht. Sie zwingen immer wieder, die Welt mit den Augen der anderen zu sehen und sorgen dafür, dass Gefühle nicht maßlos und totalitär werden." (Bischof 1996, 736f)

Er betont die Entwicklungsaufgabe einer permanenten Identität:

> „Diese setzt eine dreifache Abgrenzung voraus: gegen die Vergangenheit, gegen die Zukunft und gegen die Anderen. Gegen die Vergangenheit hin nabelt sie vom Kindheitsparadies ab, mit Blick auf die Zukunft dämpft sie illusionäre Heilserwartungen; gegen die Anderen hin lässt sie begreifen, dass die Welt aus Individuen besteht, die auch nur so sind wie man selbst: Sie verfolgen eigennützige Interessen, man kann mit ihnen allenfalls verhandeln, selten auch koalieren, noch seltener Freundschaften schließen; aber man wird von ihnen nie mehr, wie einst von der Mutter, symbiotisch geliebt und plazental ernährt werden." (Bischof 1996, 740)

Und er mahnt dort vor der Verführung aus dem Gleichgewicht mit den drohenden – auch politischen – Folgen.

Personzentrierung meint mir wertoffenes Annehmen, mitmenschliches Einfühlen und authentisches Handeln. In gewisser Weise kann ich dies hiermit zur Deckung bringen: Annehmen der Vergangenheit, die jetzt und zukünftig sich entwickelnden Begegnungen empathisch-realistisch begrenzen und authentisch auch die Grenze zum anderen wahren.

Schließlich möchte ich auf das Problem der Geschlechtlichkeit zurückkommen. Menschen kommen als Knaben und Mädchen, jugendliche Kerle und junge Frauen, Männer und Frauen vor. Ich denke, dass die personzentrierte Achtung gerade auch dieser Unterschiedlichkeit gilt. „Alle Menschen sind frei und gleich an Würde und Rechten geboren. Sie sind mit Vernunft und Gewissen begabt und sollen einander im Geiste der Brüderlichkeit begegnen." Dieser Artikel 1 der Menschenrechte formuliert eine Norm und nicht eine Seinsbeschreibung. Die natürlichen Unterschiede, die darin zu achten sind, dass tatsächlich jeder Mensch eben unverwechselbar einmalig und somit ungleich jedem anderen gegenüber ist, wird durch dieses Recht nicht in Frage gestellt. Mein „Menschenbild" umfasst ein achtungsvolles Frauenbild und ein ebensolches Selbstbild als Mann. In diesem Buch wird am Anfang mehr von der Psychotherapeutin und ihrem Handeln gesprochen, denn der wirkliche Paul war in Therapie bei einer wirklichen Kollegin. Später spreche ich dann aus *meiner* Erfahrung heraus, somit als handelnder Psychotherapeut. Und als solcher greife ich auch manchmal zu einer Doppelformulierung wie „Psychotherapeuten und Psychotherapeutinnen", was immer ausdrücken soll, dass ich nun etwas Übergreifendes, Orientierendes über die Kenntnisse oder Handlungsperspektiven unseres Berufes sage.

In diesem Sinne gelten mir zwei Werke als zentrale Beiträge zu einem personzentrierten Menschenbild. Zum Männerbild hat der Psychologe Robert Musil (1981) mit dem „Mann ohne Eigenschaften" nicht nur einen alarmierenden Titel gegeben. Sondern er hat in diesem Mammutwerk auch so viel Menschliches bebildert, dass in diesem Spiegel wohl die meisten gegenwärtig zu reflektierenden Facetten von Mannsein und Menschsein sichtbar werden.

Ebenso unverzichtbar erscheint mir die Lektüre jener Beschreibung des anderen Geschlechtes, die Simone de Beauvoir (1968) gegeben hat. Sie konnte ihr Werk in vertrauensvoller Weise so beenden:

> „Der Mann hat zur Aufgabe, in der gegebenen Welt dem Reich der Freiheit zum Sieg zu verhelfen. Damit dieser höchste Sieg errungen wird, ist es unter anderem notwendig, dass Mann und Frau jenseits ihrer natürlichen Differenzierungen rückhaltlos geschwisterlich zueinander finden."
> (de Beauvoir 1968, 681)

Wenn „frau" sich heutzutage derselben Aufgabe verschrieben erlebt, so ist dies sicher besonders virulent, weil die spezielle Unfreiheit durch Frauenunterdrückung im Raum steht. Und diese, wie das ganze Reich der Freiheit, kann nicht alleine Aufgabe des Mannes sein.

**Theologische Sichtweisen.** Warum sind wir nicht einfach im Paradies geblieben? Warum sollen wir uns um einen Gesamtsinn des Daseins mühen, wenn wir kaum an einen Sinn des eigenen Seins glauben? Das Bedürfnis nach Sinn ist dem Menschen unverzichtbar. Eine der großen, ausgearbeiteten Quellen für Sinn-Erfahrungen muss in den Religionen gesehen werden. Als Psychologischer Psychotherapeut arbeite ich oft und gerne mit Theologen der Bekenntnisse meiner Klienten zusammen. Eine Kooperation, die zwar nicht gesetzlich vorgeschrieben wie die mit den ärztlichen Kollegen, jedoch genauso bedeutsam ist. Denn Psychotherapie ist tatsächlich in der Gefahr, die „Weltanschauung" des Therapeuten als „Heilmittel" dem Klienten anzubieten. Dies würde ich als eine fachlich unverantwortliche Grenzverletzung erleben.

Einer der ersten Fälle in meiner Praxis war ein 6;6-jähriger Junge, ich nenne ihn Fritz. Fritz hatte sich auf die Schule gefreut. Seine soziale und kognitive Reife wiesen ihn deutlich als Schulkind aus. Doch nach etwa drei Monaten vergnügten, erfolgreichen Erstklässlerdaseins wurde er plötzlich zum extrem ängstlichen Schulverweigerer. Das ältliche, akademische Elternpaar war verzweifelt. Der Junge wurde behütet. Es hatte in seinem Leben keine unbekannte zerstörerische Einwirkung, kein Trauma gegeben und doch wirkte das Kind als sei es psychisch schwer verletzt. Seine

Schulangst generalisierte sehr schnell auf eine Angst hin, die es notwendig machte, dass die Mutter selbst in der Wohnung stets verfügbar blieb. Fritz ging nur noch zur Toilette, wenn die Tür offen blieb und in sein Zimmer, wenn die Mutter in Hörweite war. Ich hatte den Auftrag, das Rätsel seiner Verstörung zu lösen und Hilfe zu schaffen.

Fritz war, solange die Mutter direkt an seiner Seite war, ein altkluger Knabe mit erstaunlichem Sprachschatz und munterem Explorationsverhalten. Die Mutter saß im Wartezimmer, der Knabe zeigte mir im Spielzimmer, was alles an Neugier und Spielideen in ihm steckte. Ich hatte das Gefühl, dass er mir mit all seinen Handlungen dabei helfen wollte, zu begreifen, welche Probleme er hatte. Beispielsweise präsentierte er schon auch eine Komponente sozialer Unsicherheit, wie sie bei sehr eng gehaltenen Einzelkindern häufig vorkommt. Von der horrorähnlichen Angst war jedoch nicht die Rede. In der fünften probatorischen Stunde setzte er sich vor das Puppenhaus und entwickelte zunächst eine ganz harmlose „Vater-Mutter-Kind"-Frühstücksszene. Dann kamen Großeltern zu Besuch. Wenig später fuhr es mir wie ein eisiger Schreck durch alle Glieder, als Fritz mit einer bisher nie gezeigten schrillen Babystimme laut schrie: „Ein Geist! Ein Geist!" Und diese Figur brachte in kurzer Zeit das gesamte wohlgeordnete Familienleben durcheinander: Der Geist sperrte die Mutter in einen Schrank und ließ diesen polternd durchs ganze Treppenhaus fallen. Er schleuderte den Kinderwagen mit dem Kleinkind herum. Er rückte die Möbel versperrend vor die Tür. Chaos. Eine ganze Weile spaltete Fritz sich in den vergnügten Spieler und das grauenhafte Umtriebwesen des Geistes. Schließlich schleuderte der Geist abermals den Kinderwagen herum. Dann blickte Fritz in den Kinderwagen, sah mich kurz an und sagte, „Da ist ja gar kein Baby drinnen", wandte sich ruhig vom Puppenhaus ab, ging zur Bauecke und spielte dort vergnügt bis zum Stundenende. Fritz wusste, nach dieser Sitzung müsse ich seinen Eltern mein Fallverstehen offenbaren.

Da saß ich nun ratlos vor meiner Videoaufzeichnung. Was wollte mir das Kind zeigen? Ich überlegte, dass ich – es war Fritz bekannt, dass ich in diesem Fall ausnahmsweise eventuell auch den Eltern Ausschnitte aus den Videos vorführen werde – den Eltern diese „Geistkrise" vorführen könne. Was steckte dahinter? Nach langem Grübeln entsann ich mich, dass die Mutter beiläufig erwähnt hatte, dass Fritz ihr einziges Kind sei. „Er hatte noch eine kleine Schwester, als er drei Jahre alt war, die starb jedoch nach wenigen Monaten an plötzlichem Kindstod". So eröffnete ich das Elterngespräch mit der Frage: „Bitte erklären Sie mir, was in Ihrem familiären Sprachgebrauch ‚ein Geist' zu bedeuten hat?" Die Frage traf einen Punkt. Die Mutter antwortete sofort wie ein Lexikon, wobei sie emotional zu versteinern schien: „Geister sind die Seelen von Abgestorbenen, die mit uns leben, bis sie gehen können …" Der Vater blickte sie traurig und mich erschrocken an.

Es stellte sich heraus, dass die Mutter eine sehr eigene, ihrer Meinung nach aus ihrem katholischen Glauben her unverzichtbare Umgangsweise mit dem Thema hatte. „Der Herr hat mir meine Tochter genommen, aber sie lebt noch mit uns als Engerl …" Das Zimmer des gestorbenen Babys war noch unberührt mit der Wiege, in welcher das tote Kind morgens gelegen hatte. Der Familienalltag war geprägt von einem Zusammenleben zu viert: Zu jeder Mahlzeit wurde für die Schwester mit gedeckt, jeden Abend wurde ihr der Tag erzählt, jedes Wochenende das Grab besucht usw. Der Vater hatte seine Frau schon öfter davon zu überzeugen versucht, dass sie sich verabschieden solle. Die Mutter hätte dies als einen Verrat an ihrer Kindesliebe und als einen Hochmut gegenüber Gottes Willen, „dass ich mit einem toten Kind leben muss", gesehen.

So war klar, dass ich nun dem entsprechen konnte, was mir als Psychotherapeut zu tun blieb. Ich fragte die Eltern, ob es denn keine Person ihres Glaubens, keine kirchliche Autorität gäbe, der sich die Mutter anvertrauen könnte, um sicher zu sein, dass sie da etwas falsch interpretiere. Der Vater griff dies gerne auf und sagte zu, dass sie das Problem mit einem ihnen entfernt bekannten und sehr geachteten Jesuiten besprechen würden. Meinerseits sagte ich: „Fritz ist zwar sozial ‚einzelkindängstlich', aber, wie Sie sahen, war das für ihn im ersten Halbjahr kein Problem. Ich stelle mir die ‚Traumatisierung' nun so vor, dass er wohl mehrfach gefragt worden sei, ob er Geschwister habe. Und vermutlich hat seine Loyalität zur Mutter und seine altkluge Art dazu geführt, dass er leichtfertiger Weise etwas sagte wie: ‚Ich habe eine Schwester, die ist schon tot, aber die lebt mit uns.' Und wie Grundschulkinder mit solch einer Information umgehen, das können Sie sich ausmahlen. Also, als Psychotherapeut muss ich nicht Ihr Kind behandeln. Aber ich muss darauf bestehen, dass heute Abend nur für drei Personen gedeckt wird, dass morgen im Lauf des Tages das Babyzimmer geräumt wird und dass mit Fritz bei einem Friedhofsbesuch darüber gesprochen wird, dass die Zeit des ‚mit-dem-Engerl-Leben' vorbei ist, weil seine Schwester eine letzte Ruhestätte hat und tot ist." Weitere Friedhofsbesuche solle die Mutter für sich nach ihrem persönlichen Ermessen praktizieren und Fritz dabei nur mit einbeziehen, wenn dieser es wünsche. Ich verabredete mit den Eltern, dass sie von sich aus Fritz erklären, dass dies die Empfehlung des Psychotherapeuten sei, der ihn als gesunden Jungen nicht zu therapieren bereit sei. Und sie sollten mich nach dem Gespräch mit dem Priester und der Veränderung der Situation anrufen: „Wenn Fritzens Verstörung sich durch Ihr verändertes Verhalten nicht schlagartig ändert, dann stellen Sie ihn mir abermals vor und wir gehen einen längeren gemeinsamen Weg."

Der Vater rief mich 14 Tage später an und bedankte sich. Fritz war wieder der altkluge Schlaumeier mit einer angemessenen Schüchternheit im Kontakt zu Gleichalten, der er zu Schulbeginn gewesen war. Ich habe diesen Fall so ausführlich beschrieben, weil es notwendig ist, die Zusammenarbeit mit allen Fachkräften, die für Heil und Seelenheil zuständig sind, offen zu betreiben. Spirituelle Sehnsucht und/oder Erfahrungen sind im Rahmen von Psychotherapie nicht anders als andere Sehnsüchte und Erfahrungen zu betrachten. Spirituelle Nöte jedoch sind ein Spezialgebiet, das die Kompetenz des Psychotherapeuten am Rand berührt, aber nicht sein Handlungsfeld ausmacht.

**Philosophisches Selbstverstehen**. Was darf ich hoffen? Was ist der innerste Kern meiner Identität, meine Authentizität – bin ich „gut“ oder „böse“?

Ich hatte das Glück im Studium Psychologie und Philosophie als zwei Hauptfächer parallel zu studieren. Im Doktorandenseminar von Rombach vollendete ich zwar nicht meine Arbeit, gewann jedoch für mich genug Handlungssicherheit, um mit dem zu leben, was die Philosophie als Radikales der Psychotherapie mitzugeben hat: die Kunst des Fragens (Rombach 1988) und das Grundverständnis, dass fragwürdig zu sein eines der ranghöchsten Attribute darstellt. Erkenntnistheorie (Bischof 1966) wird heute leider fast nicht mehr als unverzichtbares Grundlagenfach der Psychologie/Psychotherapie gelehrt, erscheint mir jedoch unverzichtbar, um nicht einem „naiven“ Konstruktivismus, der den früheren naiven Realismus gegenwärtig abgelöst zu haben scheint, aufzusitzen.

Heutzutage ist die Philosophie bereit, aus dem Grauen der jüngeren Vergangenheit heraus das Böse neu zu denken (Neimann 2004). Die durch den Holocaust sichtbar gewordene „Banalität des Bösen“ (Arendt o.J.) wird mit einem tiefen Verständnis des Prinzips Verantwortung (Jonas 1979) bedacht. Die generationsübergreifende Verantwortung wird für das globale Weiterleben der Gattung mit einem Konzept von „Nachhaltigkeit“ als Wertorientierung angemahnt. Wie sehr Werte und Grenzen für Psychotherapieziele und somit psychotherapeutisches Handeln bedeutsam sind, habe ich auch im Kapitel 6.9 und in einer anderen Veröffentlichung (Hockel 2011) herausgestellt.

**Biologische Erkenntnisse**. Wo finden wir die Hebel und Kräfte, um uns selbst und anderen zu helfen? Nicht immer ist der körperliche Anteil an einer „Verhaltensstörung“ so deutlich wie im Fall des unvermerkt ertaubten 4-Jährigen, der mir als eines der ersten Therapiekinder vorgestellt wurde. Die Körperlichkeit unserer Klienten zu achten, ist unverzichtbare Grundlage. Chronische Krankheiten, psychosomatische Wechselwirkungen, genetische Dispositionen, Temperamentsvariablen usw., derzeit wächst der Anteil der biologisch zu bezeichnenden Anteile an der denkerischen Bemühung um seelische Erkrankung und Verhaltensauffälligkeiten stürmisch an.

Vielleicht erleben wir gegenwärtig sogar einen grundlegenden Paradigmenwandel. War lange Jahrzehnte die Physik die „Leitwissenschaft“ für naturwissenschaftliches Denken, so gibt es heute viele Hinweise darauf, dass die Komplexität autopoietischer Strukturen („Lebewesen“) besser von einer neu fundierten (chaos- bzw. systemtheoretischen) Biologie erfasst werden kann. War für den früheren Naturwissenschaftler das Insgesamt der Natur eine gesetzesgesteuerte Maschine, so spricht heute immer mehr dafür, dass wir uns, die Welt, das Universum besser begreifen, wenn wir es wie einen lebenden, vielleicht sogar sinngebenden Organismus denken. Deshalb sind Naturgesetze komplexer, als wir bisher annahmen. Das endliche und das unendliche Sein erfordert Denken in Nachhaltigkeit. Wir lernen dies nicht nur für die Suchtvermeidung und organismische Selbstregulation jedes Individuums zu berücksichtigen, sondern auch auf unser Menschenbild anzuwenden.

Dass mit der Gehirnforschung der Gegenwart den psychologischen Forschungsergebnissen zur Empathie – z. B. der Rogerschen Wirkungsforschung – ein „materielles Substrat" in den Spiegelneuronen (Bauer 2005) beigefügt wurde, ist nur eines der bedeutsamen Details dieses Wissenswachstums. Moderne Bildgebung in der Psychiatrie (Braus 2004) kann nun psychologisch und psychiatrisch-klinisch gut bekannte Details, wie z. B. die Körperschemastörungen von Anorexiepatienten, durch den Nachweis der Hirnaktivität bei der Wahrnehmung des eigenen Körperbildes erhärten (Braus 2004, 92). Weitere spannende Befunde entstehen in der Neufassung der „Natur-Umwelt"-Betrachtung aufgrund differenzierterer Forschungsergebnisse zur Aktivierung einzelner Gene. So weist z. B. Brisch darauf hin, „dass sowohl bei Kindern mit desorganisiertem Bindungsmuster als auch bei Kindern mit ADHS ganz ähnliche Polymorphismen in den Genen für bestimmte Dopamin-Rezeptoren gefunden wurden" (2010, 57)

Die Entwicklung des forschenden Psychotherapeuten Klaus Grawe, der leider viel zu früh verstarb, ist eine illustrative Geschichte für den wachsenden Anteil biologischer Kenntnisanteile im Psychotherapiegrundwissen. Ausgehend von den Verfahrensvergleichen zwischen Gesprächspsychotherapie und Verhaltenstherapie in ihrer Wirksamkeit bei Ängsten (Grawe 1976, Plog 1976) hatte Grawe, der die Untersuchungen mit Plog gemeinsam durchführte, geschrieben:

> „Unser Vergleich der Therapieeffekte von Gesprächspsychotherapie und Verhaltenstherapie bei Phobikern hat gezeigt, dass diese beiden Therapieformen qualitativ unterschiedliche Wirkungen erzielen. Sie unterscheiden sich im Wesentlichen nicht dadurch, dass die eine Therapie erfolgreicher ist als die andere, sondern dadurch, dass sie unterschiedliche Effekte bei unterschiedlichen Patienten bewirkten." (Grawe 1976, 166)

In der großen Bestandsaufnahme (Grawe et al. 1994) zeigte er sich als achtsamer Psychotherapieforscher, der den von ihm bedachten drei Aspekten: Klärung, Problemlösung und Beziehungsgestaltung sehr wirksame Verfahren zuzuordnen vermochte. Mit seiner „Psychologischen Therapie" (Grawe 1998) entwickelte er einen übergreifenden, tendenziell integrativen

Psychotherapieansatz. Nach dieser Veröffentlichung jedoch wandte er sich zurück zur Biologie und Neurologie und schrieb auch hier ein hilfreiches, orientierendes Grundlagenwerk: Neuropsychotherapie (Grawe 2004). Was Psychotherapeuten über das Gehirn wissen sollten, wird dort ausgebreitet. In den weiteren Ausführungen schien es mir oft, als hätte ich eine empirisch fundierte Fortschreibung des Rogers-Grundkonzeptes (Rogers 1959) vor mir, wobei ich allerdings den Rogers-Terminus „congruence" teilweise ersetzt sehen muss durch den Grawe-Terminus „Konsistenz". Nehmen wir die abschließend entwickelten „Leitregeln" von Grawe (2004, 435-440) genau zur Kenntnis, so kommen wir meinem Verständnis Personzentrierter Psychotherapie sehr nahe. Das hat mit meiner Jugend zu tun, mit Gesprächen im Jahr 1960. Mein Vater war ein phantasiereicher Diplomingenieur und wir sprachen nach der Lektüre von Orwells „1984" über meine Visionen beruflicher Zukunft als „Psychotherapeut" – ich war damals 17 Jahre jung. Er meinte: „Nach der chemischen Stimmungsbeeinflussung wird die Ganglienfernsteuerung kommen – das Zentralproblem von Psychologen wird nicht sein, wie man Menschen verändert, sondern ob man sie verändern darf." Grawe führt diesen Gedanken 40 Jahre später mit viel fachlicher, neurowissenschaftlicher Begründung aus:

> „Die Störungen des Seelenlebens lassen sich nicht vom ganzen Menschen und seinem Leben abtrennen. Wenn man in den Konzepten der Konsistenztheorie denkt, stellt sich immer die Frage, wie es denn um die Bedürfnisbefriedigung des Menschen steht, mit dem man es zu tun hat ... Es geht nie nur darum, welche Störung er hat und wie man sie am besten wegmachen könnte." (Grawe 2004, 448)

Da ich „Konsistenztheorie" aus guten Gründen als „Kongruenztheorie" lesen kann, gilt seine ernste Mahnung, dass eine auf das Technische reduzierte Entwicklung vermeidbar sei und vermieden werden muss.

Besonders für die Kinderpsychotherapie wird die Tatsache, dass die Plastizität des Organismus und die Möglichkeit schnellen Neulernens mit sich bringt, als Erkenntniss der Neurowissenschaften besonders hilfreich sein. Nicht wegen chemischer Beeinflussung durch Medikamentengabe, sondern durch ein besseres Verständnis der inneren Chemieproduktion bei gesteuertem Erleben. Psychotherapie kann gezielt zu neuen Nutzungsgewohnheiten des Gehirns anleiten, wie dies implizit mit jedem neuen Spiel geschieht – bei Kindern mehr und schneller als bei Erwachsenen. Die Gefahr, dass eine Biologische Psychologie (Birbaumer/Schmidt 2006) eventuell viel zu schnell zu chemischen oder „Hirn-Schrittmacher"-technischen Lösungen drängt, erscheint mir gegenwärtig noch weit weniger bedeutsam als die Gefahr, dass Psychotherapeuten versäumen, die anregenden Differenzierungen fortgeschrittener Biologie und Neurowissenschaft zur Kenntnis zu nehmen.

### 6.1.8 Zusammenfassung: Ein personzentriertes Menschenbild stellt eine Beziehungsheuristik dar

Eine heilsame Beziehungserfahrung muss einem gekränkten Menschen das nachträglich bieten, was in der Entwicklung eines gesunden Menschen selbstverständlich ist:

1. Die Erfahrung ein, für Erwachsene die sich selbst prüften, willkommenes Wesen zu sein, möglichst ein „Wunschkind".
2. Die Möglichkeit, das eigene Bindungssystem stabil und konstruktiv zu entwickeln, durch das bedingungslos wertschätzende Angenommensein.
3. Die Begleitung durch empathische Erwachsene, die kindlicher Neugier Raum und sichernde Grenzen bieten.
4. Die mögliche Konfrontation mit Grenzen dort, wo die Authentizität des Erwachsenen dies unverzichtbar macht.
5. Eine Vielfalt von fördernden und fordernden Erfahrungsmöglichkeiten.

Ich nenne diese fünf Gesichtspunkte strategische Orientierungen oder Wirkfaktoren der Psychotherapie. Neben diesen Wirkfaktoren ist die psychotherapeutische Fachkunde, wie oben hergeleitet, durch die Grundlagenfächer zu speisen. Es wird erkennbar, dass das personzentrierte Menschenbild meint, *wer Psychotherapie betreibt, muss gelernt haben, selbstkritisch mit Menschen umzugehen, einfühlsam, achtungsvoll und echt zu sein. Denn dies ist Grundlage für die konstruktive Zusammenarbeit zweier gleichberechtigter Problemlöser. Sodann muss er sich authentisch bemühen, förderliche Erfahrungen anzubieten und deren übende Vertiefung auch möglicherweise einzufordern. Psychotherapie wird in ihrer Grundorientierung personzentrierte Psychotherapie sein müssen.*

## 6.2 Personzentrierte Krankheitslehre, Diagnostik, Erstkontakt, Hypothesenbildung, Behandlungsplanung

> „Soll die Psychotherapie von einer vollständigen psychologischen Diagnose des Klienten ausgehen und darauf aufbauen?" (Rogers 1973, 205)

Diese Frage stellt Rogers zum Problem der Diagnose und expliziert dann die personzentrierte Antwort, indem er die damals bekannten und heute noch gültigen unterschiedlichen Ansichten referiert. Er bemerkt zunächst zustimmend: „Im Hintergrund einer jeden derartigen Diskussion steht die Tatsache, dass bei der Beschäftigung mit organischer Krankheit die physikalische Diagnose das sine qua non der Behandlung ist." (Rogers 1973, 205) Dann betont er jedoch:

> „Für die Anwendung von Penicillin zur Bekämpfung spezifischer Bakterien und der Herbeiführung eines künstlichen Fiebers zur Heilung einer Krankheit gibt es in der Psychotherapie nichts wirklich Analoges. Die natürlichen, heilenden Kräfte, die das Wachsen und Lernen verursachen, scheinen das zu sein, worauf der Therapeut sich verlassen muss." (Rogers 1973, 208)

Er verweist auch auf den Unterschied zwischen Medizinfortschritten und jenen im Umgang mit psychischen Schwierigkeiten, bei deren Behandlung „die Therapie mit dem ersten Kontakt beginnt und Hand in Hand mit der Diagnose weitergeht". Und er kommt so zu der zentralen Sicht:

> „In einem sehr bedeutungsvollen und genauen Sinn ist die Therapie Diagnose, und diese Diagnose ist ein Prozess, der eher in der Erfahrung des Klienten abläuft als im Intellekt des Klinikers." (Rogers 1973, 208)

Der „Ort der Wertung" eines Symptoms liegt beim medizinischen Diagnostizieren „so eindeutig im Experten, dass er beim Klienten alle Abhängigkeits-Tendenzen steigern und in ihm das Gefühl wachrufen kann, dass die Verantwortung für das Verstehen und Verbessern der Situation in den Händen des anderen liegt ... Auch wenn ihm die Ergebnisse der Wertung mitgeteilt werden, scheint das zu einer grundlegenden Verminderung seines Vertrauens in sich selbst zu führen, zu der entmutigenden Erkenntnis, dass ‚ich mich nicht kennen kann'." (Rogers 1973, 209)

Diese den Einzelfall betreffende Konsequenz der Expertendiagnose wird noch durch die zweite Konsequenz solchen Denkens verstärkt: „Wenn der Ort der Wertung als im Experten gelegen gesehen wird, dann scheint es, als gingen die weitreichenden sozialen Implikationen in Richtung auf eine soziale Kontrolle vieler durch wenige." (Rogers 1973, 209) Damit wäre die Chance verspielt, durch Psychotherapie das unabhängige Wachsen der Person zu fördern: „Wenn der Ort der verantwortlichen Wertung, wie wir glauben, beim Individuum belassen werden kann, dann hätten wir eine Psychologie der Persönlichkeit und der Therapie, die zur Demokratie führt, eine Psychologie, die die Demokratie allmählich in tieferen und grundlegenderen Begriffen neu definiert" (Rogers 1973, 210).

Sehr beeindruckend führt er diesen Ansatz auch für den Bereich psychosomatischer Erkrankungen aus, indem er dort dem Klienten die Verantwortung für die kooperative Vorgehensweise zwischen Somatikern und Psychotherapeuten Schritt für Schritt zu überlassen empfiehlt:

> „Natürlich würde der stark defensive Patient als erstes Test und Verfahren auswählen, die auf eine organische Diagnose hinweisen; aber angenommen, sie zeigten nur negative oder minimale Resultate, dann würde er dazu neigen, für sich einen Weg auszusuchen, der zu einer möglichen

> Entdeckung der psychischen Aspekte führt. Die Bedeutung, die darin liegt, dass er selbst die Wahl treffen kann, ist kaum zu unterschätzen" (Rogers 1973, 211f).

Personzentrierung ist kein Bekenntnis, sondern eine Kompetenz. Von diesem Grundsatz ausgehend können die Kompetenzen anderer Ansätze achtungsvoll gesehen werden. Für die Diagnostik psychischer Störungen im Kindes- und Jugendalter hatte bereits Schmidtchen (1975) psychologische Tests zusammengestellt. Heutzutage ist eine hilfreiche Materialzusammenstellung bei Döpfner et al. (2000) zu finden. Eine gegenüber anderen Psychotherapieansätzen sich abgrenzende eigene Krankheitslehre und darauf fundierte Inkongruenz-Behandlungsmethodologie hat Speierer (1994) vorgelegt, Biermann-Ratjen (2006a) stellt dieses anspruchvolle Konzept knapp zusammengefasst dar. Dieser Zugang zur Nutzung der bestehenden Krankheitsklassifikationen (ICD-10, DSM IV) kann beim Formulieren von Diagnosen hilfreich sein. Eine übergreifende aktuelle Darstellung der Krankheitslehre im Personzentrierten Ansatz ist bei Biermann-Ratjen (2006b) gegeben. Tatsächlich gehe ich davon aus, dass es für die personzentrierte Arbeit unverzichtbar ist, die beiden bei Rogers entwickelten, oben ansatzweise zitierten Grundsätze nicht aus den Augen zu verlieren:

Diagnostik ist jener Prozess des Erkennens der Ursachen von Störungen, der in der Interaktion zwischen Therapeut und Klient von Anfang an stattfindet (Bommert/Hockel 1981). Sie bildet eine Facette des therapeutischen Prozesses selbst.

Diagnosen als zusammenfassende Beschreibung/Benennung psychischer Störungen müssen eher im Selbstverständnis des Leidenden – Ort der Wertung ist der Klient – „einleuchten", als dass sie dem Experten Behandlungsbegründungen liefern.

### 6.2.1 Diagnosen sind unverzichtbar

Als ich 1976 meine Praxis eröffnete, war ich vorbereitet auf die Arbeit mit Kindern, Jugendlichen, Familien und Erwachsenen in Einzel- und Gruppentherapie. Nach Abschluss des Psychologiestudiums 1970 hatte ich sechs Jahre in Weiterbildungen und übender, teils forschender Berufspraxis verbracht und nun wurde mir tatsächlich als eines der ersten ein 4-jähriges Kindergartenkind vorgestellt, das „schwer verhaltensauffällig" sei. Die Eltern waren über die Rückmeldung der Erzieherinnen vor allem deshalb erschreckt, weil sie selbst an ihrem Kind nichts Auffälliges gefunden hatten und fanden.

„Sie sagen, im Kindergarten sei er unberechenbar, erschrecke manchmal und reagiere dann gewalttätig, ignoriere regelmäßig sowohl freundliche

Einladungen als auch mahnende Zurechtweisungen … Daheim ist er ein ruhiges, kooperatives Kind."

Ich will es nicht sehr spannend machen: Wir waren etwa 10 Minuten gemeinsam im Spielzimmer, als ich meine erste diagnostische Hypothese hatte. Ich testete sie einige Male und nach zwanzig Minuten war ich mir in der Diagnose des Verhaltensproblems sicher. Ich konnte daher die Mutter fragen, was denn der Kinderarzt zur Not des Knaben gesagt habe. „Als er das letzte Mal vor acht Wochen dort war, war alles ganz in Ordnung." Das ist nun über dreißig Jahre her und ich denke, eine solche Panne würde heute keinem Kinderarzt mehr unterlaufen: Eine von mir geforderte Spezialuntersuchung beim HNO-Arzt ergab sofort die Feststellung einer inzwischen eingetretenen fast völligen Taubheit des gut von den Lippen lesenden Knaben. Medizinisch war nun Hilfe möglich, eine psychotherapeutische Betreuung konnte entfallen.

Je jünger unsere Klienten sind, desto größer ist die Verantwortung des Helfers, der von Hilfesuchenden aufgesucht wird: Kinderärztliche Erstuntersuchungen und das System der interdisziplinären Frühförderung müssen als zuverlässige diagnostische Funktionen im Leben von Neugeborenen und Kleinkindern zur Verfügung stehen und funktionieren. Nur so sind der psychotherapeutischen Umgangsweise mit Problemen von Kindern und Jugendlichen jene Aufgaben zuzuordnen, für die wir wirklich da sind. Psychotherapeutische Hilfe für Kinder, die jünger als drei Jahre sind, besteht in Elternberatung (Filialtherapie) in der Eltern angeleitet werden, therapeutisch mit ihren Kindern umzugehen (Guerney 1997; Goetze 2002), oder in der Interaktionsanalyse und Unterstützung in der Form von Schreibaby-Ambulanzen (Papousek 2004).

Diagnosen sind unverzichtbar, denn eine qualifizierte Beziehung verlangt die Begegnung mit offenen Augen: Was Eltern als „blinden Fleck" entwickeln, das darf sein. Was von uns als Therapeuten zu Recht erwartet wird, ist die Scharfsichtigkeit der Expertin, des Experten. Uns müssen Entwicklungsrückstände, Teilleistungsprobleme, geleugnete Zwänge und „verdrängte" Ängste vor Augen kommen.

Die Vielfalt der ständig weiter entwickelten psychodiagnostischen Instrumente wird von mir sehr geschätzt und jeweils aktualisierend ergänzt. Zur Standardausrüstung einer Kinderpsychotherapiepraxis gehört ein entsprechendes Testrepertoire. Allerdings gehören nur wenige zu meiner „Standardprozedur", da ich davon überzeugt bin, dass wir nur solche Instrumente einsetzen sollten, für deren Einsatz es in jedem Einzelfall gezielte Begründungshinweise gibt.

### 6.2.2 Ein Standard für die Erstbegegnung in Spieltherapie

Um mit einem Kind spieltherapeutisch zu arbeiten, sollte das Kind nicht jünger als drei Jahre sein. Ich möchte den Ablauf meiner „Standarddiagnostik“ beschreiben, denn die Planung umfassender Informationsbeschaffung ist in dieses Vorgehen jeweils eingebettet. Als „Standarddiagnostik“ gilt mir das, was nötig ist, um sicher zu sein, dass dem Kind durch meine Kompetenz – wenn es mir gelingt, die Beziehung entsprechend herzustellen – geholfen werden könnte. Meist steht am Anfang eine Nachricht auf meinem Anrufbeantworter. So kann ich dann zurückrufen, wenn ich Zeit habe, ein Notizpapier und ein Stift sowie den Terminkalender vor mir liegend. Die telefonische Erstbegegnung mit dem „Auftraggeber“ oder einem Teil möglicherweise mehrerer Auftraggeber, erbringt bereits viele Informationen. Ein erstes Bild entsteht: Eine alleinerziehende Mutter meldet einen 7-Jährigen an, der die Trennung seiner Eltern nicht verkraftet, ein leitender Klinikarzt meldet seinen 12-jährigen Sohn wegen „starker Zwänge an‘, eine Mutter bittet dringend um einen Termin für ihren gymnasialen Sohn, „der offensichtlich schwer depressiv ist, er spricht dauernd von Selbstmord“.

Wenn es sich um Kinder bis zum sechzehnten oder siebzehnten Lebensjahr handelt, beantworte ich die Frage, ob beide Elternteile kommen sollen, meist wohlwollend begeistert. Ich gebe jedoch zu bedenken, dass wir alle einander kennen lernen müssen, dass es allerdings sinnvoll sein kann, erst später einen solchen Termin für alle zu vereinbaren. „Da für Sie dieses Kind das Problem darstellt, reicht es zunächst, wenn diejenige oder derjenige, der mit dem Kind am meisten zu tun hat, es begleitet ... Und bringen Sie bitte, falls es das gibt, Kopien aller Vorbefunde mit.“ Jugendliche ab dem sechzehnten, siebzehnten Lebensjahr begrüße ich auch manchmal, nach elterlicher Terminvereinbarung und manchmal sogar nach Selbstanmeldung, alleine. Ich nehme nun für die weitere Darstellung einen 6:6-jährigen Knaben, der etwa in der Mitte des zweiten Schuljahres durch extreme Leistungsängste, Schulunlust und Schulverweigerung auffällig wurde – bei gleichzeitig manchmal einsetzenden aggressiven Durchbrüchen, in denen er sowohl Mitschüler als auch die nachgeborenen 4-jährigen Zwillinge zuhause schrecklich terrorisierte – bis zur Misshandlung. Ich nenne ihn Jakob.

Die anmeldende Mutter ist erkennbar beglückt, dass es reicht, wenn sie den Sohn begleitet: „Mein Mann hat stets so viel zu tun, er hat selten frei, muss sich den Termin dann extra frei nehmen.“ Es gibt keine Vorbefunde, der vorzeitig eingeschulte „gut begabte Bub“ (Mutter) hatte früher keinerlei Probleme. Pünktlich klingelt es. Ich öffne per Türsummer und stehe dann an der geöffneten Tür. So nehme ich wahr, wie die Angemeldeten sich im Treppenhaus bewegen. Wenn sie die Praxis betreten, begrüße ich knapp, mit neutraler Höflichkeit die erwachsene Person und wende mich sofort dem „Indexpatienten“, dem vorgeführten Klienten zu: „Hallo Jakob, schön, dass ihr so pünktlich seid. Magst du deiner Mutter mal das Spielzimmer zeigen?" Diese Standardfrage ist mir inzwischen sehr lieb geworden. Sie löst immer eine Menge realistisch nicht antizipierbarer informationsträchtiger Verhaltensweisen aus. Das Kind, das verwundert zum begleitenden Elternteil blickt, sich vielleicht sogleich schutzsuchend („Der will was von mir, was ich doch gar nicht können kann?") hinter Mutters Rock versteckt, ist mir ebenso aussagekräftig, wie die empörte, sofort laut werdende Mutter, die vielleicht solch einen Text ausspricht wie: „Aber das kann mein Kind doch gar nicht wissen!". Auch die andere Variante, das Kind, das die Einladung sofort annimmt und in den Praxisflur auf der Suche nach dem Spielzimmer vordringt. Oder, wie in Jakobs Fall, der Knabe, der mich anschaut und mir leicht vorwurfsvoll selber sagt: „Aber ich weiß doch nicht, wo es ist." Freundlich lächelnd sage ich: „Genau! Und was machst du, wenn du etwas nicht weißt oder nicht weißt, wo es ist?" „Fragen oder suchen", sagt Jakob prompt und ich nicke, worauf er zu suchen beginnt. Die Mutter hatte in kompetenter Neutralität meine Interaktion mit ihrem Sohn einfach beobachtet.

Wir folgen dem findigen Jakob um die Ecke und betreten gemeinsam das Spielzimmer. Ich halte es für Kinder- und Jugendlichenpsychotherapeuten für unverzichtbar, einen Raum bereit zu stellen, der auf den ersten Blick als Spiel- und Kinderzimmer erkennbar ist (Hockel 2004b). Die Mutter und das Kind werden gebeten, kurz Platz zu nehmen, und ich setze mich dazu. Ich wende mich erneut an den „Indexpatienten" und wieder mit einer Standardfrage, die zu diesem Zeitpunkt immer kommt: „Jakob, wenn ich gleich deine Mutter fragen werde, warum sie mit dir zu mir gekommen ist, was wird sie mir dann wohl sagen?" Diese im Kontext von Familientherapie bewährte Form des „zirkulären Fragens" ist ebenfalls wieder ein Verhaltensexperiment: Ob und wie das so angesprochene Kind antwortet, ob und wie der Elternteil oder die Eltern die Aussage des Kindes oder Jugendlichen bestätigen, kommentieren, verändern oder zurückweisen. Ich erhalte jedenfalls Informationen. Besonders wichtig ist mir hierbei auch, dass dieser Impuls meinerseits, die Kommunikation zum „Indexpatienten" lebendig möglich macht. Manchmal erarbeiten wir, bei ausdauernd zurückhaltenden und schweigend neugierig bleibenden Elternteilen, schon ein erstes gemeinsames Verständnis dessen, was denn die Begegnung mit mir für das Kind bedeuten kann. Möglicherweise sage ich: „Wie du siehst, ist das hier mein Spielzimmer. Ich arbeite viel mit Kindern, die unterschiedliche Schwierigkeiten haben. Sie kommen zu mir und wir verbringen hier gemeinsam Zeit. Oft spielen die Kinder und ich kann ihnen dann nebenbei auch bei ihren Schwierigkeiten helfen ..." Manchmal, wenn die Kinder schon älter und/oder skeptisch reserviert sind, ergibt sich an dieser Stelle schon ein erstes Gespräch über frühere Hilfsversuche: „Beim Kinderarzt sah es ganz anders aus ... Die Schulpsychologin hatte auch solche Puppen ... In der Klinikambulanz sollte ich auch gleich spielen ..."

Jakob ziert sich nicht lange, blickt seine Mutter „streng“ an und sagt dann zu mir gewandt: „Meine Mutter denkt, dass ich keinen Bock mehr auf Schule habe und dass ich zuhause manchmal zu schnell wütend werde.“ Die Mutter lässt den Text zunächst stehen, verstärkt jedoch den ersten Teil, indem sie hinzufügt: „Jakob, du weißt, ich denke mehr, dass die Schule dir Angst macht, auch wenn ich nicht weiß, warum.“ „Er war ein sehr guter Schüler, wissen Sie“, sagt sie ausdrücklich zu mir gewandt. Die nächsten Minuten der Erstkontakte verlaufen nun meist unterschiedlich. Nach kurzer Zeit jedoch, wenn das Kind sich einen ersten Gesamteindruck vom Zimmer gemacht hat, folgt der nächste Standardschritt: die Trennung von „Indexpatient“ und Begleitperson. Meist mit einem Text wie: „Meinst du, du kannst es einen Augenblick hier alleine aushalten, während ich deine Mutter (Vater/Eltern) nach nebenan bringe? Sie muss mir dort einen Fragebogen ausfüllen und ich bin gleich wieder da ...“ Bei sehr kleinen Kindern oder bei Kindern, die zur Selbstgefährdung neigen, achte ich selbstverständlich darauf, ob die Bezugspersonen mit diesem Angebot an ihr Kind einverstanden sind oder ob sie Sorge haben, dass das Kind „unbeaufsichtigt“ überfordert sei oder gleich irgendwelche „Dummheiten“ anstellen werde.

Jakob ist einverstanden und so begleite ich die Mutter in den Gruppenraum, der als Wartezimmer dient. Dort stelle ich eine weitere Standardfrage: „Gibt es etwas, was Sie mir, ganz kurz, gleich noch zum Vorstellungsgrund sagen wollen, ohne dass ihr Kind dabei ist?“ Dies verdeutlicht den Eltern meist mehr, dass die Kindzentrierung meines Vorgehens nicht bedeutet, dass ich die Bezugspersonen übergehe, als wenn ich darüber ein Gespräch führen würde. In Jakobs Fall ist es der Mutter sehr willkommen zu sagen: „Ja, was Jakob seine Wutanfälle zuhause nennt, das ist vor allem seine mörderische Eifersucht auf Anna und Beatrix, seine Schwestern, die Zwillinge.“ Dann erhält die Mutter ihren Fragebogen. Ich gebe in jedem Fall einen Fragebogen. Wenn ich das Gefühl habe, schon auf den ersten Blick einigermaßen orientiert zu sein, überreiche ich den Diagnostischen Elternfragebogen, DEF (Dehmelt et al.1981). Seine Symptomlisten sind meist ausreichend, um mit den Bezugspersonen ihre bzw. die Probleme mit dem „Indexpatienten“ ausführlicher zu explorieren. Wenn es einerseits keine Vorbefunde gibt, andererseits mir jedoch gleich etwas aus der Lebensgeschichte des „Indexpatienten“ auffällt, gebe ich den Anamnestischen Elternfragebogen (Deegener 1984). Dieser ist sehr viel umfangreicher und versieht die Familienanamnese gut mit einem Grundgerüst. Da mir die Früheinschulung von Jakob auffällig erschien, erhielt die Mutter diesen Fragebogen, mit der Information: „Sie werden bis zum Stundenende hiermit nicht fertig werden. Das ist in Ordnung. Nehmen Sie ihn bitte mit und gehen Sie ihn mit Jakobs Vater gemeinsam durch. Wo sie beide unterschiedlicher Auffassung sind, kann der Vater seine Meinung vielleicht mit anderer Farbe auch eintragen.“

Dann gehe ich wieder zu Jakob. Er hat sich aus dem Schrank das Brio-Labyrinth genommen, ein Geschicklichkeitsspiel, in dem durch beidhändiges Steuern eine Kugel an vielen Löchern vorbei ein Labyrinth durchrollt, und übt sich vergnügt in Ausdauer und Geschicklichkeit. Ich setzte mich zu ihm. Die nächste Standardaktion in praktisch jedem Erstkontakt ist nun, dass wir unter vier Augen am Tisch sitzen und ich drei Blätter und einen Stift vor das Kind lege. „Jakob, du kennst doch Zauberer. Stell dir mal vor, ein Zauberer hätte deine ganze Familie in Tiere verzaubert. Magst du mir bitte mal zeichnen, wie das dann aussehen würde?" Dieses Verfahren „Familie in Tieren" (Brem-Gräser 1975) schätze ich sehr, da die so entstehenden Zeichnungen vielfältig informieren: Zunächst ist da der Umgang mit dem Zeichenstift. Die Bewältigung der Aufgabe erfordert Feinmotorik und Fantasie. Weiter bekommt man dann tatsächlich meist einen guten Eindruck über die Struktur der Familienwahrnehmung des „Indexpatienten". Macht, Geborgenheit, Kontakt sind drei Erlebnisqualitäten, die in unterschiedlicher Weise in den Bildern aufscheinen können. Außerdem gehört diese zeichnerische Verhaltensstichprobe deshalb zu meinem Erstbegegnungsritual, weil ich in diesem Zusammenhang etwas besprechen kann, was mir von zentraler Bedeutung ist: Die Vertraulichkeit dessen, was das Kind oder der Jugendliche in der Stunde macht, zeigt, erzählt. Das geht gerade auch bei jüngeren Kindern sehr gut, wenn ich dann sage: „Der Zauberer hat auf deinem Bild die Mama in einen Tyrannosaurus Rex" – das war wirklich einmal der Fall! – „und den Vater in einen Bären verwandelt. Mir ist jetzt Folgendes sehr wichtig: Diese Bilder, die du hier malst und alles, was du mir erzählst, das ist nur für mich. Ich gebe es nicht an deine Eltern weiter. Wenn du deiner Mutter die Bilder zeigen willst, oder erzählen willst, was wir gemacht haben und wie dein Zauberer die Familie verzaubert hat, das ist klar, das kannst du gerne tun. Du musst nichts ‚geheim' halten. Aber du kannst dich darauf verlassen, dass ich deiner Mutter nichts von dem zeige oder erzähle, was du mir anvertraust …"

Jakob malt die Mutter als großen Bären, den Vater als einen Elefanten. Sie sind einander zugewandt. Zwischen ihnen beiden steht eine schön gemalte Kugelvase mit zwei „Goldfischen", den Schwestern, und etwas beiseite, mit einem arglistigen Schnurrbartlächeln hockt aufrecht eine Katze, Jakob. Die lockere und sehr kompetente Strichführung, die beeindruckende Genauigkeit der Zeichnung geben gute Signale, dass Jakob recht begabt für diese Art von Gestaltung ist. Als nächstes bitte ich darum, auf das zweite Blatt einen Baum zu zeichnen. Auch für diese häufig eingeforderte „Malprobe" gibt es anregende Deutungshinweise und Vergleichsbilder (Koch 1986). Mir bedeutet es schlicht eine weitere Stichprobe der Gestaltung, ebenso wie die abschließende dritte Zeichnung: „Jetzt male mir bitte einen Menschen." Abraham (1978) sowie Brosat & Tötemeyer (2007) bieten an, aus solch einer Menschzeichnung eine explorative Intelligenzdiagnostik herauszurechnen. Ich belasse es meist bei einer ersten diesbezüglichen

Hypothesenbildung, die in Jakobs Fall allerdings bereits in die Richtung ging, die ich später einschlug: Wie begabt ist dieser Knabe eigentlich? Seine Zeichnungen sind alle drei für seine Altersstufe ungewöhnlich differenziert und einfallsreich – der Mensch ist ein genau gezeichneter Dirigent eines durch eine kreative Umrisslinie im Hintergrund angedeuteten Orchesters!

Meistens sind mit diesen drei zeichnerischen Gestaltungsverfahren und der jeweiligen Aussprache dazu, die etwa 25 Minuten aufgebraucht, die ich für das Kind alleine im ersten 50 Minutenkontakt habe. Wir sprechen über die Situation und ich kündige an, dass das Kind mindestens noch zweimal kommen müsse, ehe ich wohl bereit sein könnte, mit den Eltern und dem Kind gemeinsam zu beraten, was nun werden soll. Oft frage ich in dieser „unter vier Augen"-Situation" bereits, ob das Kind wiederkommen möchte, so auch bei Jakob. Freundlich wohlwollend bestätigt er mir, dass er gerne wieder kommen würde. Beim Abschied kündige ich dann standardmäßig an, was folgen wird. Dies jeweils vor den Ohren der Bezugsperson, da sie mir für das Vorgehen auch ihre Einwilligung geben muss: „Beim nächsten Mal lege ich dir dann ein Spielmaterial vor, mit welchem du etwas machen kannst. Dabei wird die Fernsehkamera mitlaufen und uns aufnehmen, damit ich mir das hinterher noch genauer ansehen kann." Der fragende Blick zur Mutter bzw. Bezugsperson – eventuell ein „Sie sind doch einverstanden damit, dass ich solch eine Aufzeichnung mache?", erbittet ihre Zustimmung. Es gibt auch ein Formular, welches ich allerdings nicht einsetze, da auch mündliche Verträge gültig sind und ich die Ausfertigung eines Schriftstückes, wie eine Misstrauenserklärung gegen die Kindeseltern erlebe. Mit der mündlichen oder schriftlichen Einwilligung wird nochmals bestätigt, dass kein Kind ohne Wissen und Einwilligung der Sorgeberechtigten gefilmt werden darf. Direkt beim Abschied kündige ich darüber hinaus an: „Und beim übernächsten Mal kennst du das Spielzimmer und mich schon so gut, dass du die ganze Spielstunde machen kannst, was du willst."

### 6.2.3 Die Videoaufzeichnung einer Spielverhaltensstichprobe

Kinder sprechen zwar auch jeweils ihre „Muttersprache", als handelnde Personen sind sie jedoch zuhause in der eigentlichen Kindersprache: dem Spielen. Eine aktuelle Zusammenstellung von spielbasierten Befragungstechniken gibt Sturzbecher (2001). Die Geschichte der Erwachsenenversuche, diese Sprache für den therapeutischen Umgang mit Kindern nutzbar zu machen, reicht zurück bis zur Londoner Kinderärztin Margaret Lowenfeld (1935) und den ersten Wiener Entwicklungspsychologen, die mit dem Weltspiel (Bühler 1930) Kinder in ihrem jeweiligen Entwicklungsstand einschätzbar machten. Im skandinavischen Sprachraum ist die „Erica-Methode" das, was im deutschen Sprachraum mit dem Spielmaterial der Psychiaterin von Staabs (1985) bekannt wurde: Der Sceno-Kasten. Sein inzwischen seltsam altertümlicher Materialbestand wird zwar aktualisiert, ich verzichte jedoch auf derlei „Ergänzungsmaterial“, denn die kindliche bzw. jugendliche Phantasie vermag durchaus mit all dem, was da ist, all jenes auszudrücken, was gesagt sein will.

Die zweite Stunde meines Standardvorgehens gehört also dieser Spielverhaltensstichprobe, die ich grundsätzlich auf Video aufzeichne, da ich die Konfiguration des „Schlussbildes“ nur als die „Spitze des Eisbergs“, ja manchmal sogar nur als zufällige Zwischengestalt erfahre. So ist mir für die bedächtige Arbeit mit „dem Sceno“ immer das Ansehen der Aufzeichnung und nicht die Interpretation eines Einzelbildes bedeutsam. Den Sceno durchzuführen, ist in gewisser Weise standardisiert. Ich halte mich an die beiden nach Altersstufen differenzierten Instruktionen vom „Spielzeugkasten“ oder vom „Theaterkasten“ (von Staabs 1985) und enthalte mich während der Durchführung jeder Einflussnahme. Wenn das Kind mit seinem „fertig“ andeutet, dass nun über das, was geschehen war und produziert wurde gesprochen werden kann, dann halte ich mich auch an so interessante Standardfragen wie, „Wenn die Szene in einem Schultheaterstück vorkommen würde, gäbe es dann eine Figur, die du gerne spielen würdest?“ oder die anderen Auswertungsfragen: „Wem geht es besonders gut? Warum? Wem geht es eher schlecht? Warum?“ Oder die Fragen nach einer Geschichte dahinter: „Was war vorher, was passiert gerade, was wird gleich danach geschehen?“

Manchmal dauert die Durchführung dieser Spielprobe 20 Minuten, manchmal jedoch nur wenige und manchmal fast die ganzen 50 Minuten. Ich lasse jedenfalls die Videokamera die ganzen 50 Minuten mitlaufen und erhalte so die videodokumentierte „Testdurchführung“ zusammen mit der explorativen Nachbesprechung und dem, was das Kind oder der Jugendliche anschließend noch tun mag. Manchmal – so auch bei Jakob – wird das Kind zum zweiten Kontakt von einer anderen Bezugsperson gebracht als beim ersten Mal. Offensichtlich will der Kindesvater auch den Psychologen kennen lernen. Er liefert Kind und Fragebogen ab, lässt sich kurz das Zimmer zeigen und verschwindet dann wieder: „Die Mutter holt Jakob nach der Stunde wieder ab.“ Allerdings kommt er in Begleitung seiner, wie er sie mir vorstellte, „Sonnenscheinchen“, den hübschen Zwillingen Anna und Beatrix. Die Zuwendung, mit welcher er deren kleinen Ausflug ins Spieltherapiezimmer managt („Sie dürfen doch mal nachschauen, wo Jakob mit Ihnen sein wird?“), zeigt ihn als zärtlichen Töchtervater. Dem Buben gegenüber bleibt er eher herb fordernd: „Mach keinen Blödsinn und tue, was Herr Hockel verlangt.“ So habe ich einen ersten Eindruck von dem fordernden, sehr sportlich und ruhig wirkenden Mann, der nach Angaben seiner Frau beruflich als „Unternehmer“ tätig ist.

Jakob beginnt im Spielzimmer, nachdem er vor den Kasten gesetzt worden ist und dieser mit der Spielinstruktion geöffnet wurde, das Material zunächst nur zu explorieren. Dann entsteht langsam in der Spielfläche ein Zimmer mit 5 Kindern, einem Erwachsenen und der Schultafel. Es ist kein Schulzimmer, sondern „ein Wohnzimmer, aber die Kinder bekommen von einem Lehrer Privatunterricht". Der Lehrgegenstand ist anwesend und hat das Zimmer zu dominieren begonnen: Mitten auf dem Tisch steht das Krokodil. „Der Lehrer hat ein Krokodil mitgebracht und zeigt den Kindern nun, wie gefährlich es ist. Aber bei ihm ist es ganz zahm." Für die tiefenpsychologisch deutend mit dem Material umgehenden Kolleginnen und Kollegen wäre wohl noch mancher Seitenaspekt – beispielsweise die Art, wie Jakob zunächst die Kuh explorierte und sie dann wieder in den Kasten zurücklegte mit dem mehrdeutigen Kommentar „Die ist zu groß" sehr informativ gewesen. Mir genügt diese Zentrierung auf den Neugiergegenstand „zahme Bestie". Verblüfft bin ich, als Jakob auf die Frage, wem es denn am besten ginge, den Lehrer nannte: „Der kann nachher mit seinem Krokodil heimgehen und es füttern."

Ich frage die Kinder auch nach dem zusammenfassenden Titel, den sie ihrer Schlussgestaltung geben. Jakob nannte es „Privatunterricht". Ich notiere mir eine meiner Intuition Ausdruck gebende Benennung der Gesamtszene: „Bestaunte Zahmheit". Jakob spielt mit dem Material weiter. Es wird noch einiges angerichtet in dem Wohnraum, aus dem schließlich der Lehrer und das Krokodil verschwunden waren. „Der Unterricht ist vorbei" – und es finden in dem Raum Geschwister- und Freundesscherze statt. Schließlich stellt sich heraus, dass der große Junge, mit dem sich Jakob wohl identifiziert, den Affen als Haustier hat.

### 6.2.4 Die diagnostische Situation „Freispielzeit"

Inzwischen gehört Beobachterschulung zu jeder Erzieherausbildung und dort wird gelernt, darauf zu achten, was, wie und wie intensiv die Kinder dies in ihrer Freispielzeit tun. Ob sie altersangemessenes Material wählen, alleine oder mit anderen – älteren oder jüngeren – Kindern spielen, wie sie mit Konflikten um Spielmaterial oder in Spielverläufen umzugehen vermögen usw. Spielende Kinder sprechen ihre emotionale Befindlichkeit handelnd aus. Insofern ist für mich die dritte probatorische Sitzung, in der das Kind bzw. der Jugendliche schon vorher weiß, dass ich „nichts von ihm verlangen werde", eines der bedeutsamsten Elemente meiner Standardprozedur. Häufig, wenn ich den Verdacht habe, es könnten gewichtige verborgene Nöte (Misshandlungen, die verschwiegen werden müssen, Missbrauch, der geleugnet werden muss oder ähnliches) im Hintergrund des Hilfegesuches stehen, bitte ich um die Erlaubnis, ab der Scenostunde die Videokamera einfach „bis auf weiteres" mitlaufen lassen zu dürfen. Nur sehr selten stoßen sich Eltern oder die Kinder an dieser Rahmenbedingung. Im Zweifelsfall gelingt es mir, mit überzeugenden Argumenten der Qualitätssicherung die Erlaubnis zu erhalten. Die Kinder oder Jugendlichen haben diesen weiteren stummen, technischen „Beobachter" meist sogleich vergessen.

Jakob vergewissert sich zu Beginn: „Ich habe eine ganze Stunde für mich und wenn ich will, spielen Sie mit?" „Eine ganze Spielstunde, das sind 50 Minuten und gerne spiel ich mit, was immer du willst."

Er scheint sich eine Art „Speisenfolge" für sein Handeln zurechtgelegt zu haben und „arbeitet" dieses Programm regelrecht ab. „Erst mal der Sandkasten. Das wird ein Gespensterschloss ..." Neben dem Sandkasten steht eine Kiste mit Kleinspielfiguren: Da sind die Plastikfiguren von Peter Pan, Dornröschen, den Daltons, Mr. und Mrs. Flintstone und vielen Prinzessinnen und Prinzen, ganze Elefanten-, Rinder- und Pferdeherden, Bauer und Bäuerin, Kinder, Schlümpfe und vieles mehr. Auch gibt es die Gespenster, die im Disneyfilm „Der Glöckner von Notre Dame" zu finden sind. Aus Griechenland brachte ich viele kleine, leer getrunkene Ouzofläschchen mit, die aus weißem Plastik sind und die Form griechischer Säulen haben. Es ist eines meiner Hobbys, auf Flohmärkten nach Ergänzungen für diese Schatzkiste zu suchen.

Ein flacher Sandhügel, die Säulen darauf, die Gespenster hinein, das Gespensterschloss ist fertig. Es erstaunt mich, dass Jakob nur aufbaut. Als das anspruchslose Schloss fertig ist, wendet er sich vom Sandkasten ab und lädt mich auf eine Partie „Vier gewinnt" ein. Offensichtlich will er sehen, wie gut ich in diesem Strategiespiel bin und ob ich mich anstrenge. Es gelingt mir, sechs von acht Partien zu gewinnen, das genügt ihm.

„Mal sehen, was für Kasperlfiguren Sie haben", war sein nächster Impuls. Die Handpuppen machen bei mir zwei große Korbkisten aus: Eine mit klassischen Kasperl- und sonstigen „Mensch"-Figuren wie beispielsweise Ernie und Bert und eine mit einer ganzen Menge von Handpuppentieren. Er nimmt aus der klassischen Kiste Kasperl, zwei Teufel, den König, eine Prinzessin und einen Polizisten und legt sie hinter dem Kasperltheater bereit. Zu meiner Verblüffung schickt er mich dann hinter die Spielwand, setzt sich als Zuschauer zu Recht und meint, dass ich jetzt ein Stück spielen solle.

In dieser Situation ist es für den Therapeuten ein Drahtseilakt, zwischen einem intuitiven „Ich-spiele-drauf-los" und dem genaueren Erfragen von Spielinhalt, Rollen und Regie den richtigen Weg zu finden. Allerdings erlebe ich nun die nächste Verblüffung: Jakob weiß genau, was ich spielen soll, und hat wohl auch damit gerechnet, dass ich ihn um Regie fragen würde. „Sie spielen das Stück vom dummen und vom klugen Teufel. Der dumme Teufel will die Prinzessin holen. Der kluge Teufel will den König und die Prinzessin haben und Kasperl mit dem Polizisten rettet die beiden. Das geht, weil der dumme Teufel alles falsch macht." Nach dieser ersten Gesamtangabe folgen ganz detaillierte Einzelschritte – ein originelles Schauspiel. Ich frage ihn, wo er denn das Stück so kennen gelernt hätte. Er meint, nur breit lächelnd und offensichtlich seiner ungewöhnlichen Kompetenz sicher: „Das hab ich mir gerade so ausgedacht." Gleichalte hätten diesen Auftritt als Angeberei gewertet.

Er vergewissert sich, dass noch Zeit ist – „Ich hab noch zehn Minuten" – holt die Kiste mit den He-Man-Figuren, die ihm offensichtlich bekannt sind. „Das ist Prinz Edward, der verwandelt sich in He-Man und kann dann Skeletor besiegen ..." Er stellt die Figuren jedoch nur auf, bleibt dann am Tisch vor ihnen sitzen und schaut mich nachdenklich an. In solchen Spielstunden ist die Regulation der Nähe eine zentrale Choreographie. Wenn Kinder am Tisch etwas zu spielen beginnen, setze ich mich wenn möglich so, dass wir „über Eck" sitzen und warte ab. Jakob schweigt einige Zeit. Dann fragt er: „Was werden Sie meinen Eltern sagen?"

Er spricht damit aus, was mich bewegt. Ich habe inzwischen meine Hypothesen gebildet und weiß, was ich den Eltern sagen würde. Ich würde sie bitten, Jakob bei der Diagnosestelle für Hochbegabte, dessen erfahrenen Leiter ich vor längerer Zeit als Dozenten für ein Seminar gewonnen hatte, vorzustellen. Denn mein Verdacht geht dahin, dass sich die schulische Not des Jungen beheben ließe, wenn er wieder mehr gefordert würde. Ich vermute, dass eine Testung dort die Empfehlung zum Überspringen einer Klasse ergäbe. Angesichts des „teuflischen Zwiespaltes" mit seinen vom Vater inzwischen offen bevorzugten Zwillingsschwestern, bin ich bereit, ihm für eine stabilisierende Zeit mit der Diagnose „Störung mit Geschwisterrivalität" zur Verfügung zu stehen; in Elternarbeit würde ich versuchen, dem Vater deutlich zu machen, dass ab und zu auch mal sein Sohn spüren müsse, wie liebenswert er in seiner besonderen, vermutlich „hochbegabten" Art sei; der Mutter böte ich beruhigende Entlastung an. Mit Jakob wäre auszuloten, was alles an "Ich hab mir meine Schwestern nicht gewünscht – kann nun aber doch gelten lassen, dass es sie gibt". erreichbar sein wird.

### 6.2.5 Personzentrierte Behandlungsplanung?

In meinem stillen Nachdenken herrscht also so etwas wie ein „Behandlungsplan". Ich weiß, was ich Jakobs Eltern sagen würde. Ich höre mich die Frage Jakobs, eines 6;6-Jährigen beantworten: „Schön, dass du mich das fragst. Dann kann ich es dir jetzt sagen und wenn ich mit deinen Eltern spreche, weiß ich dann schon, was du davon hältst? Also, ich habe den Eindruck, dass mit dir und der Schule im letzten halben Jahr was schief gelaufen ist. Wenn ich es richtig verstanden habe, war Schule für dich nie ein Problem, im Gegenteil, du hattest dich gefreut und es genossen, dass du alles meist richtig und schnell gelernt hast. Vermutlich fiel dir auf, dass dir vieles schneller klar wird und du vieles schneller kannst als deine Freunde. Und solange ihr alle ganz am Start wart, war das ja auch in Ordnung, weil immer irgendwer die besten Ideen hat oder der schnellste Könner ist. Jetzt im zweiten Jahr ist da vermutlich etwas gekippt. Einerseits findest du es vermutlich schwach, was die anderen bringen. Andererseits kriegst du zu viel Ärger, wenn du zeigst, was du könntest, wirst als Streber abgelehnt oder sogar vom Lehrer als vorlaut und frech zurückgewiesen. Kurz gesagt, Jakob, ich denke, du brauchst eine Klassemit älteren Kindern und einem anspruchsvolleren Lehrplan. Ich werde deinen Eltern sagen, dass sie zu einem anderen Spezialisten mit dir gehen sollen. Einem der Klugheit dadurch messen kann, dass er ganz viele Rätselaufgaben mit den Kindern macht und dann vergleichen kann, wer wie schnell und wie gut war. Und wenn ich Recht habe, gehst du bald in eine andere Klasse.

Und daneben ist noch der Ärger mit deinen Wutanfällen und deinen Schwestern. Deine Eltern hatten dich nicht gefragt, ob du noch ein Geschwister willst. Und dann sind sie gleich noch ein Doppelpack und Papas Lieblinge. Das kann einem schon schwer werden. Ich denke, das ist der Grund, warum ich deinen Eltern anbieten werde, dass wir beide in den nächsten Monaten einmal die Woche eine Spielstunde haben sollten. Vielleicht zum ‚Ausgleich', vielleicht weil du einen Bündnispartner brauchen kannst. Was meinst du dazu?"

Jakob war vor allem wichtig, dass er wieder kommen durfte. Die Idee, dass eine andere Schulklasse ihm helfen könne, fand er nicht schlecht, hatte jedoch, wie mir klar war, davon keine deutliche Vorstellung. Ich hatte das Elterngespräch, Jakob wurde getestet und hatte als Gesamt-IQ 148 Punkte. Er übersprang zum Schuljahrswechsel und ich durfte ihn die ganze Zeit in einer Kurzzeittherapie von 25 Sitzungen begleiten. Eine wunderschöne Therapiegeschichte – und wie war das mit dem Behandlungsplan?

Spieltherapie wird von den Kindern und Jugendlichen genau so wahrgenommen und genutzt, als hätten sie ständig „Freispielzeit". Auch wir personzentrierten Kinderpsychotherapeuten erläutern unser Vorgehen in diesem Sinne. „Freispielzeit" wäre auch das richtige Wort, wenn es aktivisch gelesen würde: Jene Zeit, in welcher Kinder sich in die Freiheit ihres kongruenten Selbstseins hineinspielen.

Da personzentrierte Psychotherapie die begleitete Selbstheilung des Klienten ist, ist eine „Therapieplanung" als genaue Ablaufplanung durch den Therapeuten unmöglich, wäre eine Paradoxie: „In der vierzehnten bis achzehnten Stunde trainieren wir das Ansprechen von Gleichalten unter dem Gesichtspunkt ‚Möchtest du etwas mit mir unternehmen' als Basiskompetenz für das Entwicklungsziel ‚Freunde finden'..." als Vorsatzbildung, Planung von einem personzentrierten Begleiter? Lächerlich! Und doch hat mich speziell der zeitweise Zwang, meine Kassentherapieanträge in verhaltenstherapeutischer Sprache zu formulieren, dahin gebracht, zu begreifen, dass wir personzentrierten Therapeuten doch auch Antizipationen dessen haben, was vermutlich geschehen wird. Wir haben Vorstellungen von der Dynamik einer Beziehung, von der Abfolge von Themen, vom Aufbauverhältnis konstruktiver Erfahrungen, vom Weg der Selbstheilung. Kegan (1986) hat sehr anschaulich die Entwicklungsstufen des Selbst referiert. Dabei hat er vor allem darauf Wert gelegt, auszumalen, wie der Übergang von einer zur anderen Stufe jeweils auch als ein kritischer Prozess mit innerer Gesetzlichkeit gesehen und dementsprechend begleitet werden kann.

Ein personzentrierter Behandlungsplan kann nur in der Selbstverpflichtung des Therapeuten bestehen, diesem einmaligen Klienten mit all der professionellen Selbstprüfung, Wärme, Einfühlung, Echtheit und seinen förderlich und fordernden Impulsen zu dienen. Symptome zu behandeln, kann als „Training" organisiert werden. Wenn ein Klient sich dies in einer personzentrierten Psychotherapie wünscht, dann wird der Therapeut mit ihm „trainieren". Personen eine heilsame Beziehung anzubieten, kann die Berufsentscheidung eines Menschen sein – sein Berufshandeln als Beziehungstherapeut wird dem Entwicklungsprozess des Klienten folgen und somit nicht von ihm im strengen Sinne planbar sein. Beziehungstherapie kann zwar keinen Behandlungsplan annehmen. Sie kann jedoch innerhalb einer konstruktiven Beziehung frei gewählte Trainingsziele und Prozesse umfassen. Der Behandlungsplan wird somit in jeder Prozessreflexion, jeder Supervision anhand von Video- oder Tonbandprotokollen der wirklich laufenden Therapie neu zu finden sein.

Lassen Sie mich dies an einer letzten Episode zu diesem Vertiefungsthema erörtern. Sie stammt nicht von mir, sie geht zurück auf kompetente Überlegungen zur Therapie von Ängsten. Stellen wir uns vor, ein junger Mann komme wegen Höhenangst zum Therapeuten. Diese Angst sei für ihn vor allem deshalb so mörderisch, da sein Berufsziel Seiltänzer sei. Nehmen wir an, der Therapeut könne kompetent mit Höhenangst umgehen – zum Beispiel mittels angemessener Verhaltentherapie. Wird der junge Mann, wenn er seine Höhenangst besiegt hat, ein guter Seiltänzer sein? Nein. Aber wenn er es wirklich werden will, kann er nun angstfrei zu trainieren beginnen – im Rahmen personzentrierter Therapie wird neben der Symptombewältigung auch jene Selbstentfaltung leistbar, die dann solche Entschlossenheit möglich macht. Beziehungstherapie ist nicht deshalb gut und wirksam, weil Beziehung da ist, sondern weil eine Beziehung da ist, die es ermöglicht, gute und wirksame Erfahrungen zu machen – auch zielorientiertes Training, auch Kompetenzaufbau und Angstbewältigung.

## 6.3 Wärme und Wertschätzung als Kindzentrierung – Achtung und Geborgenheit

„Glauben Sie wirklich, dass alle Menschen gut sind?", diese Frage wurde mir vor vielen Jahren in einem Interview gestellt. Es war keine polemische Kollegenfrage, die sich der negativen Antwort sicher zu sein glaubte, es war eine redliche Frage an einen personzentrierten Psychotherapeuten.

Diese Frage gab mir Gelegenheit, das zu erläutern, was ich an Missverstehen und kritischer Ablehnung zu diesem Punkt schon oft in Details zu besprechen hatte. Es ist sinnvoll, die Arbeiten von Rogers mit Titeln wie „Die Kraft des Guten“ (1985) zu veröffentlichen oder der Personzentrierten Psychotherapie ihre grundsätzlich positive Haltung zum Menschen abzulesen. Es ist unsinnige Polemik, personzentrierte Psychotherapeuten als weltfremde, lächerliche Naivlinge zu betrachten, welche die Möglichkeit zum Bösen aus dem Menschenleben dadurch wegerklären wollten, dass sie „an das Gute im Menschen glauben“.

### 6.3.1 Einzig im Menschen ist „das Gute“ denkbar

Die Natur kennt die Kategorien „Gut“ und „Böse“ nicht. Es sind Wertungskategorien und diese sind an wertende Wesen gebunden. Wir Menschen unterscheiden das, was menschlich ist, von dem, was wir „unmenschlich“ finden. Und diese jeweils zivilisatorisch/geschichtliche Unterscheidung ist nicht in der Historie vorzufinden, sondern in Entwicklung. Bis zum Erdbeben von Lissabon im Jahr 1755 glaubte die gebildete europäische Oberschicht, dass es einen gütigen Gott gäbe, der gerecht und gnädig uns Menschen „nach seinem Bilde“ gestaltet hätte und unsere Geschicke leitete. Nach diesem Erdbeben musste man „das Böse neu denken“ (Neiman 2004). Es gab Zeiten, in denen die Differenzierung zwischen „Freien“ und „Sklaven“ so wertneutral – weil „natürlich“ – gesehen wurde wie gegenwärtig die Unterscheidung zwischen „Shareholder“ und „Arbeitskraft“. Wie „gut“ es ist, Sklaven zu halten, fragt sich heute niemand mehr. Wie „gut“ die andere Differenz sein mag, wird uns gesellschafts- und wirtschaftspolitisch noch lange beschäftigen.

### 6.3.2 Menschlich sein als Profession?

Kein Mensch muss Psychotherapeut werden. Wenn einer oder eine sich jedoch dazu entscheidet, Menschen in seelischer Not helfen zu wollen, so muss er oder sie sich sorgfältig selbst prüfen, warum er oder sie dies will. Wenn es die Motivation des Beherrschens ist, die alle „Regelwidrigkeiten, Störungen“ aus einem als normativ „natürlich bzw. gesund“ gedachten Menschsein vertreiben möchte, so kann dies kein personzentriertes und meiner Auffassung nach somit kein psychotherapeutisches Anliegen sein. Auch als politische Motivation hätte ich mit solchem „Helfen-wollen“ große Probleme. Wer seelische Not an- und ernst nehmen will, der muss seinem helfenden Handeln effektive Grundorientierungen geben. Das ist der Verdienst von Rogers, der mit seiner Forschungsgruppe drei der entscheidenden Grundbedingungen – unbedingte Akzeptanz, Empathie und

Authentizität – herausfand, die seither als „Rogers-Haltungen" in der Psychotherapie allgegenwärtig geworden sind. Dass seine empirisch gewonnenen Einsichten auch seinen denkerischen Annahmen entsprachen, sollte nicht vergessen werden, denn wir Menschen sehen nur, was wir zu benennen vermögen, erkennen nur Bekanntes. Neues muss stets erst ge- und dann „erfunden", kategorial eingeordnet werden.

Die Forschungsgruppe von Rogers hatte sich durch Plattenaufzeichnungen als erste Psychotherapie-Forschergruppe der Weltgeschichte die Datenbasis geschaffen, um jene Gesprächsserien, die als erfolgreich erlebt worden waren, von jenen zu unterscheiden, die als wenig hilfreich erlebt worden waren. Bevor dieses Forschungsprojekt begann, spekulierten die Psychotherapeuten untereinander darüber, was, wann und wie eine erfolgreiche, helfende Therapeutenverhaltensweise („Deutung", „Verschreibung", „Anweisung", etc.) gewesen sein mochte. Nun begann die Suche nach den „Nadeln im Heuhaufen" der Daten, wobei niemand wusste, wie eine solche „Nadel" aussehen würde. So gab es am Anfang wilde Hypothesen. Es wurde ausgezählt, wie viele strenge Befehle, klare Verhaltensvorschriften, kritisch aufklärende Fragen, zusätzliche Informationen auf den Schallplatten – und wenig später den Tonbändern – zu hören waren. Es wurden andere Momente beobachtet. Irgendwann fiel auf, dass sich die erfolgreichen Gesprächsserien zwar auch in den gesprochenen Inhalten von den weniger hilfreichen Serien unterschieden, so wurde darinnen weit überzufällig *„Einfühlung"* erkennbar. Es zeigte sich jedoch zusätzlich ein anderer, nur langsam beschreibbar werdender Gesichtspunkt. Die erfolgreichen Therapien zeigten alle eine Atmosphäre freundlich achtsamen Verständnisses, die vom Therapeuten ausging. Diese hatten mit einer Haltung der bedingungslosen warmen Wertschätzung zur hilfesuchenden Person gesprochen.

Wie das klingt, soll an einem Beispiel verdeutlicht werden. Ein junger Mann sagt wütend: „Mein Lehrer ist ein solcher Widerling, ich glaube, ich werde ihm demnächst mal die Autoreifen aufschlitzen." Diese Wut und die erschreckende, inakzeptable Absichtsäußerung sind beide sofort erkennbar. Einfühlend würde der Therapeut möglicherweise sagen: „Sie haben eine Mordswut und möchten sich rächen?" Wobei alle derartigen Äußerungen im wertschätzenden Frageton gesprochen werden. Die Bedingung der bedingungslosen Wertschätzung wäre jedoch erst erfüllt, wenn der Therapeut genau versteht, was diesen jungen Mann so sprechen lässt. Der Klient müsste in der Äußerung des Therapeuten erkennen, dass selbst die angedachte, kriminelle Tat die Beziehung zum Therapeuten nicht beeinträchtigt. Er müsste die Erfahrung machen, dass er so, wie er ist – und wie er sich gerade äußert – für den Therapeuten bedingungslos annehmbar ist. Eine entsprechende Therapeutenäußerung könnte etwa sein: „Am liebsten wäre es Ihnen, wenn der Lehrer sich einmal wie Sie ähnlich ohnmächtig wütend fühlen würde?" Ich komme auf diesen Jugendlichen später noch mal zurück, denn er machte mich auch ein erstes Mal mit der Problematik treffender Einfühlung bei Jugendlichen vertraut (Kapitel 6.4).

Aus solchen Äußerungen personzentrierter Therapeuten und aus der Grundbedingung, der Haltung bedingungslos achtsamer Wertschätzung des Klienten, wurde diese irrige Annahme vom „personzentrierten Glauben an das Gute im Menschen“ konstruiert. Tatsächlich gehen wir davon aus, dass „das Gute“ im Menschen wirksam ist, dass das Menschliche die Geburtsstelle der Werte und des Wertvollen ist. Dieses Gute ist jedoch keine Substanz, die in Menschen vorzufinden ist. Es ist eine Qualität des Verhaltens. Menschen „sind“ nicht gut. Schon Shakespeare erkannte: „An sich ist nichts gut oder böse, das Denken macht es erst dazu“. Menschen handeln wertgeleitet. Und selbstverständlich können sie schon sehr früh in die Falle von Wertorientierungen geraten, die sie gegenüber ihren Mitmenschen isolieren: Rache, Machtgier, Herrschaftssucht, Freude an Quälerei, … – die schrecklichen Motive „böser“ Handlungen sind allen Menschen zugänglich – auch bereits Kindern und Jugendlichen (Hockel 2004a).

### 6.3.3 Geborgenheit – die gute Grunderfahrung

Das Forscherehepaar Grossmann fasste seine Forschungen (Grossmann/ Grossmann 2004) zusammen in den Erkenntnissen über die Notwendigkeit, das Gefüge psychischer Sicherheit achtsam zu entfalten. Sie legten damit Grundsteine für die Psychotherapie, denn wie beispielsweise Brisch (2010) ausführt, gibt es direkte Wege von der Bindungstheorie zu einem von ihm „bindungsbasierte Psychotherapie“ benannten Vorgehen. Geborgenheit ist jene Grunderfahrung, die am meisten geeignet ist, präventiv wirksam zu sein. Sie ist die Rückseite jenes schlichten Liebens, das wir Eltern zu ihren Kindern wünschen. Resilienz meint die Fertigkeit, schreckliche Lebensbedingungen zu überstehen, ohne psychisch verkrüppelt zu werden. Was ist inzwischen der Kern der Forschung um die „unverwundbaren Kinder“? Eine konstruktive, von „bedingungsloser Wertschätzung“ gekennzeichnete Beziehung im Leben der Kinder ist das entscheidend unverzichtbare:

> „Wenn sicher gestellt würde, dass jedes Kind einen stabilen, kompetenten und fürsorglichen Erwachsenen in seinem oder ihrem Leben hat und eine Ernährung für Körper und Geist, die die gesamte Gehirnentwicklung fördert, wäre der Grundstein für eine günstige Entwicklung von Kindern in allen Gesellschaften gelegt“ (Masten 2001, 215).

### 6.3.4 Kindzentrierung – Personzentrierung? Nicht Besitz ergreifende Wärme und Achtung

Es gibt mittlerweile zu jedem Aspekt der Rogers-Haltungen Monographien, wobei sich mehrere solcher Darstellungen gerade nicht als solche Monographien zu Rogers-Konzepten bekennen, sondern vorgeben, andere Gesichtspunkte vorzutragen. Im personzentrierten Diskurs ist Achtung synonym für bedingungslose Wertschätzung und in dieser Bedeutsamkeit stets gefordertes Therapeutenverhalten und zu gestaltende Beziehungsqualität.

Zurhorst beschreibt die Beziehungsform der unbedingten Wertschätzung und konkretisiert dies dahingehend, dass nicht eine abstrakt, nondirektive Achtung als Philosophie des Therapeuten ausreicht. Es geht „um das gemeinsame Teilen und Durcharbeiten von Strukturen der Selbstentwicklung. Dabei bleibt der Therapeut nicht außen vor, sondern ist als Person konstitutiver Bestandteil der Veränderung des Selbst des Patienten: Er muss – soll die Therapie Erfolg haben – zum signifikanten Anderen des Patienten werden.“ (Zurhorst 2007, 88)

Rogers war ein herzlicher, jedoch auch ein wenig spröder, aber klarer Mann. Er hatte keinerlei Tendenz zu anbiedernder „Freundlichkeit“ oder gar schleimender Nähe. Seine Therapiebedingung „unconditional positive regard“ wurde von mir schon immer schlicht mit „Achtung“ übersetzt. „Unbedingte positive Beachtung“ in seinem Sinne gilt der Person und kann sehr klare kritische Distanzen zu geäußerten Werten und/oder berichteten Taten beinhalten. Einer meiner Schüler arbeitete als Psychologe im Justizvollzug für Jugendliche. In den seinen Berufsweg begleitenden Supervisionen wurde diese Grundbedingung personzentrierten Handelns, nämlich die Trennung zwischen einer der Person geschuldeten Achtung bei gleichzeitig kritischer Ablehnung von deren Werten, immer wieder zu einem zentralen Gesichtspunkt. Die Versuchung, „systemisch“ denkend alles „Böse“ bis zum Grund in der „verursachenden“ Person zu bekämpfen, ist ein Irrweg. Die Personen handeln so oder so. Und dementsprechend muss ihr Handeln bewertet werden – nicht ihr Personsein.

„Sie glauben also tatsächlich, dass alle Menschen gut sind, nur einige handeln böse?“, diese Zwischenzusammenfassung meiner Interviewerin ärgerte mich. Nein, ich glaube nicht, dass „alle Menschen gut sind“. Ich glaube, dass es gut ist, Mensch zu sein und somit menschliches Handeln in Freiheit und in Frage zu stellen. Fragwürdig zu sein, ist für mich die höchste menschliche Würde. Verantwortung zu übernehmen für unser Handeln – in der Hoffnung, dass wir „Gutes“ tun – ist das, was wir leisten können. „Immer muss der Wissende darauf gefasst sein, später einmal wünschen zu müssen, er hätte nicht oder anders gehandelt”, sagt der große Philosoph der Verantwortung (Jonas 1979, 391).

### 6.3.5 Wie wir hineinrufen so schallt es heraus? Was bewirken wir?

Wer Psychotherapie betreiben will, muss sich klar machen, mit welcher Grundhaltung er Hilfesuchenden gegenübertritt. Wenn er in seinem Gegenüber den Süchtigen erkennt, der sich nicht mehr selbst zu entfalten vermag, da er in der Sackgasse der Abhängigkeit steckt, dann schuldet er als Helfer diesem Hilfesuchenden die Wertschätzung der Person und als therapeutische Maßnahme die notwendigen Rahmenbedingungen für Entzug und strenge neue Selbsterziehung. Wenn er in seinem Gegenüber den Psychopathen erkennt, dessen Handeln von grauenhaften Werten gesteuert sein kann, dann ist es unverzichtbar diese „Unmenschlichkeit" ernst zu nehmen und zugleich einen Rahmen zu finden, in dem „das Schweigen der Lämmer" seine bedrohliche Macht verliert.

Es gibt keine bessere Heuristik, mit Hilfesuchenden eine hilfreiche Beziehung aufzubauen. Bis zum Urteil ist der Angeklagte mit einer Unschuldsvermutung zu betrachten – bis zum Therapieerfolg ist dem Klienten mit Wärme, Wertschätzung zu begegnen, danach ist er in ebensolcher Bezogenheit zu verabschieden. Insbesondere in der Arbeit mit Kindern und Jugendlichen ist dies „selbstverständlich", denn alle Bosheit, Regelwidrigkeit, Normabweichung dieser Altersgruppe kann später als „Jugendsünde" betrachtet und verziehen werden.

Als ich in diesem Radiogespräch endlich an dem Punkt angelangt war, an dem die Interviewerin verstanden und akzeptiert hatte, was ich sagte, da tauchte eine wesentliche weitere Frage für sie auf: „Und glauben Sie, dass alle Psychotherapeuten es lernen können, in dieser wertschätzenden Weise mit ihren Klienten umzugehen?" Ja, ich meine, dass dies lernbar ist. Zunächst muss es Grundbedingung des Umgangs zwischen Ausbildenden und Lernenden sein: Wärme und Wertschätzung müssen den Lernenden erfahrbar sein. Sodann muss der Lernprozess so sein, dass die wechselseitige Achtung ein Gruppenbündnis der jeweiligen Ausbildungsgruppe darstellt. Und schließlich ist es für die Ausbildung zum Psychotherapeuten unverzichtbar, selbst in einer hilfreichen, entwicklungsfördernden professionellen Therapiebeziehung zu spüren, wie Wärme und Wertschätzung seiner Person eine Entwicklungsrahmen geben, der sie wachsen lässt.

Die Forschungen der Entwicklungspsychologie haben die Rogersschen Forschungen voll bestätigt: Mit der Bindungsforschung (Grossmann/Grossman 2004) wurde geklärt, dass achtungsvolle Kindzentrierung und liebevolle Geborgenheit unverzichtbar sind, um eine sichere Bindung zu entfalten. Sehr beeindruckend finde ich auch den dort zum Gefüge psychischer Sicherheit verdeutlichten Zusammenhang zwischen „uncondtional positive regard" – der Bindungssicherheit stiftenden Wärme und Wertschätzung einerseits und dem Ausmaß erlebter Selbstsicherheit im Explorationsverhalten:

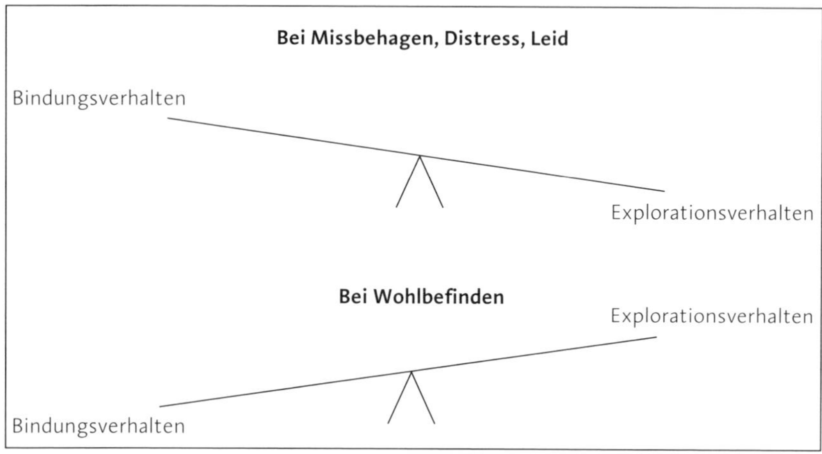


*Abb. 6.3.1: Das Konzept der Bindungs-Explorationsbalance: Das Bindungsverhaltenssystem und das Explorationsverhaltenssystem sind wie eine Wippe miteinander verbunden. Wenn ein System aktiviert ist, ist das andere deaktiviert (Grossmann/Grossmann 2004, 133).*

Viel Bindungssicherheit ergibt hohe Explorationsfreude, wenig Bindungssicherheit ergibt wenig Explorationsfreude. Menschen zu lieben, heißt nicht, ihr Verhalten zu billigen. Menschen zu achten, bedeutet nicht, ihre Taten zu rechtfertigen, es öffnet sie jedoch für ihr eigenes, selbstentwickelndes Explorationsverhalten.

Personzentriertes Arbeiten ist nur dort möglich, wo wir dem Mitmenschen mit Wärme und Wertschätzung begegnen – wenn dies im Gegenüber (aufgrund von Sucht, Psychopathie oder anderen Problemen) nicht angenommen werden kann – dann ist kein personzentriertes Arbeiten möglich. Als Heuristik und Grundlage psychotherapeutischer Haltung bleibt die jedem Menschen geltende unbedingte positive Achtung, gelebte Wertschätzung, Wärme auch ohne Arbeitsbündnis unverzichtbar.

Diese Einsicht wird gegenwärtig immer bedeutsamer. Schüchtern fast und fast verschämt schreiben Meadows und Kollegen in ihrem Update zu den Grenzen des Wachstums:

> „‚Wir zögern ein wenig, darüber zu sprechen', gestanden wir 1992, ‚denn wir sind keine Experten … und müssen Worte gebrauchen, die Wissenschaftler nicht leichtfertig aussprechen oder in ihre Textverarbeitungsprogramme tippen. Man betrachtet sie als zu unwissenschaftlich, um in der zynischen Öffentlichkeit ernst genommen zu werden.' An welche Ansätze haben wir uns nur so zögerlich herangewagt? Es handelt sich um: Entwicklung von Wunschvisionen, Aufbau von Netzwerken, Wahrhaftigkeit, Lernbereitschaft und Nächstenliebe." (Meadows et al. 2009, 281)

Die Nennung und Beschreibung der Nächstenliebe als eine Komponente der anstehenden planetenrettenden Notwendigkeiten zeigt die Unverzichtbarkeit der Wärme als einer grundlegenden Beziehungsheuristik. Einem Kind mit Wärme zu begegnen, kann menschliche Selbstverständlichkeit sein, es ist auch nachhaltige Lebensnotwendigkeit.

## 6.4 Einfühlung, die personzentrierte Beziehungsgrundlage – Neugier

Meine erste wissenschaftliche Arbeit war ein Stück Emotionsforschung: „Langeweile – eine empirische Untersuchung zu zwei aus der Literatur gewonnenen Beschreibungsformen vor dem Hintergrund von Extraversion und Introversion". Da ich als Sohn eines Diplomingenieurs mein Interesse am Seelischen zunächst nur als ein medizinisches Interesse verstanden hatte – ich lernte das empirische Fach Psychologie eben erst im Studium kennen – war ich sehr dankbar, nun mit einer Forschungsrichtung bekannt zu werden, welche die Natur des Seelischen als Naturwissenschaft angeht. Das erste Forschungsergebnis passte gut zu meinen Annahmen über Gefühle: Es hatte sich herausgestellt, dass introvertierte Personen mit ihrer Beschreibung von „Langeweile" einen ganz anderen semantischen Raum betraten als Extravertierte. Dass sich zwei Menschen, die einander von „einem langweiligen Wochenende" berichten, verstehen ohne vorher geklärt zu haben, ob sie von der Langeweile des Extravertierten („Ich musste den ganzen Tag in der Bibliothek verbringen") oder der Langeweile des Introvertierten („Ich musste den ganzen Tag auf dem Fußballfeld und dem Volksfest sein") sprechen, das hat wohl damit zu tun, dass das nonverbale Ausdrucksverhalten und die semantische Bedeutung des Begriffs wechselseitig verstanden wird. Das Sinn-Erlebensmodell – ich entwickelte einen Quotienten von Informationsmenge zu Sinneinheiten – hatte meinen Verstand gereizt, ich war ein intellektualisierender Kopfmensch und wurde ein leidenschaftlicher Psychologe.

### 6.4.1 Einfühlung ist möglich und alltäglich

Als solcher saß ich nun im Hauptstudium erstmals in einem Seminar zur Psychotherapie. Der Pongratz-Assistent Dieter Tscheulin arbeitete mit uns an Rogers „Gesprächspsychotherapie". Etwa 20 Studierende saßen im Seminarraum in einer großen Runde an Tischen und hatten Schreibunterlagen vor sich. „Stellen Sie sich vor, Sie sind der verantwortliche Gesprächspsychotherapeut. Ich werde Ihnen gleich eine Äußerung vorlesen, wie sie ein Klient seinem Therapeuten gegenüber macht. Und Sie schreiben bitte in wörtlicher Rede jeder für sich auf das Blatt, was Sie sagen würden, wenn Sie nur mitteilen wollten, was Sie meinen, dass der Klient im Augenblick dieser Äußerung, jetzt gerade, hier bei Ihnen fühlt." Ich blickte in die Runde. Die Instruktion hatte ich verstanden. Aber es erschien mir klar, dass nun zwanzigfach Verschiedenes gesagt werden würde, da ich Emotionen für vollkommen individuelle und je unvergleichliche und in ihrer Bedingtheit unkontrollierbare Erfahrungsinhalte betrachtete. Hatte ich mich doch schon in manchem Kontakt sagen hören: „Du lächelst so, als ob du etwas Wichtiges sagen wolltest – kannst du es bitte mit Worten sagen, ich verstehe nur Klartext."

Tscheulin las, wir alle schrieben. Ich war wie vom Donner gerührt, als es dann daran ging in der Runde vorzulesen, was wir geschrieben hatten. Einige hatten Ratschläge oder vertiefende Informationsfragen notiert. Aber alle die wirklich Einfühlung erprobt hatten, hatten dasselbe Gefühl wahrgenommen und mit unterschiedlichen Worten dasselbe ausgedrückt. Und ich konnte nachvollziehen, wie angenehm es für den Klienten gewesen sein muss, endlich einem Gesprächspartner gegenüber zu sitzen, der nicht besserwisserisch berät oder staatsanwaltschaftlich differenzierend nachfragt, sondern schlicht bestätigt, dass das, was er sagte, verständlich war. In seinem Gefühl wahrgenommen zu werden, macht betroffen. Es kann bedrohlich sein, befremdlich, es stiftet jedenfalls genau jenen Kontakt, der Beziehungsgrundlage für Psychotherapie ist.

Ich begab mich auf diesen Weg. Wenn es sein konnte, dass Gefühle zuverlässig wahrnehmbare Botschaften sein konnten, dann wollte ich das Lexikon der Emotionen kennen und nutzen lernen. Eine weitere wichtige Erfahrung auf diesem Weg war dann, dass sich herausstellte, dass es niemals eine einzige exakte, richtige oder falsche Benennung eines Gefühls gibt, sondern dass sich bewahrheitete: „Gefühle sind Wolken". Wenn man einfühlsam gesagt hatte, „Das ist traurig?", so wurde dies meist auch akzeptiert, wenn der Angesprochene sich „niedergeschlagen, enttäuscht, unlustig oder gar ‚bitter'" gefühlt hatte. Allerdings hatte diese Wolkenqualität, die ein ganz genaues Zielen auf den „korrekten" Namen der aufgegriffenen Emotion überflüssig machte, eine Ausnahme: In der Arbeit mit Jugendlichen konnte es schon dazu kommen, dass um die richtige Benennung des Gefühls ein förmliches Rätselraten ausbrach.

### 6.4.2 Einfühlung kann treffen

Eines Tages arbeitete ich beispielsweise mit einem Jugendlichen (ich erwähnte ihn schon im Kapitel 6.3). Er hatte eine spannungsvolle Beziehung zu einem Lehrer, der ihn sehr beeindruckte und zugleich all seine Ablehnung mobilisierte. Es entspann sich zwischen ihm, ich nenne ihn mal Johannes , und mir dieser Dialog:

Johannes: „Mein Lehrer ist ein solcher Widerling, ich glaube, ich werde ihm demnächst mal die Autoreifen aufschlitzen."
CMH: „Du hast einen rechten Hass auf ihn?"
Johannes, einen Moment nachsinnierend: „Hass? Hass? Der ist mir doch so wurscht wie der Dreck unter meinen Fingernägeln, denn hasse ich doch nicht."
CMH: „Hmmm, also ist es eher, dass er Dich wütend macht?"
Johannes, ganz schnell: „Der? Mich wütend machen? Naaaaa, nein, nein, dazu ist der nicht wichtig genug."
CMH: „Ach so, das ist nur ein Ärger, der Dich packt, wenn Du an den denkst?"

Johannes sinnierte wieder eine ganze Weile. Für mich war es erstaunlich, wie sorgfältig er jeweils meine Verbalisation seines von mir vermuteten emotionalen Erlebens abwägte. Erst sehr viel später begriff ich, dass Johannes im Moment, als er seine „Autoreifen aufschlitzen"-Äußerung machte, selbst genau wusste, dass dies nur die halbe Wahrheit seiner Gefühle gegenüber diesem engagierten Mann war. Schließlich meinte er wieder in dem breiten Bayerisch, das er spontan sprach (er konnte als Gymnasiast auch sehr gut Hochdeutsch sprechen): „Naaaa, Ärger war dös a ned. [Nein, Ärger war das auch nicht]. Ich find des einfach unglaublich, dass so einer Lehrer sei mog [sein will]."

Nun war ich endgültig ratlos. Johannes hatte zunächst für meine Einfühlung in wütendem Hass gesprochen, nun war ich völlig verunsichert bezüglich seiner Gefühle dieser Lehrkraft gegenüber, von der ich wusste, dass sie eigentlich eher einen ungewöhnlich guten Ruf, besonderes Engagement und hohe Kompetenz hatte. Eine Komponente von Intuition spielte wohl mit, als ich meine nächste Frage stellte (vgl. Kapitel 6.8): „Kann es sein, dass du etwas an diesem Lehrer verachtest?" Johannes: „Genau, genau das ist es. Dieser Arsch hätte das Zeug zum Physiknobelpreisträger und scherzt da mit uns rum, als ob es wirklich wichtig ist, was wir von seinem Fach verstehen." Wie sich langsam herausstellte, war Johannes' Problem, dass er einer der speziell geförderten Schüler dieses Lehrers war. Er selbst, hoch begabt und wahrscheinlich auf dem Weg zu einem ausgezeichneten Physikstundenten, konnte die Anerkennung, die der Lehrer ihm dadurch gab, dass er ihm immer weitere Spezialaufgaben zugestand, zwar einerseits schätzen. Andererseits warf er ihm zugleich vor, dass er, der promovierte Physiker, von dem jeder an dem Elitegymnasium wusste, dass er auch eine Habilitation hatte, jedoch aus persönlicher Leidenschaft auf die akademische Karriere verzichtet hatte, um „eine ruhige, engagierte Lehrerkugel zu schieben", sich selbst so „unter Wert zufrieden gab".

Johannes machte seinen Weg, er klärte seinen eigenen Ehrgeiz und wurde später Entwicklungsingenieur in einer Forschungsfirma. Eine Wegweisung seines Lehrers hatte ihn dort mit einem Praktikum beginnen lassen. Erzählt habe ich diese Episode hier, da sie das typische Problem von Empathie bei Jugendlichen deutlich aufzeigt: „Hass? Nein. Wut? Nein. Ärger? Nein." Endlich „Verachtung? Ja."

„Glauben Sie bloß nicht, dass Sie mich mit Ihrer Einfühlung verstehen, verstehe ich mich doch selbst kaum", ist wohl die Metabotschaft vieler Gesprächsverläufe mit Jugendlichen. Wenn der um Einfühlung bemühte Therapeut sich hier zu schnell zurückweisen lässt, dann versäumt er den Kontakt. Einfühlung, die vom Jugendlichen nicht gleich aufgegriffen wird, kann dennoch in die richtige Richtung weisen.

### 6.4.3 Einfühlung schafft Bindung, Bindung schafft Sicherheit, Sicherheit erlaubt Neugier

Die Feinabstimmung zwischen erster Bezugsperson und Neugeborenem – die liebevolle Einfühlung und entsprechende Interaktionsgestaltung – mobilisiert im Neugeborenen das Bindungssystem und gestaltet dessen „sichere Bindung" (Grossmann/Grossmann 2004). Wie ich im Kapitel 6.3 zur so entstehenden Geborgenheit ausführte, gibt es einen Zusammenhang zwischen der gelingenden Zuwendung, die das Kind sicher gebunden macht, und dem Neugierverhalten. Die Mutter als „sichere Basis" kann zeitweise verlassen werden. Die Rolle des Vaters als zweite Bindungsperson wird nun zur Quelle der Sicherheit beim Explorieren.

> *„Die Notwendigkeit einer schützenden Bindung zeigt sich beim Spielen und Erkunden besonders dann, wenn das Explorieren Ambivalenzen zwischen Neugier und Furcht auslöst, das Kind also zwischen dem Anreiz, etwas Neues kennen lernen zu wollen und der Angst vor einer möglichen Bedrohung durch das Fremde, hin- und hergerissen ist. Wenn die Bindungsperson die Sicherheit des Kindes beim spielenden Erkunden gewährleistet, indem sie aufmerksam bleibt, als sicherer Hafen oder kundiger Begleiter da bleibt, kann ein Kind sich die fremde Person, das neue Ding oder Ereignis unbekümmert vertraut machen."* (Grossmann/Grossmann 2004, 187)

Was Grossmanns hier für den Vater und dann die Erziehenden von Vorschuleinrichtungen und weitere im Kinderleben auftauchende Fremde beschreiben, gilt ganz besonders für Kinder- und Jugendlichenpsychotherapeuten. Sich in der Psychotherapie – auch der Spieltherapie – einer fremden Person anzuvertrauen, ist nur möglich, wenn das aktualisierte Bindungssystem die Situation beruhigend als „sichere Basis" identifiziert. Erst auf dieser Grundlage ist Erkundung und tief greifende Selbsterkundung begleitet möglich.

Die beiden Haltungsaspekte *Wärme/Wertschätzung* (Kapitel 6.3) und Einfühlung stellen sicher, dass innerhalb der therapeutischen Beziehung das Bindungssystem aktiviert werden kann und neue, konstruktive Erfahrungen gemacht werden.

### 6.4.4 Einfühlung macht die Erfahrungswelt reich

Ein weiterer Aspekt der Einfühlung war die Tatsache, dass Gefühle sprachlich einerseits nur durch wenige, präzise Worte zu benennen sind – als gäbe es die puren Fühlsubstanzen Hass, Neid, Glück, Angst, Wut, Trauer, Liebe, usw. nur in sehr begrenzter Anzahl. Emotionsforscher hatten sich sogar darum bemüht, diese Dimensionen emotionalen Erlebens nach angeborenen und erlernten Mustern zu durchsuchen und waren so zu Katalogen von Kerngefühlen gekommen (Bottenberg 1972, Solomon 2000, Hülshoff 2006, Ekman 2004). Andererseits jedoch war klar, dass durch sprachliche Mittel ein Universum emotionaler Bedeutsamkeiten abgebildet werden konnte, das so nuancenreich und vielfältig sein musste wie menschliches Erleben insgesamt. Gleichsinnige Worte – Synonyme – wurden mir Sammelgegenstand. Verneinungen des Gegenteils – Antonyme – waren praktikable Verdoppelungen des Wortschatzes. Der eigentliche Reichtum einfühlenden Sprechens jedoch besteht in der Bilderwahl.

Hatte ich schon vorher – neuere deutsche Literaturgeschichte war mein Nebenfach neben dem Doppelstudium von Psychologie und Philosophie – Lyrik geschätzt, so wurde mir nun deutlich, dass die von Tausch gewählte Bezeichnung der personzentrierten Psychotherapie als „Gesprächspsychotherapie“ (1960) ein ausgezeichneter Treffer war – kein Fehlgriff, wie manche meinten. In jedem Gespräch werden Metaphern gebildet, wird Einfühlung durch Bilder übermittelt, wird Kontakt durch verständiges Sprechen ermöglicht. „Das ist, wie wenn ein Licht angeht“, erläuterte mir die Freude des Begreifens, „da geht es mir, als sei alle Einsamkeit zu Ende“, machte mir den Stolz auf einige Freundschaften begreifbar. Ich vertraute mich auch selbst einer Gesprächspsychotherapie an und lernte auf diesem Weg langsam anzuerkennen, dass es neben meinem kühlen Verstand auch ein heißes Herz mit zuverlässigen Gefühlen in mir gab – ich wurde ein leidenschaftlicher Psychologe.

### 6.4.5 Einfühlung kann jede/jeder, zugleich ist sie wirksamer Bestandteil des Psychotherapeutenverhaltens

Empathie kann jede, jeder – mit der tragischen Ausnahme psychopathischer Extremvarianten menschlichen Seins. Eine meiner ersten Erwachsenentherapien war eine 45-jährige Frau, die an einer Depression litt und zugleich gefangen in ihrer noch nicht gelösten Tochterabhängigkeit war. Sie arbeitete in der Stadt, fuhr jedoch jedes Wochenende auf den elterlichen

Hof und lebte dort ein Familienleben, neben dem die Arbeitsexistenz in München nur eine „Zuverdienarbeit", jedoch kein Eigenleben darstellte. Ein „Eigenleben" wäre ihr frevelhaft vorgekommen. Wir hatten 16 Wochen gearbeitet. Sie hatte sich antidepressiv aktiviert und entdeckt, dass ihre Autonomiesehnsüchte mit einer angemessenen Elternliebe vereinbar sein können. Sie hatte begonnen, in der Stadt ein Beziehungsnetz aufzubauen, und war bereits dreimal am Wochenende ganz in ihrer Stadtwohnung geblieben. In der siebzehnten Sitzung war ihr ihre eigene „Verwandlung" strahlend bewusst und sie teilte mir dankbar mit, dass sie sich die Frage stellen würde, ob sie denn noch zu mir kommen müsse. „Ich habe jetzt eine wirkliche Freundin, mit der ich auch reden kann. Meine Eltern respektieren es, wenn ich nur für den Freitag oder auch mal gar nicht zum Hof komme und verliebt hab ich mich auch ..." Ich muss wohl so etwas wie „Sie freuen sich" im netten Frageton der Empathie gesagt haben, war jedoch innerlich ganz bei der Vielfalt von Entwicklungsaufgaben, die ich auf diese Frau noch zukommen sah. So sehr, dass meine Klientin den Kopf schräg legte, mich fröhlich kritisch ansah und sagte: „Herr Hockel, ich glaube, ich bin mit meiner Entwicklung sehr viel zufriedener als Sie?" Ich war „voll erwischt". Sie hätte auch in der Form der Empathie sagen können: „Sie sind skeptisch?"

Dass Kinder unsere Therapeutenbefindlichkeit extrem empathisch wahrnehmen ist jedem vertraut. Neulich sagte ein 9-Jähriger ruhig und zutreffend: „Sie ärgern sich, wenn im Spielzimmer nicht alles auf seinem Platz ist." Ich hatte nur ein auf dem Tisch liegengebliebenes Spiel ins Regal geräumt. Meine Körpersprache musste mein Gefühl „hörbar" gemacht haben. Empathie macht gesprochene Texte bedeutsam und ungesprochene Botschaften verstehbar. Empathie findet immer statt – wo sie ausfällt, da herrscht menschliche Not.

Heute ist das Forschungsergebnis der Rogers-Gruppe Alltagswissen: Einfühlung ist der Türöffner für Beziehung. Einfühlung stiftet Kontakt. Einfühlung macht die Werte des Mitmenschen erlebbar. „Warum ich fühle, was du fühlst" ist die neurowissenschaftliche Aktualisierung dieser Rogers-Erkenntnis (Bauer 2005). Staemmler (2009) beschreibt das traditionelle Verständnis von Empathie als Grunddimension psychotherapeutischen Verhaltens und entfaltet sodann die Vielfalt weiterer Aspekte. „Warum ist Empathie heilsam?" Diese Frage stellt er sich und gibt eine anregende Antwort unter Bezug auf das Konstrukt mit welchem der Entwicklungspsychologe Vygotskij (1992) das Wachstum in der „Zone nächster Entwicklung" fundiert, der Interiorisierung. Staemmler beschreibt diesen Vorgang:

> „Die psychischen Prozesse, über die ein Mensch zu einem späteren Zeitpunkt in seiner Entwicklung autonom – man könnte auch sagen: originär – verfügt, waren zu einem früheren Zeitpunkt seines Lebens Interaktionen zwischen ihm und seinen Bezugspersonen. Noch zugespitzter

formuliert, wird in diesem Entwicklungsmodell ein individueller (originärer) psychischer Vorgang im Wesentlichen als die internalisierte Form einer zuvor gelebten sozialen Beziehung verstanden, an der die (nichtoriginären) Erlebens- und Verhaltensweisen der Anderen entscheidend beteiligt waren." (Staemmler 2009, 255)

In ähnlicher Weise ist der Vorgang in personzentrierter, aktueller Theorie mit dem Begriff „Symbolisierung" gefasst (Eckert et al. 2006, 61f). Symbolisierungen werden durch bedeutsame Sozialpartner vermittelt. Psychische, interiorisierte Prozesse oder Symbolisierungen können wir wiederum als jene handlungsleitenden Orientierungen verstehen, die entsprechend dem angeborenen Bedürfnis nach positiver Beachtung das Klientenverhalten auf der Suche nach „voller Funktionstüchtigkeit" steuern.

Ein eindringliches Beispiel für dieses Geschehen hatte ich in einer Falldarstellung gegeben. Der Fall Manfred wurde abgeschlossen:

„Manfred konnte sich schließlich vom Therapeuten trennen, ohne dies als verletzenden Verlust zu erleben. Sein Selbstwert war stabil geworden und die Beziehungserfahrung in der Therapie hatte er sogar auf einer sehr angemessenen und anspruchsvollen Ebene zu einem bewussten Schema zu gestalten vermocht: In einer der letzten Stunden meinte er einmal beiläufig: ‚So wie Sie mit mir spielen, so werde ich mit mir umgehen.'" (Hockel 2002a, 231).

Interiorisierte Interaktionen, gelingende Symbolisierung – alltagssprachlich eben *das Erleben, verstehbar und verstanden zu sein – das macht die heilsame Wirkung der Empathie aus.*

## 6.5 Echtheit als Verpflichtung – Integrität

„Ich bin, wie ich bin" – sicher eine der wichtigsten Erlaubnisse, die einem freien, gesunden Menschen zugestanden sein soll. Diese Authentizität ist gültige Zielangabe für unsere Selbstentwicklung und die unserer Klienten. Damit ist jedoch zur Rogers-Haltung der – im Therapeutenverhalten zu fordernden – Echtheit, noch wenig gesagt. Echtheit der Therapeuten ist weniger eine Erlaubnis als eine Verpflichtung. Ebenso wie bedingungsloses *wertschätzendes Achten* (Kapitel 6.3) und *einfühlender Umgang* (Kapitel 6.4) wird Echtheit in der personzentrierten Psychotherapie als eine zu lernende und zu leistende Verhaltensdimension des Therapeuten gesehen. Hierbei wird sie unvermerkt auch als Kongruenz beschrieben und rückt so in die Position eines zentralen Begriffes der personzentrierten Therapietheorie (Höger 2006, 119f). Zumindest die folgenden Facetten sind hier zu bedenken: Echtheit als authentische Dienstleistung, Echtheit als professionelle Verantwortung und Echtheit als angemessener Umgang mit Informationen.

### 6.5.1 Authentisch handeln in der Therapie

Leistungsfreude halte ich für ein wesentliches, konstruktives Motiv. Die Lust am Machen und am Gelingen sind kostbare Emotionen. Ein Kind, das in sein Selbstkonzept stolzes Wissen um eigene Könnerschaften einzubauen vermag, ist zu beglückwünschen – wie überhaupt „Stolz" eine der leider zu unrecht verratenen Kategorien gelingender Selbstgestaltung ist. Ich mache gerne gute Psychotherapie. Dass mir dies nicht immer gelingt, ist selbstverständlich, denn es unterlaufen mir Fehler. Aus diesen wiederum zu lernen, ist neue Herausforderung. So stellte ich in Potsdam 2009 auf einem unserer personzentrierten Fachkongresse einen Fall zur Diskussion, der mich an meine Grenzen gebracht hatte. Ein sehr gut begabter Vorschüler schien von Woche zu Woche in seinen Leistungsmöglichkeiten schwächer zu werden. Vorschulische Übungen im Kindergarten verweigerte er. Es zeichnete sich Schulangst ab. Als Einzelkind akademischer Eltern wohl behütet und gefördert wurde er sorgfältig beobachtet und schließlich zu mir gebracht, da diese antizipierte Schulverweigerung oder dieses Leistungsversagen die Eltern alarmierte: „Wir wissen, dass er in jeder Hinsicht das Zeug hat und die soziale Reife ... Was ist bloß los mit ihm?" Die elterliche Beunruhigung ging soweit, dass sie über genetische Syndrome mit spät auftauchenden Symptomen zu lesen anfingen.

Als ich Timm kennen lernte, vergnügte mich der fantasievolle Knabe mit einer stundenfüllenden Spielfreude. Wir hatten Spaß. Zugleich wusste ich, dass er sich als Vermeider gestaltete: Jede wirklich komplexere Leistung vermied er durch omnipotente Phantasien. So zeigte eine der videoprotokollierten Sitzungen eine Interaktion der folgenden Art:

Timm inszeniert den Krieg zwischen den Dinosauriern und den He-Man-Figuren und wirft einen Blick auf den Uhl-Bauwagen (ein Kindergartenmaterial: mehrere Kästen mit ungewöhnlich vielen Bausteinen). Er scheint zu überlegen, ob die He-Man Figuren sich eine Festung aufbauen sollten. „Können wir die auch benützen?", eine mich erstaunende Frage, die seltsamerweise in mir etwas auslöst, was ich nicht kontrolliere: eine einladende Herausforderung zu Höchstleistungen. „Na klar, da sind genug da, um einen Turm bis zur Zimmerdecke zu bauen."

Timm hält in seinem Tun inne. Der Raum ist ein Altbauzimmer, über 3,40m hoch. „Hat das schon mal jemand gemacht?" fragt er. Und wieder reitet mich das leistungsorientierte Therapiezielteufelchen. Anstatt zögerlich zurückhaltend seine Nachdenklichkeit zu spiegeln, etwa mit einem „Hmmm, du überlegst, wie das gehen soll?", versuche ich einladend, anfeuernd zu sein: „Klar, das geht. Natürlich müssen wir dann mit dem Tisch und schließlich dem Stuhl auf dem Tisch ein Gerüst bauen …" In der Art, wie Timm sich zurück zu den Dinos wendet, begreife ich, was ich gemacht habe: einen leistungsängstlichen Verweigerer erschreckt und überfordert. Ich stellte diese Passage im Workshop zur Diskussion, wollte verständige Unterstützung, alternative Handlungsperspektiven. Und tatsächlich eröffnete sich mit dem von Behr (2002) eingebrachten Gesichtspunkt der Interaktionsresonanz meiner Sehnsucht nach Verbesserung eine Perspektive. Ich war dem Kind als Agent der Eltern begegnet, als leistungsorientierter Therapeut, nicht als Interaktionspartner, der sich personzentriert vom Handeln des Kindes steuern lässt. Ich hatte ein wenig vergessen, warum unsere Therapierichtung einst auch zu Recht „non-direktiv" genannt worden war.

Die Arbeit im Workshop gab mir genug Ruhe und Zuversicht mit Timm weiter zu arbeiten, wie Timm dies schließlich nutzte, um zu seiner Leistungsfreude zu finden, habe ich an anderer Stelle dargestellt (Hockel 2011). Warum berichte ich diese Fallkomponente hier? Ich denke, meine Leistungslust gehört zu mir: Sie ist echter Bestandteil meines Seins. So wie ich handelte, war ich „authentisch", jedoch eben gerade als der Privatmann, der ich auch bin – als der Therapeut, der ich für Timm sein wollte, war ich nicht wirklich offen und authentisch im Sinne meiner Beziehungsverpflichtung: ihm ein verständiger Dienstleister und Helfer zu sein, seinem suchenden Erleben in Interaktionsresonanz einen Entfaltungsraum bietend.

### 6.5.2 Echtheit als Verpflichtung

Viele Kolleginnen und Kollegen haben mit der Handlungsverpflichtung der Authentizität angeblich kein Problem: Es sei doch gerade dies die „Erlaubnis", so zu sein, wie „man" ist. Natürlich gestehe ich tatsächlich jedem Kinderpsychotherapeuten, der seine Arbeit tut, zu, dass er möglicherweise einem sehr lauten Kind die Bitte vorträgt: „Sei doch bitte heute etwas leiser, ich habe wegen meiner Erkältung, die ich noch nicht besiegte, ständige Kopfschmerzen …" Bei ebensolchen Kopfschmerzen aufgrund einer durchzechten Nacht hätte ich schon meine Probleme mit dem Kollegen oder der Kollegin, da meine Berufsauffassung dahin geht, dass wir dafür zu sorgen haben, dass sich das Kind nicht nach uns richtet, sondern wir unser Leben auch nach den Erfordernissen unserer Arbeit gestalten – am Vorabend eines Arbeitstages sollten wir also nicht dementsprechend „feiern".

Aber beides sind, meiner wirklich ernsten Auffassung nach, keine bedeutsamen Gesichtspunkte zu dem, was die Rogers-Haltung „Authentizität" ausmacht. Dass Kinder uns bei dieser oder jener Äußerungsform von „Tagesverfassung" oder nachwirkenden eigenen Konflikten „erwischen" werden und wir dann ehrlich zu sein haben, das macht nicht den Kern der

Echtheits-Verpflichtung aus. Echtheit meint unser Handeln in Kongruenz – in innerer Stimmigkeit – auch in unserer Dienstleistungsverpflichtung.

„Herr Hockel, Sie sind heute nicht wirklich bei der Sache …“, sagte mir ein 16-jähriger Schachgegner, ich nenne ihn hier Moritz, der vom Richter die Auflage bekommen hatte, in einer Psychotherapie zu lernen, dass Eigentum zu respektieren sei – er hatte sein Taschengeld beliebig durch Automatenknackerei ‚aufgebessert‘. Dieser junge Mann „aus gutem Haus“ litt offensichtlich unter „Störungen des Sozialverhaltens“. Ich war sehr stolz, dass es mir gelungen war, zu ihm eine achtungsvolle Beziehung aufzubauen. Die brachte es mit sich, dass er nicht „wegen des Richterspruches und zur Vermeidung weiterer Sozialauflagen“ in die Stunden kam, sondern weil er diese Zeiten als engagierte „moralische Trainingssituationen“ und spannende Schachspielzeiten zu schätzen gelernt hatte. Er hatte mich erwischt. Ich war nicht mehr beim strategischen Planen des nächsten Spielzuges und auch nicht beim Nachdenken über die im Leben meines jugendlichen Klienten parallel zur Behandlung erfreulicherweise einsetzenden Engagiertheit in einer „Band“. Meine Gedanken waren kurzfristig bei einem meiner drei Söhne, der gerade seine Schullaufbahn geschmissen hatte und von der getrennt lebenden Mutter, bei der er damals lebte, „rausgeworfen“ worden war..

„Moritz, du hast Recht. Ich war abgelenkt, entschuldige bitte.“ Eine Sekunde lang war die Versuchung groß, mehr als das zu sagen, denn es war natürlich nicht zufällig, dass ich gerade jetzt an meinen Sohn dachte, machte ich mir doch gerade ähnliche Sorgen wie Moritz’ Eltern. Gerne hätte ich mir die Erlaubnis gegeben, authentisch mit dem Jugendlichen über solche Vaternot zu sprechen. Zusätzlich hätte ich dabei noch die Legitimation gehabt zu denken, dass dies für Moritz und das Verhältnis zum eigenen Vater ein gutes Modell werden könnte. Ich griff jedoch nach dem Springer und machte meinen nächsten Zug, wissend, dass dieser Jugendliche nicht mein Supervisor und die Situation nicht einfach umkehrbar war. Tatsächlich akzeptierte Moritz meine Entschuldigung einfach. Im weiteren Verlauf der Stunde kamen wir dann allerdings ganz unvermittelt genau darauf zu sprechen, dass Moritz inzwischen ab und zu auch mal mit seinem Vater Schach spielte und sich diese Beziehung weitgehend verbessert hatte, seit der Vater begonnen hatte, seinem Sohn wieder zu vertrauen.

### 6.5.3 Authentischer Umgang mit verantwortlich zu handhabenden Informationen

„Wieso ist Clara jetzt in einem Heim?“, diese Frage stellte mir der 7-jährige Bruder des 15-jährigen Mädchens. Ich wusste genau um die ganze Tragödie. Und ich wusste auch, dass die Eltern Recht hatten, die wirkliche Geschichte vor dem kleinen Bruder und allen Verwandten zu verheimlichen. Familiengeheimnisse als solche sind meist destruktiv. Wenn sie jedoch einen Mantel der Stille um einen gerade stürmisch in konstruktiver Entwicklung befindlichen Prozess legen, dann sollten sie unbedingt respektiert werden. „Jugendsünden" müssen möglich sein und sie zu bewältigen darf auch in einem geschützten Rahmen geschehen. Ich stellte mich der schlichten Informationsfrage nicht, sondern nutzte die für solche Situationen gut geeignete Klaviertaste der Empathie. Da die Frage des Knaben auch eine ängstliche Komponente beinhaltete, sagte ich: „Du machst dir Sorgen, was geschehen muss, damit man in ein Heim darf?"

Die Formulierung war natürlich in mehrfacher Hinsicht „raffiniert" – die blass abstrakte emotionale Befindlichkeit „Sorge" ließ dem kleinen Bruder den Ausweg, sein Gefühl von Neugier und forderndem „Ich will aber genau wissen, was da los ist" einzugestehen, beizubehalten und dennoch nicht weiter zu fragen. Insofern war diese Art, eine Emotion zu benennen, auch fast wieder ein erster *Grenzsetzungsschritt* (siehe Kapitel 6.9) , als hätte ich zwischen informationsbegehrender Absicht und staatsanwaltschaftlichem Frageverhalten trennend gesagt: „Am liebsten würdest du ganz genau wissen, ob deine Schwester was angestellt hat oder was da Schreckliches passiert ist, dass sie jetzt im Heim ist?" Und zweitens hatte ich mit dem „in ein Heim darf" die gewöhnliche Formel umgekehrt, wie Tom Sawyer, der meinte, dass er „den Zaun streichen darf". Solche Raffinesse – ist dieses Verhalten dann noch „echt"?

Ich würde nicht die Forderung danach stellen, dass „man" als Therapeut so handeln müsse. Ich gehe jedoch davon aus, dass ich in der Verpflichtung, das Geheimnis zu wahren und zugleich die Neugier des kleinen Bruders gelten zu lassen, autorisiert war, mich so zu verhalten. Besser wäre es vielleicht gewesen, noch klarer Position zu beziehen, etwa indem ich hätte sagen können: „Ich verstehe, dass du wissen willst, warum deine Schwester in ein Heim gekommen ist. Aber ich habe ihr (oder deinen Eltern) versprochen, darüber nicht zu sprechen. Du weißt doch, wenn du mir etwas erzählst, was niemand außer mir wissen darf, sage ich das auch nicht weiter." Es wäre unangebracht, wenn wir Erwachsenen so tun würden, als stünde all unser Wissen den Kindern/Jugendlichen jederzeit abrufbar zur Verfügung. Da gibt es Wissensbestände, die es uns erlauben, einfach zu zitieren. Es gibt Kenntnisse, die wiederzugeben keinen Sinn macht, wenn nicht das entsprechende Informationsumfeld bereitet ist und die Bedeutung der Information klar ist.

Mitunter sind wir als Anwälte der kindlichen Entwicklung professionell anders eingestellt zum Thema „Familiengeheimnis" oder „historische Aufklärung", als es die Eltern sind. In Fällen wie den Pflegekindern in Pflegefamilien, die in der Therapie fragen, was mit ihren wirklichen Eltern los sei (unser Wissen: „beide als Drogendealer inhaftiert"), von Adoptivkindern, die ihre leiblichen Eltern kennen lernen wollen (unser Wissen: „Vater unbekannt, Mutter verstorben"), von sexuell bisher nicht umfassend aufgeklärten Kindern („Herr Hockel, was ist ein Arschficker?" – unser Wissen: Das Kind weiß genau über „Ficken" Bescheid), stehen wir jeweils vor der Frage, wie wir in der Situation authentisch mit der Wissensdifferenz umgehen. Authentisch sein, heißt jedenfalls nicht lügen. So zu tun, als seien wir unwissend, gilt also von vorneherein nicht. Gleichzeitig wäre es verantwortungslos und untherapeutisch ohne Rücksicht auf den Kontext, zwar authentisch, aber unkontrolliert, all unser Wissen preiszugeben – „das Kind/der Jugendliche wollte es doch wissen ..."

Für jedes dieser Konfliktszenarien muss in der Ausbildung Raum sein. Die jeweils Sorgeberechtigten im Leben der Kinder müssen einbezogen werden, wenn es um Fragen geht, die in deren Lebensumfeld – z. B. Pflegschaftsverhältnis, Adoption, sexuelle Aufklärung – fallen. In der Regel werden wir daher in solchen Fällen ein gestuftes Vorgehen wählen. Zunächst klären wir empathisch das Interesse. Oft erledigt sich dabei die aktuelle Fragestellung. Allerdings sollten wir, auch wenn das Kind/der Jugendliche uns aus der aktuellen Fragesituation entlassen hatte, mit den Bezugspersonen besprechen, wie sie als Sorgeberechtigte mit dem entsprechenden Informationsbedürfnis umgehen wollen. Das kann dann möglicherweise dazu führen, dass diese ihre Verantwortung für solches Informieren mit uns teilen und, manchmal erleichtert, auch an uns delegieren wollen.

Für den Bereich „Mitteilung über die wirklichen Eltern" bei Pflege- und/oder Adoptivkindern würde ich diese Delegation nicht annehmen. Denn es ist ein bedeutsamer Aspekt der Beziehungsentwicklung zwischen Bezugspersonen und Anvertrauten, mit solchen beunruhigenden Fragen angemessen umzugehen. Hier müssen wir manchmal regelrecht in Rollenspielen Pflegeeltern und/oder Adoptiveltern auf entsprechende Gesprächssituationen vorbereiten – oder wir stellen uns darauf ein, in Konfliktsituationen als Gesprächsmoderator verfügbar zu sein.

Für den Bereich des Umgangs mit zotig gebrauchten Worten und deren tatsächlichem Informationsinhalt (z. B. „Arschficker") würde ich eine solche Delegation akzeptieren, da, ebenso wie die Bezugspersonen ein schlichtes Recht darauf haben, bestimmten Sprachgebrauch ihrer Einschätzung nach zu tabuisieren, wir die Pflicht dazu haben als professionell trainierte „Asoziale" unbefangen aufklärend dort zu sprechen, wo verklemmte, erotisierende oder zotige Umgangssprache provozierend oder verletzend sein möchten. Manchmal wollen sie durch die Verwendung erotischer Worte oder Bilder auch testen, wie ruhig kompetent der aktuelle Gesprächspartner für ein exploratives Gespräch zu solchen Themen ist.

Im Zusammenhang mit der häufigen Thematik der Aufdeckungsarbeit hinsichtlich sexuellem Missbrauch im Rahmen einer zunächst ganz unabhängig von solchem Verdacht begonnenen Kinderpsychotherapie ist zu bedenken, was Saller (1987) bereits festhielt:

> „Ein problemangemessenes, diagnostisches und therapeutisches Vorgehen stellt an Fachleute eine Reihe von Anforderungen, unter anderem folgende:
>
> - Bewusstsein eigener Emotionen in Bezug auf Sexualität und sexuelle Gewalt
> - Verfügung über fundiertes Wissen betreffend Ausmaß, Erscheinungsformen, Dynamik und Auswirkungen sexueller Ausbeutung und Gewalt
> - Bereitschaft und Fähigkeit, ‚offen über Sexualität und sexuelle Gewalt zu reden; eine Person, die sich unbehaglich und verlegen fühlt, wenn sie die Problematik anspricht, sollte selbst nicht intervenieren. Kinder haben nämlich ein feines Gespür für unausgesprochene Vorbehalte von Erwachsenen. Sie schweigen dann möglicherweise, nur um die Gefühle des Erwachsenen zu schützen
> - Bereitschaft, die Verantwortung für ein aktives Eingreifen zu übernehmen
> - Bereitschaft zum koordinierten Einsatz von autoritativen Maßnahmen (zum Beispiel zum Schutz des betroffenen Kindes) und therapeutischen Hilfen“

Weiter ist der Fachdiskurs über den Umgang mit medizinischen Diagnosen hilfreich. Soll eine Krebsdiagnose rückhaltlos offen gelegt werden? Wann, von wem, mit welcher Vorhersagegewissheit? Zusammenfassend schließe ich mich hier der Darstellung im Ärztlichen Berufsrecht an, die ausführt, dass das Persönlichkeits- und Selbstbestimmungsrecht des Patienten es immer erforderlich macht, dass der Patient ausreichend aufgeklärt ist.

> „Es gibt kein ‚therapeutisches Privileg‘, das den Arzt berechtigen würde, einen willens- und aufnahmefähigen Patienten aus medizinischen Gründen nicht aufzuklären. Lässt sich, um die Einwilligung eines Kranken in eine notwendige Behandlung zu erhalten, die Bekanntgabe einer das Leben des Patienten bedrohenden Diagnose nicht vermeiden, so darf der Arzt hiervor nicht zurückschrecken.“ (Narr 2009, 133)

So dramatisch geht es im Umfeld unserer Arbeit nur in den seltensten Fällen zu. Wenn dies doch der Fall ist – ich supervidierte einige Mitarbeiter kinderonkologischer Stationen – ist der Kinder- und Jugendlichenpsychotherapeut hier auf die offene Zusammenarbeit mit dem hauptverantwortlichen Arzt angewiesen, der manchmal jedoch gerade diese Aufklärungsarbeit an den Psychologen delegiert.

### 6.5.4 Zusammenfassung: Echtheit als Integrität

Ich meine, dass die personale Authentizität eines Therapeuten sich weniger in seinem Verhalten mit dem jeweiligen Klienten offenbart, als in der radikalen Bereitschaft seine gesamte Berufspraxis in kollegialer Supervision zu reflektieren. Authentisch sind wir dann, wenn wir unsere Arbeit nicht nur als selbstgewisse Könner leisten, sondern sie auch selbstprüfend reflektieren.

Was ich unter der Rogers-Haltung „Echtheit" in den Jahrzehnten zu verstehen lernte, fand ich am besten beschrieben in der umfassenden Reflexion von Pollmann (2005) zum Konzept der Integrität. Pollmann beschreibt Integrität mit ihren wertvollen Aspekten von Selbsttreue, Rechtschaffenheit, Integriertheit und Ganzheit als eine wünschbare und erreichbare Persönlichkeitsgestaltung. Er betont, dass die Zielvorstellung sich als integer gestalten zu wollen, gefährdet sein kann durch Konfliktscheue, Selbsttäuschung, Willensschwäche und Selbstfremdheit. Zugleich führt er jedoch auch aus, wie bedeutsam es ist, das eigene Leben zu bejahen, auch wenn die Gefährdungen nicht gänzlich vermeidbar sind: „Das integre Leben muss sich offen halten für die Möglichkeit existenzieller Risse, die zwar zu kitten, aber niemals gänzlich zu vermeiden sind" (Pollmann 2004, 173). Das auszuhalten, bedeutet Echtsein. Auch Angst und Selbstfremdheit, die Pollmann noch als Risikofaktoren betrachtet, sind aus der authentischen Daseinsweise nicht wegzudenken.

## 6.6 Spielen – eine gelingende Selbstaktualisierung

> „Denn, um es endlich auf einmal herauszusagen, der Mensch spielt nur, wo er in voller Bedeutung des Worts Mensch ist, und er ist nur da ganz Mensch, wo er spielt ..." (Schiller, 15. Brief zur Ästhetischen Erziehung, 1795)

Spielen befreit von aller Not. Es ist gelebte Freiheit. Das mag manchem als eine übertriebene, „schönfärberische" Aussage erscheinen. Selbstverständlich gilt es jeweils auch nur dort und solange, wie das Spielen als solches anhält, anhalten kann. Spielverderber und wirkliche Nöte können es unmöglich machen zu spielen. Das klassische Schillerzitat, die philosophische Bestimmung des Menschen als „Homo Ludens" (Huizinga 1956) sind Bausteine menschlicher Weisheit. Zu spielen meint, das innerste Wesen menschlicher Freiheit zu erfahren: Es kann nur das geschehen, was alle am Spiel Beteiligten wollen.

Spiel ist für mich ein Name für endliche Prozesse. Und zwar für viele Prozesse, insbesondere denen des Seins überhaupt („Schöpfungsgeschichte – Seinsgeschichte"), denen der Evolution des Lebens („Ur-sprung – Entwicklung“), denen der Entfaltung des personalen Selbst („Er-Zeugung – Tod“) sowie denen der Gestaltung des Lebensalltags („Rollen-Spiele der Subjekte“). In dieser „Fundamentalität“ entspricht meine Sicht der von Eigen und Winkler, die schrieben:

> „Der Mensch ist weder ein Irrtum der Natur, noch sorgt diese automatisch und selbstverständlich für seine Erhaltung. Der Mensch ist Teilnehmer an einem großen Spiel, dessen Ausgang für ihn offen ist. Er muss seine Fähigkeiten voll entfalten, um sich als Spieler zu behaupten und nicht Spielball des Zufalls zu werden.“ (Eigen/Winkler 1975, 14)

Spiel ist für mich eine Prozessqualität, die Ehrfurcht verlangt.

### 6.6.1 Spiele – die Vielfalt der Tätigkeiten dieser Bezeichnung

Will man die unendliche Mannigfaltigkeit menschlicher Tätigkeiten, die „Spiel“ genannt werden können, systematisch beschreiben, so gibt es eine unüberschaubare Anzahl möglicher Gliederungen. Manche gliedern nach „Alleinspiele – Gruppenspiele“, andere nach „Spiele für Draußen – Spiele für Drinnen“. „Kinderspiele“ sind anders als „Erwachsenenspiele“. Hildebrandt (1904) gliederte Spielegruppen (z.B. „Wissenschaftliche Spiele“, „Gesellschaftsspiele“), ein anderer Kenner (Caillois 1960) entwickelte „Grundkategorien“ zur Einteilung der Spiele:

- Agon, Wettkampf (Sieg durch Leistung)
- Alea, Würfelspiel (Chance, Sieg durch Zufall)
- Mimicry (Verkleidung), zeitweilige Annahme eines fiktiven Universums
- Ilinx (Rausch)

Dabei beschreibt er als eine Differenzierungslinie, welche die Vielfalt der Spielarten durchzieht, den Übergang von der Ausgelassenheit zur Regel, die Schritte vom kindlichen (paidia) Improvisieren und Sich-freuen zum reiferen und anspruchvolleren „ludus“, dem Spiel, das Regeln als „künstliche Schwierigkeiten“ kennt. Eine weitere Systematik ist bei Schmidtchen und Erb (1976) zu finden. Dort werden Spiele vor allem nach Inhalt und Form unterschieden. Ich denke eine wirkliche Systematik des Spielens kann es nicht geben. Es wäre das System der möglichen Maschinen, das Dürrenmatt die verrückten Physiker finden lässt. Eine systematische Darstellung dessen, was Freiheit sein kann, wäre unfrei – ein Paradoxon. So gebe ich in meinen Ausbildungsgruppen ein Raster vor, das dazu anregen soll, an viele unterschiedliche Spiele zu denken, ihre „Eigenheiten“ zu würdigen und sie sodann relativ „beliebig“ einzusortieren. Ein zentraler Gedanke hierbei ist noch derjenige des Überganges vom Spielen zum Arbeiten.

Verdeutlichen wir uns diesen Schritt: Ein Kind im Kindergarten wird von einer kompetenten Fachkraft beim Töpfern gefördert. Lustvoll spielt es mit diesem Gestaltungsmaterial. Fröhlich entstehen Figuren und werden verworfen oder als „Spielproduktionen" festgehalten. Die für diese Freispielzeit vorgesehene Zeit nähert sich dem Ende. Anschließend waschen sich alle die Hände und gehen in die begehrte Tobe- und Freispielzeit im Garten. Das von uns beobachtete Kind jedoch ruft kurz vor dem Abschluss der Töpferspielzeit: „Oh, das sieht aus wie ein Aschenbecher, das mache ich fertig, das wird ein Aschenbecher für meinen Vater!" Und mit Feuereifer macht es sich an die Arbeit. Der freie Wille ist nun einem Projekt zugewendet. Dies kann gelingen oder misslingen. Es ist eben kein Spiel mehr, das jederzeit beendet werden kann, sondern eine Produktion, die der Strenge des Produktes, der Abschluss-Erfahrung und der dahin führenden Anstrengung unterliegt. Mit dem „Gestaltungszweck für einen Anderen" tritt ein Element ins Handeln, das in der gesellschaftlichen Organisationsform von Arbeit als „Lohn" organisiert ist und den Arbeitenden sich weiter anstrengen lässt, wenn alle (Spiel-)Freude längst erloschen ist. Dort jedoch, wo es als Bestandteil des Arbeitens gilt, dass der Arbeitende nicht wegen des Lohnes, sondern wegen seiner Freue am Tun handelt, dort sind Spiel und Arbeit nicht zu unterscheiden. Deshalb ist es richtig, wenn Fröbels (1782–1852) Pädagogik verdichtet wird auf die Formel: Arbeit ist das Kind des Spielens. Wer in seiner Jugend recht zu spielen lernt, wird später auch richtig arbeiten können.

Die folgende Tabelle will ein Spiel zum Zuordnen von Spielen sein, sie erhebt nicht den Anspruch, das Universum der Spiele nun „richtig" zusammenzustellen, sondern sie verdeutlicht einige anregende Ordnungsgesichtspunkte. Mit dieser Matrix können dann beliebige Spiele „erfunden" oder zugeordnet werden.

Funktionslust und Gestaltungslust sind Erscheinungsformen des Regelkreises selbst bestätigenden Tuns. Das „Gestaltungsziel" kann erst angestrebt werden, wenn eine bekannte (Genuss-)Gestalt erinnert wird. Dieses Ziel kann also ein Zustand, eine Situation oder ein Produkt sein. Die Spielenden streben jedenfalls danach, da sie die Freude, den Spaß, bereits kennenlernten. Der „Gestaltungszweck" unterscheidet sich vom Ziel dadurch, dass ein Nutzen erforderlich bzw. erkennbar ist. Dieser Nutzen kann für den Spielenden selbst rein emotional sein („Siegesfreude").

Die Selbstdarstellung des „Ich schaffe", die durch das Motiv des „Gestaltungszweck für Andere" gegeben ist, können wir, wie oben beschrieben, Arbeit nennen. Auch Therapeutenarbeit – alle Dienstleistung – kann so gesehen werden, wenn auch die „Gestaltung" vor allem im angemessenen Umgang mit dem Instrument „Helferselbst" liegt.

*Tab. 6.6.1: Eine Matrix, um Arten des Spielens zuzuordnen und vom Arbeiten zu differenzieren*

| | Strukturmoment, das hinzu tritt: | | | | |
|---|---|---|---|---|---|
| SPIEL - STUFE | Funktions-lust | Gestaltungs-lust | Gestaltungsziel (Spielfreude, Spaß – der Weg ist das Ziel) | Gestaltungs-zweck für Spielende (Nutzen) | Gestaltungs-zweck für andere („Mehrwert") |
| I „ich bin" | Betätigungs-spiel | | | | Berufe |
| II „ich kann" | | Gestaltungs-spiel | | | Berufe |
| III „es gibt" | | | Rollenspiel, Werkgestalten | | Berufe |
| IV „so geht es" | | | | Regelspiel, Geltungsspiel | Berufe |
| V „ich schaffe" | | | | | Arbeit |

I = „ich bin" II = „ich kann", III = „es gibt" und IV= „so geht es" können jene Momente sein, welche die jeweilige Spielstufe dem Spielenden selbst repräsentieren bzw. „erfahrbar" machen.

Kinderpsychotherapeuten sind professionelle „Spieler". Kenntnis der Vielfalt kindlicher Spiele ist eine berufliche Basisqualifikation. Die oben gegebene Systematik kennt keine „richtigen oder falschen" Zuordnungen sondern ist vor allem als Heuristik gemeint, um die Vielfalt denkmöglicher und realer Kinderspiel reichhaltig und differenziert zu gestalten. Spiele werden täglich neu erfunden (hier im Therapiebericht z.B. das „Könner-Quartett", Kapitel 3, *Ansprechen und Erfragen von Werturteilen*). Wir können Spiele auch gezielt zur Förderung spezieller Kompetenzen, zur Auseinandersetzung mit bestimmten Lebensthemen erfinden, anregen oder einführen. Gegenwärtig boomt ein Markt mit „Therapiespielen".

### 6.6.2 Spielen – Eine Definition

Spieltherapeuten sind professionelle Spielspezialisten. Sie sind nicht „Spieler", wie zum Beispiel Dostojewski einen vor Augen hatte – ganz im Gegenteil: Die professionelle Kompetenz des Spieltherapeuten besteht gerade darin, in jedem Moment die Freiheit des „Es geht auch anders" oder des „Als ob" oder der Neubestimmung von Regeln im Blick zu haben (Hockel 2002a, 2003, Weinberger 2001).

Betrachten wir das Spielen eines liebevollen Vaters im Vergleich zu jenem eines professionellen Spieltherapeuten. Da wir bisher nicht festgelegt haben, was wir eigentlich als Spiel definieren, ist es vielleicht sinnvoll das Spiel „Mensch ärgere Dich nicht“ anzusehen. Väter und Therapeuten erklären dem daran interessierten Kind das Regelgefüge. Das klassische „Mensch ärgere Dich nicht“ ist ein Spiel um zu ärgern, ein Regelsatz, um in der Auseinandersetzung mit der Kontingenz des Schicksals (dem Zufall der Würfelaugen) zu lernen, Enttäuschungen zu ertragen, Spannung auszuhalten, Glück zu genießen. Zugleich ist es gerade komplex genug, um auch strategische Kompetenzen zu entwickeln. Zum Beispiel: „Nutze ich jede gewürfelte Sechs, um eine Figur rauszusetzen oder um schnell vorwärts zu kommen?“

Der Vater wird nun meinen, dass das Einhalten der Regeln das alles Entscheidende sei. „Das Kind muss lernen auch mal zu verlieren.“ Dass es sich dabei ärgern wird, macht ja gerade den ironisch-zynischen Reiz des Spieltitels aus. Er wird seinem Kind, wenn es regelwidrig schummelt oder die Lust verliert, weil es am Verlieren ist, „ins Gewissen reden“ oder ihm zuraten sich doch weiter dem Glück anzuvertrauen: „Vielleicht bekommst du doch gleich eine Sechser-Serie.“ Ganz anders der Spieltherapeut. Wenn das Kind plötzlich rückwärts zieht, um regelwidrig einen Verfolger zu schlagen, wird er freundlich ansprechen: „Ahh, eine neue Regel, man darf auch rückwärts schlagen. Gilt die nur für dich oder auch für mich?“ Und wenn ein Kind lustlos wird, weil es meint, es werde die Partie verlieren, so wird es einzig empathisch begleitet: „Das ärgert dich jetzt, dass du es nicht mehr schaffen kannst zu gewinnen …“ Für den Therapeuten ist kein „didaktischer Effekt“ anzuzielen, sondern die im Spielverlauf sich zeigenden Erfahrungen selbst sind alles entscheidend. Für den Vater ist das Spiel dann beendet, wenn einer gewonnen oder wenn das Kind durch dauerhafte Verweigerung des Regelsatzes sich dem Spiel entzogen hat. Dafür wird das Kind dann meist als „Spielverderber“ oder gar als einer „mit dem man eben nicht spielen kann“ kritisiert. Für den Spieltherapeuten endet das Spiel, wenn eines der Definitionsstücke verloren ging, beispielsweise die Freiwilligkeit, erlebt durch die Spielfreude. Das will ich weiter illustrieren.

Da wir Spieltherapeuten mit den Kindern jene Sprache sprechen, die „Spiel“ heißt, und dies die Sprache aller Kinder ist, sieht das bei uns anders aus. Zu spielen meint nicht, einen Regelsatz wie das ausführende Organ einer größeren Macht zu befolgen. Sondern die Regeln gelten so lange, wie mein Klient sie freiwillig einhält. Wenn wir eine Partie Schach mit einem Jugendlichen spielen, der uns beweisen will, dass er „besser“ ist, dann werden wir all unsere Kunstfertigkeit innerhalb des entsprechenden Regelsatzes einsetzen und um den Sieg kämpfen. Dieser Kampf ist jedoch nur so lange Spiel, solange wir ihn freiwillig weiterführen. Wäre der Gegner jener orientalische Märchen-Potentat, der alle besiegten Schachgegner köpfen ließ, so wäre diese Partie ebenso wenig ein „Spiel“, wie es meiner Meinung nach die meisten Partien der Schachweltmeisterschaften sind. Eine Partie Schach zu spielen, kann heißen, um einen Sieg zu ringen und lustvoll zuzugestehen, dass dieser Sieg nicht möglich war: Dann hat der Gegner ein Spiel gewonnen und die Spielenden sind beide stolz und zufrieden mit dem Spielverlauf. Überall dort, wo diese Qualität des freiwilligen „Ich strenge mich nach besten Kräften an – könnte es jedoch auch bleiben lassen" verloren geht, dort wird nicht mehr gespielt.

Damit ist das erste Bestimmungsstück unserer Definition von Spiel gegeben: Spiel kann nur jene menschliche Tätigkeit sein, die durchgängig, bis zum „Spielende" von allen Beteiligten freiwillig getan wird. Wenn also ein Kind sagt, „ich habe keine Lust mehr", dann ist das Spielen für dieses Kind beendet – ob es Vätern nun passt oder nicht. Es gibt ein Gruppenspiel, das es ermöglicht, die Definition des Spielens spielend zu erarbeiten. Seit vielen Jahren setze ich es in Ausbildungsgruppen ein. Eigentlich ist es ein schlichtes Kindergartenspiel. Spielt man es mit Erwachsenen, dann muss man sehr sorgfältig im Umgang mit der Spielinstruktion sein, denn es entführt die Spielenden in Rollen, die sehr schnell so faszinierend sein können, dass möglicherweise die Rückkehr zu den Mitspielenden schwierig wird. Ich werde es kurz beschreiben, bitte jedoch darum, dieses Spiel unter Erwachsenen nur zu spielen, wenn alle Beteiligten sicher sind, dass sie in jedem Moment volle Kontrolle darüber haben, ob sie weiter spielen wollen oder „aussteigen".

Ich erläutere das Spiel nun so, als würde ich Sie, die Lesenden, dazu anleiten, dieses Spiel anzuleiten: Eindringlich ist zu klären, dass Spielen immer und unverzichtbar eine freiwillige Tätigkeit ist. Dass also jeder Spielende immer wissen muss, dass er für sich dieses Spielen beenden kann, indem er einfach nicht mehr mitspielt. Für das Spiel, um das es geht, ist es nun wichtig, um die Macht von Zauberworten zu wissen. An dieser Stelle frage ich die potentiellen Mitspielenden, ob sie das Märchen vom Kalifen Storch kennen. Da es immer einigen unbekannt ist, erzähle ich den Beginn, den zentralen Gedanken: Ein böser Zauberer möchte einen guten Kalifen durch eine Zauberpaste ins Verderben stoßen. Er will ihm eine Creme verkaufen, die ihn, bei leichtem Auftrag auf ein Hautstück, in einen Storch verwandelt. „Eine wunderbare Möglichkeit, um an den Lagerfeuern der Karawansereien zu hören, wo das Volk von Steuereintreibern betrogen wird, wo Ungerechtigkeiten vorgekommen sind, wo Not herrscht …" Dem guten Kalifen leuchtet ein, dass er so noch besser informiert, noch gerechter herrschen könne, und er kauft die Salbe vom Bösen. Dieser aber muss ihn – damit der Zauber wirkt – vorher warnen: „Gut, mein Kalif, wenn Sie sich aus dem Storchensein zurück verwandeln wollen, dann müssen Sie das Zauberwort ‚Mutabor' sprechen. Und solange Sie Storch sind, dürfen Sie nicht lachen, sonst vergessen Sie das Zauberwort". Für unser Spiel nun ist das Zauberwort ein gezielter, eindeutig einem Mitspieler geltender Fingerzeig mit dem gleichzeitig gesprochenen Text: „Du bist's!"

Dann weise ich darauf hin, dass unser Spiel so aufregend sein wird, dass durchaus die Gefahr besteht, das Zauberwort zu vergessen. Aber noch wichtiger ist, dass die lange Leidensgeschichte des Kalifen, der im Märchen natürlich zunächst doch als Storch lacht, das Zauberwort vergisst und erst nach langer Läuterung mit einer glückenden Liebe bereichert zurück in den solange vom Bösen usurpierten Palast kommen kann, in unserem Spielen einen anderen Endpunkt haben muss. Denn wenn es keine Regel für die Beendigung gäbe, würde das Spiel, einmal in Gang gesetzt, immer weiter laufen. „Wer auch immer unter den Mitspielenden das Spiel als solches beenden will, der muss auf mich – den Spielveranstalter – zeigen und das Zauberwort sagen: ‚Du bist's!' Wenn ich dann in die Hände klatsche und ‚Stopp' rufe, dann ist das Spiel beendet. Wenn ich etwas anderes tue, dann läuft es weiter." Nun ist es wichtig, diesen Regelsatz gemeinsam zur Kenntnis zu bringen und darum zu ringen, dass er verstanden und angenommen ist. Ich habe dieses Spiel bereits mit Großgruppen von über 50 professionellen Erziehungsberatern gespielt. Es ist möglich. Und es macht die Definitionsstücke dieses Verständnisses von Spielen unvergesslich:

Spielen ist freiwillig. Wenn wir nun gleich das Spiel spielen, soll nur der teilnehmen, der will. Das Spiel heißt „Führen und Folgen". Es geht folgendermaßen: Die gesamte Gruppe macht jeweils alles Verhalten, das einer zeigt, nach. Derjenige, der das Spiel eingeführt hat, beginnt mit dem „Führen". Später wird jeweils derjenige, der durch das Zauberwort „Du bist's" zum Führenden verwandelt wurde, nachgemacht. Die gesamte Gruppe imitiert die Führungsfigur. Sie spricht seine eventuell gesagten Texte nach. Sie ahmt seine willkürlichen und unwillkürlichen Handlungen nach. Für Psychotherapeuten ist klar, dass dieses Spiel weder ein Partyspiel sein kann, noch in einer Sozialpsychiatrie eingesetzt werden darf: Die Rolle des „Führenden" ist dramatisch bedeutsam. Er ist plötzlich der „Bestimmer" – sowohl mit gewollten Albernheiten des Vormachens als auch mit unwillkürlichen Äußerungen der Verunsicherung. Er steckt voll in der Falle zentraler öffentlicher Beachtung und es verlangt seelische Stabilität, dies auszuhalten bzw. abzugeben.

In Ausbildungsgruppen läuft das Spiel meist spaßig an, bis fast jede oder jeder „mal dran war". Es wird gehampelt, gezappelt, gehüpft, umhergelaufen, grimmassiert. Es wird gerufen, „Oh, jetzt ich …" oder „Was soll ich denn tun …" Schließlich wird der Spielleiter wieder angefragt: „Du bist's!" Zumeist sind dann schon einige Minuten vergangen und der Spielleiter kann nun den Effekt des „Vorsagers" und des „wiederholenden Chors" nutzen, um beispielsweise zu sagen und dabei zählende Finger zu heben: „Spielen ist erstens freiwillig. Zweitens, Spielen hat Regeln, die verändert werden können. Drittens, Spielen …" Mit diesem didaktischen Mittel können nun alle fünf Definitionsstücke dessen, was ich unter Spielen begreife, eindringlich vermittelt werden:

**Definition**

**1. Spielen ist eine Tätigkeit, die freiwillig ist und bleiben muss.**

**2. Spielen geschieht nach Regeln, welche die Spielenden in wechselseitiger Achtung stets ändern können.**

**3. Spielen geschieht in wechselnden Identifikationen.** Ich lasse die Gruppe möglicherweise eine Weile Tierstimmen und -figuren nachspielen, ehe ich an einen der Gruppe wieder abgebe, bis ich abermals angefragt bin.

**4. Spielen entführt die Spielenden in eine auf die Wirklichkeit bezogene Eigenwelt.** Es kann sein, dass ich die Situation plötzlich als „Raumschiff" oder „Tiefseestation" interpretierend weiterführe.

**5. Spielen ist offen für Erfahrungen des Gelingens und Misslingens.** Es kann dazu kommen, dass ich eine Pantomime vormache und nachvollziehen lasse, in welcher ein handelndes Kind eine schreckliche Enttäuschung, ein Unglück erfährt.

Erst wenn diese fünf Bestimmungsstücke des Spielens expliziert wurden, bin ich bereit, „Stopp" zu rufen, wenn abermals das Zauberwort mich in den verwandelt, der führt. Natürlich kann ich diese fünfgliederige Definition des Spielens auch einfach vortragen, so, wie sie hier nun einfach zu lesen war.

### 6.6.3 Spielen – erfahrene Selbstaktualisierung

Legt man diese Definition zu Grunde, so ist eine Spieltherapiestunde eine Stunde der Selbstaktualisierung. „Muss ich jetzt wieder tun, was ich will?", wird das Kind möglicherweise fragen. Und genau dies ist das Geheimnis der Wirksamkeit personzentrierter Psychotherapie: Klienten können lernen sich zutrauen, das zu tun, was ihrer innersten Erfahrung entspricht. Sie dürfen in einem kongruenten Sinne tun, was sie wollen.

Als Entwicklungspsychologen studieren wir die Formen, in welchen das Spielen in der individuellen Entwicklung auftritt. Oerter (2002) gibt eine Zusammenfassung der empirischen Forschungsergebnisse zur Entwicklung des Spielens und gliedert (als Zitate sind jeweils Kurztexte dieser Quelle eingefügt):

- Sensumotorisches Spiel, im ersten und zweiten Lebensjahr – Funktionsspiel nach Bühler (1918). Nimmt zwischen 7 und 30 Monaten allmählich ab.
- Informationsspiel, Explorationsverhalten (letzteres ausführlicher bei Schölmerich, 1998): „Das Kind will herausbekommen, was man mit den Gegenständen machen kann, wie sie beschaffen sind und wie sie innen aussehen, z. B.Zerlegen von Spielgegenständen."

- Konstruktionsspiele mit Werkzeug und Rohmaterial, realitätsorientiert.
- Als-ob-Spiel (Symbolspiel, Fiktionsspiel): „Ziemlich abrupt tritt mit 12 bis 13 Monaten erstmals das Symbolspiel auf, nimmt über die Jahre der Vorschulzeit zu und sinkt in seiner Häufigkeit dann wieder ab."
- Rollenspiel „als Zusammenspiel mehrerer Personen, die fiktive Rollen bekleiden", ist bei 3-Jährigen noch kaum zu finden, während bereits alle 4-Jährigen bei ‚normaler' Entwicklung Rollenspiele machen."
- Regelspiele „... sind fast immer Wettkampfspiele ... Damit werden Spiele dieser Art zum Paradigma der Leistungsmotivation". Das Regelspiel ist „im Vorschulalter noch relativ selten, tritt aber im Übergang zum Grundschulalter immer häufiger auf".

Des Weiteren werden bei Oerter (2002) das Symbolspiel, die Entwicklung des Sozialspiels durch die Entfaltung der „Metakommunikation" und das Regelspiel in seiner Entfaltung wichtig. Oerters umfassende Spieltheorie (1993) beschreibt mit dem übergeordneten Gegenstandsbezug (ÜG) und der Zone nächster Entwicklung (ZNE) zwei Kennzeichen des Spielens, die dessen Bedeutung für die kindliche Entwicklung hervorragend belegen. Auch belegt er, dass mit der Sprache des Spielens kindliches Überleben in grauenhaften Lebensbedingungen ermöglicht wird. Er schildert ausführlich einen Bericht zu spielenden Kindern in deutschen Konzentrationslagern. Diese Quelle aufsuchend, fand ich eine reiche und berührende Dokumentation, die beispielsweise konkretisierend ausführt:

> „Das Spiel bot den Kindern die Möglichkeit eines ‚abgepufferten Lernens', einen Handlungsrahmen, in dem man lernen konnte, sich auch in einer abnormen Situation sicher zu verhalten und nicht die Kontrolle zu verlieren. Die Kinder bezogen denn auch den Tod, der sie umgab, ganz selbstverständlich in ihr Leben ein. In ihren Spielen spiegelte sich unausweichlich das ringsum herrschende Grauen ... Der Tod wurde in ihrem gefährdeten, kurzen Leben zu einem zentralen Thema, weil er sie allseits umgab." (Eisen 1988, 121).

Kinder sind normalerweise spielfähig und aggressiv. Und das ist gut so. Im Spielen greifen sie an: künftige Rollen, Verantwortungen, Werte, Ziele. Es ist eines der Schrecknisse fehlgehender pädagogischer Steuerung, wenn Friedenserziehung, anstatt bei der Selbsterziehung Erwachsener einzusetzen, bei der Spielzerstörung von Kindern beginnt. Das Ergebnis kann nur paradox sein. Die wesentlichen Arbeiten von Wegner-Spöhring (z.B. 1995) machen deutlich, wie sehr Kinder, wenn man sie lässt, eine „balancierte Aggressivität" zu leben vermögen. Diese „balancierte Aggressivität" ist für sie geradezu der Leitbegriff, unter dem sie die zentralen Gesichtspunkte kindlichen (aggressiven) Spielens darstellt. Diese Leitsätze seien hier zusammenfassend zitiert:

> „In guten Spielen balancieren die Kinder das Aggressive und Beängstigende so, dass alle Mitspieler es verkraften können, so dass niemand aus dem Spiel ‚aussteigen' muss. Bei guten Spielen bleiben Handlungen auf der So-tun-als-ob-Ebene. Bei guten Spielen bleiben auch Konflikte spielimmanent. Aggressive Spiele bilden nicht eine direkte Realität ab; kein Spiel tut das. Kinder gehen variabel mit aggressiven Spielinhalten um. Aggressive Spiele machen Spaß. Sie sind dynamisch, spannend, meist gesamtkörperlich und voller Aktion, von Lachen, Geschrei und ‚Lautmalereien' begleitet. Weil sie in so einfacher Weise dynamisch-spannend sind, erweisen sich aggressive Spielinhalte meist als Themen, die ein einfaches Einsteigen in das Spiel ermöglichen.
>
> Darüber, ob spielerische Aggressivität einem Sich-stark-und-mächtigfühlen der Kinder dient, machen wir an dieser Stelle keine Aussage … Allerdings kann man wohl daran festhalten, dass die Kinder im Spiel antizipierend den Umgang mit Themen und Inhalten erproben, die ihnen die Realität zum Glück meist noch vorenthält und die sie doch beschäftigen und beunruhigen: Tod, Verletzung, Kampf und Krieg, Gewalt, Angst, Verlassensein: ‚Vater und Mutter wär'n tot …' Kinder realisieren in ihren Spielen eine solche Fülle von sozialen Taktiken, demonstrieren so viel soziale Sensibilität und präsentieren eine solche Variabilität der Rollendarstellung, dass sie damit ihren Möglichkeiten im wirklichen Leben weit voraus sind." (Wegner-Spöhring 1995, 269-272)

Mit diesen Sätzen ist eine gute Grundlage für Spielpädagogik gelegt, wie dies die Autorin auch tut: „Empfehlen möchte ich der Pädagogik, die Wahl des Spiels als eines neuen Paradigmas zu erwägen; es würde uns die pädagogischen Beziehungen in einem neuen Licht erscheinen lassen." (Wegner-Spöhring 1995, 288) Die Arbeit des Spieltherapeuten ist Heilbehandlung, sie kann jedoch gar nicht anders, als auch pädagogisch wirksam zu sein. Es ist daher unverzichtbar, dass Kinderpsychotherapeuten ein Verständnis von Pädagogik haben, um nicht unvermerkt ins Oberlehrertum alter Art einzubrechen und um sich – noch wichtiger – vom neuen Oberlehrertum einer „Verhaltensmedizin" abzugrenzen.

### 6.6.4 Spielpädagogik – Spieltherapie ein Modell für Pädagogik?

Personzentrierte Psychotherapie mit Kindern und Jugendlichen ist ein Feld, in welchem Psychotherapie mit Erziehungsarbeit eng zusammen schwingt. Personzentrierte Pädagogik ist meist Anleitung zur Selbsterziehung. Selbsterziehung ist fast immer auch Selbstgestaltung, wie sie in der Psychotherapie angezielt wird. Das grundlegende Pädagogik-Lehrbuch von Tausch und Tausch (1977) bestimmt die Erziehungspsychologie als Begegnung von Person zu Person. Dort werden vier wesentliche förderliche Dimensionen, die jeweils polar gegliedert sind, beschrieben (Tausch/Tausch 1977, 100; siehe Tab. 6.6.2).

*Tab. 6.6.2: Tauschs Darstellung der Rogers-Dimensionen (Tausch/Tausch 1977, 100)*

| | |
|---|---|
| Missachtung – Kälte – Härte | Achtung – Wärme – Rücksichtsnahme |
| Kein einfühlendes Verstehen | Vollständiges einfühlendes Verstehen |
| Fassadenhaftigkeit<br>Nichtübereinstimmung<br>Unechtheit | Echtheit<br>Übereinstimmung<br>Aufrichtigkeit |
| Keine fördernden nicht-dirigierenden Tätigkeiten | Viele fördernde nichtdirigierende Tätigkeiten |

Dieser Darstellung förderlicher Haltungen und Aktivitäten stellen Tausch und Tausch die Beschreibung der offenen Auseinandersetzung mit dem eigenen Erleben als wesentlicher Vorgang einer Person voraus. Das benenne ich „Selbstprüfung". So sind die von mir knapp „Wegweiser" genannten Dimensionen in diesem Gefüge leicht wieder zu erkennen: Selbstprüfung, Wärme/Wertschätzung/Achtung, Einfühlung, Echtheit, Fördern und Fordern.

Was aber tut ein Spieltherapeut, wenn er mit seinem spielenden Klienten zusammen ist? Mitspielen oder dabei sein? So lautet der Titel einer der fünfzig zweitägigen Lerneinheiten, die zur Spieltherapie umfassend qualifizieren. Er wird wach, momentzentriert, einfühlend dabei sein. Er gibt dem Kind das Gefühl wahrgenommen zu werden. Dies bereits kann angstverstärkend sein – um wie viel mehr das Angebot des Mitspielens. Daher gilt:

**Spieltherapeutische Regel 1: Mitspielen nur auf Einladung.**

Ausgehend von dieser geduldigen, zurückhaltenden Grundhaltung ergibt sich die Frage nach dem größeren Aktionsspielraum, den der Therapeut eröffnen kann. Wann und wie darf er mehr tun?

1. Wenn er sicher ist, dass keine therapeutische Ungeduld im Spiel ist.
2. Wenn er gerade im Anregen die Schutzfunktion des Alleinspiels des Kindes zu bestätigen vermag, weil er sie anerkennend verstärkt.

**Spieltherapeutische Regel 2: Das Kind ist der Spielführer.**

Jeden Spielinhalt, jede Regel muss sich der Therapeut vom Kind geben lassen.

Im Kontakt mit den Kindern bemüht sich der Spieltherapeut darum, die Selbstentfaltung der Kinder zu fördern, indem er sie selbst

- annimmt und ihre Ideen, Fragen, Spiele, Interessen aufgreift
- spielen lässt
- Ziele bestimmen lässt
- nur auf Einladung
- in den von den Kindern gegeben Rollen mitspielt.

Wenn wir davon ausgehen, dass psychologische Berufsarbeit nicht entfremdete Arbeit darstellt und darstellen muss, dann ergibt sich die Definition von Psychotherapie durch Winnicot (1971, 65f), die besagt, dass Psychotherapie der Überschneidungsbereich zweier Spiele ist: dem des Therapeuten mit dem des Klienten.

Spielpädagogische Prinzipien zur Förderung aktiver und kreativer kindlicher Selbstentwicklung sind von denen der spieltherapeutischen Arbeit nicht weit entfernt:

**Spielpädagogische Regel 1: Spielstruktur achten.**

Spielpädagogik organisiert die erzieherische Situation (Raum/Material/Erziehenden-verhalten) entsprechend der Struktur von „Spiel“ (Nicht entsprechend den Anforderungen an „Lehre/Lernen“).

**Spielpädagogische Regel 2: Lernen antwortet.**

Das Kind und seine Erfahrungen/Entwicklungswege geben das Curriculum vor. Was wir lehren, ist Wissen, das auf Fragen antwortet. Gelernt wird es nur, wenn die zum Lernstoff gehörigen Fragen die Fragen der Lernenden sind. Ein „Lehrplan“ oder „Erziehungsziel“ werden im „Hinterkopf“ des Pädagogen bestehen und seinen Anregungsreichtum umfassen.

**Spielpädagogische Regel 3: Lehren dient.**

Der Spieltherapeut ist nicht Spielführer, sondern Spielpartner, Mitspieler, Schiedsrichter, anregender, anfragbarer Ideenspeicher, „Souffleur“ auf Einladung. Er ist bereit – und vermittelt diese Bereitschaft – auch untergeordnete Rollen zu übernehmen als „Komparse“.

Heinsohn und Kollegen brachten einige der Überlegungen bereits einmal im Hinblick auf die Pädagogik des Kindergartens auf eine Zusammenfassung:

> „Die Lehre der Spieltherapien für die Kindergartenerziehung erweist sich im Ergebnis als eine doppelte. Sie selbst macht jedoch nur eine explizit. Diese besteht darin, dass Spielpädagogik nicht eine direkte Manipulation der von den Kindern begonnenen Spiele sein darf, sondern dass sie Bedingungen schaffen muß, unter denen das Kind zum Spiel beeindruckt wird und so die am Eindruck haftenden Informationen durch Abspielen des Druckes sich selbst erst aneignen kann. Die zweite Lehre der Spieltherapie für den Kindergarten ist, dass die therapeutisch – gewährungsvoll – zurückhaltende Einstellung zum Kind psychisch so aufwendig ist, dass sie nur durchgehalten werden kann, wenn sie über ein spezielles Interesse vermittelt ist ..." (Heinsohn et al. 1975, 113)

Ein solches, spezielles Interesse müsste das gesellschaftliche Interesse an optimaler Entwicklungsförderung sein und dies müsste sich im Kindergarten einerseits in der Spielpädagogik als Grundkonzept und in einer sehr guten Bezahlung als motivierender Kraft zeigen. Gesellschaftlich können hier Kinderpsychotherapeuten und alle Spielpädagogen an einem Strang ziehen, da die mangelnde Wertschätzung des Ranges und der Förderlichkeit des Spielens ein allgemeines Ärgernis darstellt. Und eine politische Kurzsichtigkeit, denn Spielen ist primärpräventive Persönlichkeitsentwicklung.

## 6.7 Interventionskompetenzen – warum Handlungsmöglichkeiten bedacht und ihr Einsatz „trainiert" werden muss

Psychotherapie ist die personzentrierte Anwendung klinisch psychologischen Änderungswissens. Sie stellt eine berufsrechtlich und -ethisch geregelte Berufsausübung dar. Im personzentrierten Grundansatz erfolgt sie aus der entsprechenden Haltung heraus und ist Beziehungstherapie. Um innerhalb einer Helferbeziehung in jedem Moment „das Richtige" zu tun, ist eine Ausbildung erforderlich, die sich Rechenschaft darüber ablegt, dass Behandlungspläne zwar als „Lehrpläne" gestaltet werden können, dass jedoch Psychotherapie als „Lebenslehren" nicht ein hierarchisch geprägtes Unterrichtsgeschehen ist.

Das Denkspiel: „Die Beziehung von Psychotherapeut und Klient ist wie die Beziehung zwischen ..." ist, wie ich schon schrieb, eines der Denkspiele, das ich meinen Ausbildungsteilnehmenden aufgebe. Bilder wie „Arzt-Patient", „Freund-Freund", „Schnitzer-Holz" oder „Lehrer-Schüler" werden in diesem Gedankenspiel wohlwollend geprüft. Die persönliche Wirksamkeitsvorstellung, die jemand in seine Berufsausübung einbringt, ist ebenso wichtig, wie die Erwartung des Hilfesuchenden.

### 6.7.1 Wirksamkeitsvorstellungen in der Therapeutenperson – eine biografische Vorgabe?

Je nachdem, welche „Wirksamkeitsvorstellung" ein Ausbildungskandidat dem Aufbau seiner Therapeutenidentität zu Grund legt, so wird er Therapiebeziehungen gestalten. Selbsterfahrung ist jenes korrigierende Element, das als gelebte Schule der Erkenntnistheorie betrachtet werden kann – es entwickelt persönliche Sehweisen zu personzentrierten Beziehungskompetenzen.

Im Folgenden möchte ich im Sinne einer Selbstöffnung einige eigene Erfahrungen benennen, die meine persönliche Sehweise des Problems psychotherapeutischen „Handwerkes" geprägt haben. Therapeutenhandeln ist hilfreich gemeinte Beeinflussung von Menschen. Wir wissen, dass es eine natürliche Tendenz gibt, das weiterzugeben, was man selbst erlebt hat. Wie wurde ich beeinflusst? Therapeutenausbildung ist unverzichtbar auch ein biografischer Reinigungsprozess, eine Selbsterfahrung.

Meine ersten Lebensmonate verbrachte ich in einer unter den alliierten Bombardements liegenden Großstadt. Als Neugeborenes wurde ich in Bunkern geborgen, mit etwa zwei Monaten fuhr meine Mutter mich im Kinderwagen durch die Straßen des brennenden Wiens auf der Suche nach einer sicheren Unterkunft. Ich wuchs in einer Welt auf, die durch die Angst der Erwachsenen geprägt war.

Als Grundschüler erlebte ich Lehrer, die meinten, dass die notwendige Lerndisziplin tüchtiger Schüler und Schülerinnen durch körperliche Züchtigung herzustellen sei. Die entnazifizierten Nazilehrer kannten es nicht anders.

Als 10-Jähriger weigerte sich mein Hüftknochen hart zu werden – wie ich mich seither als ganzer Mensch weigere, „hart" zu werden. Als die Diagnose „Perthes" endlich gestellt war, begann eine lange Krankenhauszeit, in der ich mich begnügte mit der kleinen Welt eines Tablettes auf dem Bett vor mir und den dazugehörigen Mengen an Plastilin, aus welchem ich meine Welten baute.

Spätestens als der kleine brave Patient begann ich meine „Theory of Mind" – die Grundstruktur meines Selbstbildes – ernsthaft unter dem Gesichtspunkt der gestaltenden Kräfte, die „mich formten", zu reflektieren. Und so saß später dann ein 10-Jähriger im Krankenbett und dachte über „das Wachs in meinen Händen" nach. Acht Jahre später hatte der Gymnasiast Auseinandersetzungen mit seinen beiden Kunsterziehern: Einer von ihnen war ein bodenständiger Materialkundler und Skulpteur, der wie Rodin davon ausging, dass „das Werk im Material schlummert" und mich

Achtsamkeit lehrte gegenüber den „Materialgesetzlichkeiten". Der andere war ein abstrakter Maler und Fotobegeisterter, der das realistische Medium „Fotografie" verstanden hatte als eine gestaltende Kunst, „nicht was man sieht, sondern wie man sieht, entscheidet."

Damit wird deutlich, welches Verständnis von Menschen verändernder „Technologie" ich allem meinem Tun zu Grund lege – und welche Verantwortung für kompetentes Psychotherapieren ich darin sehe.

„Herr Doktor, bitte machen Sie mir ein Autogenes Training", mit diesem Scherz kommunizierten wir im Fachteam des multiprofessionellen Gesundheitsparkes, in welchem ich 11;6 Jahre psychologische Psychotherapie – aber auch Prävention – betrieb, das Problem der aktiven oder passiven Rolle unserer Hilfesuchenden. Und so wie in dieser Karikatur der Hilfesuchende „der Dumme" ist, so ist jeder Kinderpsychotherapeut „der Dumme", der einem Kind etwas beibringen möchte, was dieses verweigert. Wachs ist formbar in unseren Händen, denn es ist tote Materie. Körperwarm gemacht passt sich Künstlermodellierwachs jedem Druck unserer Finger an.

Aber wenn einer mir beibringen wollte, dass „gelobt sei, was hart macht" ein bedeutsamer Orientierungssatz sei – oder wenn ich überhaupt belehrt werden sollte, so zu sein, wie andere es erwarten, dann wusste ich tief in mir, dass dies so nicht richtig sein kann.

Auch schon als Kind las ich in den Readers-Digest-Heften meiner Mutter gerne die Rubrik „Ein Mensch, den man nicht vergisst", denn die dort geschilderten Begegnungen die Eindruck gemacht, meist auch Schicksale verändert hatten, waren mir das zum ersten Mal verständliche und achtbare Modell für Menschenbeeinflussung. Verändern durch Begegnung wurde mir ein achtbares Paradigma.

### 6.7.2 „Behandlung" ist Beziehungsgestaltung

Helfen ist ein humanes Handeln, das zu recht wertgeschätzt wird. Aber jeder, der helfen will, muss wissen, was er tut. „Gut gemeint" ist nicht „gut gemacht". In jedem Erste-Hilfe-Kurs muss man einiges lernen, was „anti-intuitiv" sein kann. Einen Liegenden nicht aufrichten! Einem psychisch Kranken nicht mit Besserwisserei kommen. Zentral ist der Gesichtspunkt: Wer ist der Klient für den Helfer, welches Beziehungsmodell liegt dieser Beziehung zu Grunde?

- Wird der Hilfesuchende als Behandlungsgegenstand gesehen, so entspricht das einem Substanzmodell der Erkenntnis. Behandeln als Substanzbegegnung ist wie Feilen an einem Stahlblock? Zu einem Menschen sprechen, ist etwas gänzlich anderes, als einen Nagel aus einem Fahrradreifen ziehen. Ein „Plattfuß" hat in dem Nagel seinen eindeutigen Verursacher, ihn zu beseitigen, ist der erste Schritt einer Reparatur. Was aber ist der Verursacher des Elends unserer (kleinen) Klienten? Und wie feilen wir sie dann wieder rechtwinklig, gesund?

- Behandeln kann als Systemintervention gedacht werden. Der Therapeut als ein Magnet, der Kraftlinien der Orientierung ausstrahlt und dafür sorgt, dass sich die guten Kräfte organisieren und „Heil“ herstellen. Mit einem Menschen sprechen oder spielen, ist etwas gänzlich anderes als das Kneten von Wachs oder das Reparieren von Plattfüßen. Und doch können die Machtphantasien des heilsamen Gestaltens im Sprechen, Spielen und Handeln zu herrschen versuchen. Dann werden Anweisungen oder ritualisierte Inszenierungen als hilfreiche Behandlung ausgegeben. Tatsächlich jedoch vermag das Erkennen von Kraftlinien oder das Üben von Selbststeuerung Systemfehler beheben und Menschen heilsam helfen.
- Behandeln als Strukturintervention ist Begegnung. Mit einem Menschen hilfreich umzugehen, kann heißen, mit ihm zu schwingen, zu tanzen, in seinem Element zu sein und sich katalytisch dem anzuvertrauen, was eine Gemeinsamkeit als konstruktive Änderung zu ermöglichen vermag: Interaktionsresonanz. Es kann vor allem heißen, mit ihm ins Spielen zu gehen. Personzentrierte Wegbegleitung ermöglicht wachsende Kongruenz.

Substanzielles Verändern kann dort stattfinden, wo Klienten sich entscheiden „ihren Stahl zu feilen“, wo sie den Psychotherapeuten als ihren persönlichen Trainer oder Coach annehmen, beispielsweise suchtbewältigende Selbsterziehung leben. Systemischen Einfluss gewinnen wir Therapeuten immer dann, wenn Erklärungen zu „Erleuchtungen“ werden und befreiende Wirkung entfalten. Strukturinterventionen sind Beziehungsinhalt, sind Begegnungsgestalten. Mit den Interventionskompetenzen wird das Handlungsspektrum des Psychotherapeuten beschreibbar.

Das Klavier der Interventionskompetenzen steht den unterschiedlichen Therapeuten zur Verfügung. Personzentriert sind die „Melodien“, die erklingen, wenn der Therapeut versucht, gezielt auf Machtausübung zu verzichten. Rogers hatte sich oft gefragt, warum sein Therapiekonzept häufig umstritten war – der Verzicht auf Macht war ihm schließlich die Erklärung hierfür geworden.

Für den Macht ausübenden Therapeuten ist er der verantwortliche Komponist der Partitur, Regisseur des Ablaufes, Erfinder des Manuals – der Therapeut als Behandler. Für den personzentrierten Therapeuten bleibt der Klient der Autor, Komponist und Regisseur des Prozesses, in welchem der Therapeut die Rolle eines katalytischen Heilmittels, die Dramatik einer „heilsamen Begegnung“ auf sich nimmt. Personzentrierte Psychotherapie ist begleitete Selbstgestaltung, Selbstheilung.

### 6.7.3 Personzentriertes Ändern? Hilfreich handeln

Um Psychotherapeut zu sein, muss sich der Auszubildende klinisch psychologisches Änderungswissen aneignen, eine personzentrierte Haltung entfalten und Handlungssicherheit erwerben, angesichts der „unendlichen Vielfalt von Möglichkeiten, wie man einer anderen Person seine Zuwendung mitteilen kann". Rogers und Wood haben dies veranschaulicht:

> „Eine Freundin von mir, die durch eine schleichende Krankheit, durch welche sie ans Bett gefesselt wurde, zermürbt war und das Gefühl hatte, niemand könne ihre Verzweiflung verstehen oder akzeptieren, ‚gab schließlich auf'. Sie lag zwei Tage lang bewegungslos im Bett, sagte kein Wort, aß nichts und schlief auch nicht; sie war wie im Koma. Ich sagte ihr, daß ich glaubte, ihre Gefühle nachempfinden zu können, daß mir an ihr liege und daß mich ihr Entschluß, nicht mehr weiterleben zu wollen, traurig mache. Ich versuchte mir vorzustellen, wie sie sich in dem Augenblick fühlte, und gab versuchsweise empathische Reaktionen. Meine Worte übten auf sie keinerlei Wirkung aus. Sie hörte mir nicht zu. Ich dachte nicht einmal darüber nach, was ich tun könnte, sondern war ganz bei meiner Freundin. Ich wußte, daß ich ihr meine Gefühle mitteilen wollte. Ob sie lebte oder starb, war mir ganz und gar nicht gleichgültig, aber zugleich achtete ich ihre Gefühle und billigte ihr die Verantwortung für ihr eigenes Leben zu. Ich legte ihre Lieblingsplatte auf und pflückte draußen in ihrem Garten eine Blume, die ich in eine Schale mit Wasser legte. Wortlos stellte ich die Schale unmittelbar neben ihren Kopf. Zum ersten mal lockerte sich ihr starrer Blick. Ihre Augen wurden feucht, als sie die Blume erblickte. Meine Freundin hat an sich Freude am Essen, und wir hatten oft miteinander eine einfache Knäckebrotmahlzeit eingenommen. Ich holte deshalb ihr Vitamin-C-Fläschchen, ein Stück Knäckebrot und eins ihrer Lieblingsplätzchen herbei. Sie bewegte sich ein wenig und brach in leises Schluchzen aus. Daraufhin nahm ich die Morgenzeitung, schnitt daraus Bilder von spielenden Kindern, jungen Mädchen, kleinen Tieren – das heißt: von Leben – aus und gestaltete eine Collage, die meine Vorstellung davon, wie sie das Leben normalerweise betrachtete, wiedergab. Als ich ihr diese Collage zeigte, brach sie in Tränen und heftiges Schluchzen aus, das nur ab und zu in Lachen umzuschlagen schien. Inzwischen weinte ich ebenfalls, und zehn bis fünfzehn Minuten lang vergossen wir gemeinsam unsere Tränen. Nachdem wir insgesamt fast zwei Stunden ohne verbale Kommunikation miteinander verbracht hatten, konnte sie über ihr Erlebnis sprechen, und wir konnten gemeinsam ihren Gefühlen nachgehen. Wochen später äußerte meine Freundin: ‚Mich hat eine Person buchstäblich vor dem Sterben bewahrt, indem sie sich um mich sorgte und sich nicht scheute, mich in die Tiefen meiner Angst und Verzweiflung hinab zu begleiten.'

> Ich hoffe, hierdurch niemanden zu der Schlußfolgerung zu verleiten, daß das allerneueste Selbstmordverhütungsmittel für eklektische Therapeuten aus einer Blume, einem Stück Knäckebrot und einer Collage auf Filzpapier besteht. Ich hoffe vielmehr, daß dies als ein Sonderbeispiel der unendlichen Vielfalt von Möglichkeiten aufgefasst wird, wie man einer anderen Person seine Zuwendung mitteilen kann." (Rogers/Wood 1977, 134f)

C. R. Rogers und J. K. Wood teilen in einer Fußnote mit, dass sie den Artikel gemeinsam schrieben, „‚Ich' repräsentiert mal diesen, mal jenen Verfasser". Beide sind sich darin einig, dass solches Handeln personzentrierte Psychotherapie darstellt. Gerade in der Arbeit mit Kindern und Jugendlichen – in der nicht „Armchair-therapy" stattfinden kann, sondern stets der Therapeut als handelnde Person wirkt, ist es nun bedeutsam, sich darin auszubilden, für das eigene Handeln Verantwortung zu übernehmen.

### 6.7.5 Interventionskompetenzen – ein Katalog

So wurden in den Forschungsarbeiten zur Wirksamkeit von personzentrierter Kinderpsychotherapie (Schmidtchen 2002) das vertieft, was der Psychotherapieforschungsansatz von Rogers war: Videoaufzeichnungen von Therapien wurden daraufhin analysiert, welche unterscheidbaren Einzelverhaltensweisen die Therapeuten zeigten – und welche davon in erfolgreichen Therapieverläufen mehr als in anderen vorkamen. Damit konnte die stets in Überarbeitung befindliche Palette der Interventionskompetenzen entwickelt werden.

Verdeutlichen wir uns deren Entstehung nochmals an einem humorigen Beispiel. „Wie er sich räuspert, wie er spuckt – hat er sich alles abgekuckt", sagt Wilhelm Busch über eine seiner Figuren. Kinder sind so. Wenn es in Therapievideos häufig vorkommen würde, dass ein Therapeut sich sorgfältig die Nase schnäuzt, einen Kamm aus der Tasche zieht und seine Haare kämmt, nach einer Sandkastenarbeit vielleicht nicht nur die Hände wäscht, sondern noch in Anwesenheit des Kindes den Schmutzrest unter den Fingernägeln hervorholt, dann hätten die beobachtenden Therapieforscher solches Handeln vielleicht in eine Beobachtungskategorie „Selbstbezogenes Hygienehandeln" zusammengezogen – und wenn es Belege dafür gegeben hätte, dass gerade solches Handeln konstruktiv „vorbildlich" für bestimmte Kinder (entsprechend spezieller Störungen im Umfeld von Verwahrlosung) sein kann, wäre daraus eine verantwortlich zu handhabende „Interventionskompetenz" geworden.

Tatsächlich jedoch wurden bisher folgende Interventionskompetenzen isoliert (Hockel 2002, 2003): Sie liegen auch dem ersten Teil zu Grunde, dort sind zu jeder einzelnen Interventionskompetenz Beispiele gegeben

*Tab. 6.7.1: Interventionskompetenzen in der Kinder- und Jugendlichenpsychotherapie (Hockel 2002, 2003)*

| **Spielförderliches Verhalten, INTERVENTIONS-KOMPETENZ** | **PERSONZENTRIERTE ANWENDUNG BEDEUTET: Der Therapeut/ Die Therapeutin …** | **Siehe Abschnitt:** |
|---|---|---|
| Verbalisation emotionaler Erlebnisinhalte (VEE) | … ist auf das aktuelle emotionale Erleben zentriert und vermittelt so Kindern die Erfahrung „verstehbar" zu sein – was bei Jugendlichen häufig das Problem verstärkter Abwehr mit sich bringt, da Jugendliche mit dem selbstschützenden Muster reagieren: „Glauben Sie ja nicht, mich verstehen zu können, wenn ich mich doch selbst noch nicht verstehe." | 2.1.4<br>2.2.5<br>2.2.12<br>2.4.5<br>2.4.7<br>2.4.9 |
| Wärme/Wertschätzung | … vermittelt Kindern die Erfahrung „angenommen" zu sein, wobei die vom Jugendlichen ausgehende skeptische Prüfung dieser spontan genossenen Erfahrung drastische Formen annehmen kann. Sie müssen ernst genommen werden und können dennoch häufig mit Humor am besten „angenommen" werden. | 2.3.1 |
| Echt sein/Selbstkongruenz / Authentizität | … konfrontiert Kinder mit einem mitmenschlichen Modell, allerdings eines professionellen Verhaltens. Hierin liegt wohl die Zauberkraft der Personzentrierung für die Arbeit mit Jugendlichen: „Sie reden zwar auch nur Psycho, aber Sie meinen offensichtlich, was Sie sagen", ist eines der maximalen Komplimente. | 2.4.2 |
| SPIELPRINZIPIEN:<br><br>a) sich die Rollen geben lassen | … lässt dem Kind/Jugendlichen in der Regel die Gesprächs- und Spielführung. Innerhalb der gesprächsweisen Betrachtung sozialer „Rollen-Spielsituationen" („meine Clique, unser Sportverein, in meiner Familie") bietet der Therapeut an, einzelne Rollen experimentell zu verlebendigen („soll ich mal sagen, wie ich meine, dass") | 2.3.5 |
| b) Spielregeln erfragen („Metaebene" ) | … geht mit dem Kind/Jugendlichen den goldenen Mittelweg des Spielens: Wandert zwischen der echten oder Spielwelt und erfragt vom Jugendlichen dessen Bewertungen – diese so vertiefter Reflexion zugänglich machend. | 2.4.1 |

| **Spielförderliches Verhalten, INTERVENTIONS-KOMPETENZ** | **PERSONZENTRIERTE ANWENDUNG BEDEUTET: Der Therapeut/ Die Therapeutin ...** | **Siehe Abschnitt:** |
|---|---|---|
| Ruhe und Zuversicht | ... strahlt Optimismus aus, ohne Nöte wegzuwischen. | 3.1.1 |
| Zusammenarbeit | ... hilft fraglos, wenn es die Mikroziele für dieses Kind, diesen Jugendlichen sinnvoll sein lassen. | 2.1.1<br>2.3.3<br>2.3.5 |
| Grenzen setzen | ... schützt das Kind, den Jugendlichen davor, in der Therapie mit schlechtem Gewissen oder Unsicherheit über erlaubt/ unerlaubt konfrontiert zu sein. | 2.4.8 |
| Selbstexploration | ... gibt ein Modell für entfaltetes, neugieriges und korrektur-offenes Innenleben: „Ich suche in mir ...“ | 3.1.2 |
| Ansprechen und Erfragen von Werturteilen | ... verdeutlicht, dass es solche Werte gibt. | 2.1.5<br>2.2.10<br>2.4.10<br>3.5.1 |
| Situationsgestaltung | ... erlaubt sich die Spielentwicklung des Kindes/Jugendlichen dort anzureichern, wo die Mikroziele für das Kind dies sinnvoll erscheinen lassen, innerhalb und zwischen den Sitzungen. | 2.3.2 |
| Modell geben | ... bereichert auch die erfahrenen Fertigkeiten durch unaufdringliches „Vormachen“. | 2.2.3<br>2.4.6 |
| Differenzierungen anregen:<br>– spezifizieren<br>– konkretisieren<br>– generalisieren | ... unterstützt kognitive Entwicklungen. | 2.2.2<br>2.2.10 |
| Rollenübernahme anregen | ... unterstützt soziales Lernen. | 3.3.1 |
| Teile-Arbeit | ... unterstützt die Entfaltung eines differenzierten „Rollenverständnisses“ bzw. „Zustandskonzeptes“ des eigenen Seins. Sie differenziert die „theory of mind“ des Kindes/Jugendlichen | 3.3.3 |
| Aktualisieren | ... intensiviert das Wissen um gerade gegenwärtige Erfahrungen, baut damit gleichzeitig auch innere Distanzierungs-möglichkeit auf. | 2.2.14 |

| **Spielförderliches Verhalten, INTERVENTIONS-KOMPETENZ** | **PERSONZENTRIERTE ANWENDUNG BEDEUTET: Der Therapeut/ Die Therapeutin ...** | **Siehe Abschnitt:** |
|---|---|---|
| Strukturieren | ... fördert kognitive Klärungen bei erlebtem Konflikt. | 3.2.1 |
| Inhaltliche Wiedergabe von Verhaltensweisen | ... bereichert das (sprachliche) Verständnis auch von nonverbalen Handlungen und macht erfahrbar, dass alles was das Kind/der Jugendliche tut „bedeutsam, beachtet" ist. | 2.1.6<br>2.2.6<br>2.4.9 |
| Anregen von Denk- und Entscheidungsprozessen | ... unterstützt kognitive Entwicklungen. | 2.1.2<br>2.2.9 |
| Nähe | ... vermittelt die Erfahrung, respektiert zu werden, ebenso wie die der Geborgenheit, des Schutzes und Trostes. | 2.2.7 |
| Wachheit | ... lässt das Kind/den Jugendlichen, seine Wichtigkeit auch in solchen Momenten, in denen „nichts Besonderes" geschieht, spüren. | 3.3.2<br>3.2.2.1 |
| Momentzentrierung | ... vermittelt dem Kind, dem Jugendlichen, die Erfahrung, dass Kontakt in jedem Augenblick möglich und wichtig sein kann. | 3.2.2.2 |
| Verzerren | ... steuert (suggestiv) die Erregung des Kindes/Jugendlichen, so dass ein mittleres Erregungsausmaß am Stundenende erreicht werden kann. | 3.1.4 |
| Familienkultur: Ansprechen und Erfragen von familiärem Erfahrungsrahmen | ... macht dem Kind / Jugendlichen deutlich, dass und wie sein familiäres Umfeld seinen Erfahrungsrahmen bedingt. | 3.3.2 |
| Selbsteinbringen/ Selbstöffnung | ... zeigt dem Kind/Jugendlichen ein Modell emotional stabilen und kongruenten Erwachsenseins: „Ich sage aus mir heraus ..." | 2.2.13 |
| Insistieren | ... ermöglicht es dem Kind/dem Jugendlichen, seinen Widerspruchsgeist und Willen zu üben. | 2.1.3 |
| Verankern | ... fördert das Selbstverständnis des Kindes/Jugendlichen, indem er/sie Bilder für wiederkehrende Erfahrungen, Strukturen usw. hervorhebt. | 3.2.2.3 |

| **Spielförderliches Verhalten, INTERVENTIONS-KOMPETENZ** | **PERSONZENTRIERTE ANWENDUNG BEDEUTET: Der Therapeut/ Die Therapeutin …** | **Siehe Abschnitt:** |
|---|---|---|
| Konfrontieren | … zeigt dem Kind/Jugendlichen seine eigenen Wünsche und/oder Widersprüchlichkeiten und ermöglicht ihm, diese auszuloten. | 2.2.11<br>2.4.3 |
| Reflektieren von Problemlöseverhalten | … unterstützt die kognitive Entwicklung, verdeutlicht kognitive Kompetenzen (Performance). | 2.2.8<br>2.4.4<br>3.4.1 |
| Ansprechen und Erfragen von Denk- und Handlungsprozessen zur Zielbestimmung und Zielerreichung | … unterstützt die kognitive Entwicklung, verdeutlicht dem Kind/Jugendlichen seine kognitiven Kompetenzen im Sinne seiner Fertigkeiten zu strategischem Handeln. | 2.3.4 |
| Ansprechen und Erfragen von Metawissen | … verdeutlicht dem Kind/Jugendlichen seine kognitiven Kompetenzen im Sinne von Wissen. | 2.3.6<br>3.3.1 |
| Sprach- und Sprechförderung (auch Zusammenarbeit mit Logopäden) | … unterstützt die Entwicklung des Sprechens. | |
| Anregen von Handlungen, von Problemlösungen | … bereichert die Skripte und Handlungspläne, wenn die Mikroziele für das Kind/ den Jugendlichen dies sinnvoll erscheinen lassen. | 2.3.7 |
| Provokation | … bietet – meist auf der Grundlage humorigen Einverständnisses – Impulse zur Erweiterung des Handlungsrepertoires. | 3.4.2 |
| Loben | … anerkennt jene Leistungen, die dem Therapeuten spontan solch lobendes Verhalten entlocken (authentisch). Lob wird nicht zur Verhaltenssteuerung eingesetzt. | 2.2.4 |
| Bewerten | … markiert wesentliche Handlungsmöglichkeiten bzw. Normen. | 3.5.2 |
| Einsatz aller gegenständlicher Medien (Farben , Ton, Plastilin) Kunsttherapie, Gestaltungsangebote, Werken etc. | … macht solche Angebote, wenn diese „aktive" Rolle dem Kind/dem Jugendlichen einen Verbündeten für gegenständlichen Selbstausdruck zeigt. Der Ausdrucksverbündete greift auf, was das Kind/der Jugendliche als Ausdruckstendenz bietet, und gibt mit dem Mitteleinsatz die Möglichkeit zur Selbstreflexion und beschaulichen Entscheidung über weitere, selbst gewählte Lernziele. | 3.1.2<br>3.6.2<br>4.1.1 |

| **Spielförderliches Verhalten, INTERVENTIONS-KOMPETENZ** | **PERSONZENTRIERTE ANWENDUNG BEDEUTET: Der Therapeut/ Die Therapeutin …** | **Siehe Abschnitt:** |
|---|---|---|
| Arbeit mit Träumen, Tagträumen, gelenkten Phantasien, Alltagstrancen, Hypnotherapie | … macht solche Angebote als Verbündeter auf der Suche nach unterschiedlichen Selbstdeutungen, wird dem Kind/dem Jugendlichen als Deutungsverbündeter erlebbar. Damit werden SInn-Elemente dem Kind/dem Jugendlichen als solche „Chiffren“ bereitgestellt: „Aus den Schlössern der Träume werden die Häuser der Wirklichkeit.“ | 3.6.4 |
| Arbeit mit Klang, Musik und Rhythmus (Musiktherapie, Tanztherapie) sowie mit Körperzuständen, Entspannungs-methoden, Meditationstechniken, Körperübungen (Bioenergetic) | … macht solche Angebote als Verbündeter bei der Erprobung unterschiedlicher Arten von Selbsterleben. Die Sehnsucht nach „Ekstase, Rausch, Lebensglück“ wird aufgegriffen, angenommen und achtsam und „ernüchternd“ so betrachtet, dass die „Wonnen der Leiblichkeit“ im Erregungssteigernden UND im entspannenden Bewegungsmodus frei verfügbar werden. | 3.6.3<br>4.1.2 |
| Arbeit mit sozialen Rollen, (Erinnerungs-)Figuren, Märchengestalten (Psychodrama, Puppenspiel), Symbole als „Spielmaterial“ | … ist Bündnispartner bei der Entdeckung und Erprobung neuer Selbstgestaltungen. „Wie soll ich mich selbst gestalten?“, ist durchaus eine (implizite) Frage vieler Kinder/Jugendlicher. In dieser Arbeit können kognitive Anker für gewünschte Identitätsaspekte entwickelt werden. | 3.6.5 |

Jede dieser Handlungsmöglichkeiten muss erprobt werden in ihrer Wirksamkeit, also übend „trainiert“ werden. Denn darauf kommt es an: In einer wertschätzenden, einfühlsamen und authentischen Begegnung so zu handeln, dass das Kind, der Jugendliche einen verbesserten Zugang zu seiner organismischen Selbstregulation findet, dass er in einer angstfreien Atmosphäre lernt, sich selbst zu vertrauen, dass seine „versperrten und verzerrten Symbolisierungen“ (Heinerth 2002) sich öffnen hin zu treffender Wirklichkeitsorientierung, dass die Inkongruenzen eines in Entwicklung befindlichen Menschen zurückgenommen werden zur lebendigen, störungsfreien Ganzheit des Selbstentfaltungsprozesses.

## 6.8 Interaktionsresonanz – die Rolle der Intuition in der personzentrierten Psychotherapie

Die entscheidende Frage für therapeutisches Handeln ist: „Wie sorge ich im therapeutischen Alltagskontakt dafür, dass ich das Richtige im richtigen Moment tue?“ Angenommen, es gelänge uns für spezifische Störungen spezifische „teacher-proof-manuals“ zu entwickeln, also Handlungsanweisungen, die richtig befolgt, richtige Hilfe bieten. Dies ist ein, meiner Auffassung nach, durchaus erlaubtes und wichtiges Gedankenspiel, das durch die gläubige Exekution von existierenden Manualen nicht überflüssig gemacht wird. Wir müssen uns doch dem stellen, ob durch diese Therapeutenperson und bei jener Klientenperson in diesem Moment dieses Vorgehen „das Richtige“ sei. Wie weit eine „Unterrichtsforschung für das Lebenslernen“, wie Psychotherapieforschung an manchen Stellen verstanden wird, uns dereinst wirklich gesicherte „Unterrichtsvorbereitungen“ (Manuale) dieser Art bescheren wird, mag dahingestellt bleiben. Angesichts einer produktiven Entwicklung im pädagogischen Feld, welche dort die ausgefahrenen Wege gruppenbezogener Unterrichtsvorbereitungen gerade verlässt um im Lernkulturwandel entwickelte Lernwege für Selbstlerner mittels einer Ermöglichungsdidaktik (Arnold/Schüssler 2010) zu bereiten, scheint mir die Rogerssche Konzeption eines „Lernen in Freiheit“ (Rogers 1977) mit ihrer Vielfalt überzeugender als die Sehnsucht nach Manualen, die persönliche Unterschiede der „Belehrenden“ ausgleichen wollen. Selbstlerner und Lernen in Freiheit benötigt kein festes, unpersönliches Curriculum. Genauere Ausführungen zum Thema *störungsspezifisches Vorgehen* sind in Kapitel 6.10 zu finden.

Zudem weisen die Untersuchungen zur qualifizierten Manualtherapie mit der Entdeckung des Allegianz-Problems darauf hin, dass es keine wirklichen „teacher-proof“, also von der Person des Lehrenden unabhängigen, Effekte gibt (Thema *Echtheit*, Kapitel 6.5). Dasselbe Curriculum von unterschiedlichen Therapeuten, bei randomisiert vergleichbaren Klientengruppen angewandt, ergab unterschiedliche Effektstärken (Wampol 2001, Walz-Pawlita et al. 2009). Dies alles dient hier nur als Hintergrund, denn im Rahmen einer Beziehungstherapie – und als solche hat Rogers 1931 seinen Weg des Umgangs mit Problemkindern beschrieben (Reisel 2001) – stellt sich die Frage nach den jeweils richtigen oder weniger günstigen Therapeutenverhaltensweisen anders. Wichtig erscheint mir hierbei, von der Alles-oder-nichts-Fantasie, dass es richtige und falsche Verhaltensweisen gäbe, wegzukommen.

Setzen wir voraus, dass die Spieltherapeutin in Ihrer Ausbildung das Interventionsklavier zu beherrschen lernte – jede „Taste“ verstanden und ihre Verwendung eingeübt hat. Ich bleibe in dem Bild des Klavierspielen-Lernenden. Dann taucht allmählich die Frage auf, nach welcher Komposition, welcher Melodie, welcher Partitur die Tasten angeschlagen werden. Nach den schlichten „Fingerübungen“, die der Lernenden die Tasten vertraut machen, kommen die Überlegungen zur Wahl der einzelnen Tasten. Wie wir mit der Aussage „jede Psychotherapie ist ein Heilversuch“ zu klären vermochten, ist in der musikalischen Metapher jede Therapie eine kreative Improvisation. Zusätzlich gibt es streng schulisch zu lernende Orientierungen. Lehrsätze sind dabei:

1. „Erkennbar paradox zu den Vorerfahrungen des Kindes oder Jugendlichen“ sind die Verhaltensweisen des Therapeuten zu wählen.
2. Entsprechend den Mikrozielen, die dem Therapeuten in der Prozesssteuerung der heilsamen Begegnung auf- bzw. einfallen.

Nehmen wir an, eine Spieltherapeutin hat dies alles gut gelernt: Sie beherrscht das Interventionsklavier, hat ein gutes Verständnis für die biografische Bedingtheit dessen, was das Kind bzw. der Jugendliche schon alles an Vorerfahrungen mitbringt. Darüber hinaus kann sie sich in Stundenvor- und nachbereitungen klar machen, wo die gemeinsame Reise hingeht – welche Mikroziele das Kind bzw. der Jugendliche sich in den nächsten Wochen wohl erarbeiten wird. Wonach richtet sich dann im Interaktionsstrom der Spielstunde das jeweilige Handeln der Therapeutin?

### 6.8.1 „Mikroziele“ eines Beziehungstherapeuten?

Verdeutlichen wir uns die Frage nochmals an einem Einzelbeispiel, in dem die Therapeutin sich innerlich fragt, welche von zwei ihr nahe liegenden Zielrichtungen sie folgen, welche Interventionskompetenzen sie demnach wählen soll. Stellen wir uns vor, die Therapeutin hat einen 5-jährigen, ängstlich gehemmten Knaben aus einer deprivierten Lebenssituation mit schweren Misshandlungserfahrungen vor sich. Inzwischen ist er mit der Therapeutin, dem Raum und dem Ritual seiner Spielstunde gut vertraut. Er beginnt mit den Bausteinen einen Turm zu bauen und greift dabei immer mit der ganzen Hand, das heißt, er setzt keinen Pinzettengriff ein. Obwohl seine Handmuskulatur dies ohne weiteres erlauben würde, ist der sonst selbstverständlich im zwölften Lebensmonat zu erwartende „Daumen-Zeigefinger“-Griff ein Verhalten, das er nicht realisiert. Die Wahl der Therapeutenverhaltensweise wird nun vermutlich davon abhängen, was die Therapeutin als das Mikroziel der momentanen Begegnung ansieht. Auch dabei können dann jeweils unterschiedliche Interventionskompetenzen, „Klaviertasten“, genutzt werden:

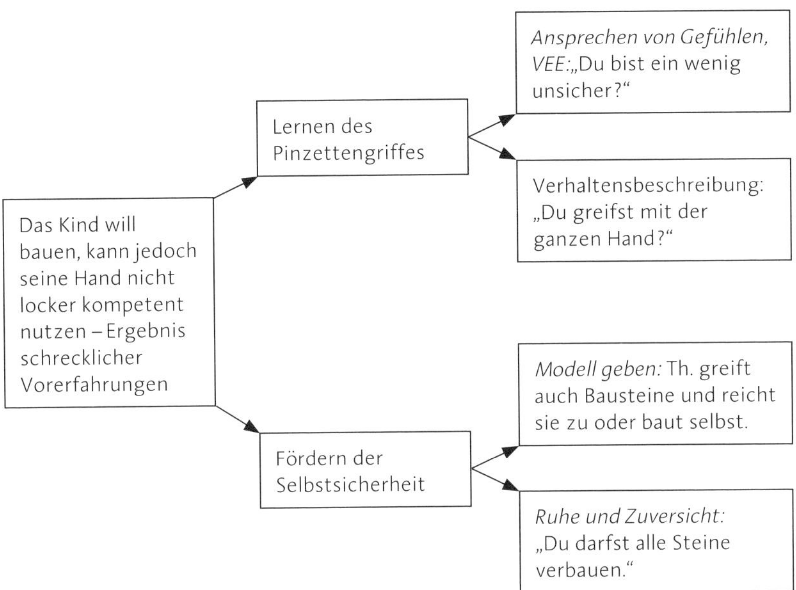


*Abb. 6.8.1 Mikrozielgeführte Interventionsplanung innerhalb einer personzentrierten Spieltherapie*

Obwohl in der personzentrierten Therapie kein Behandlungsplan ausgearbeitet wird (siehe Kapitel 6.2), bleibt die personzentrierte Behandlerverantwortung: Heilsame Begegnungen zu bieten, muss sich als professionelle Kompetenz bewähren und kann sich nicht einfach als liebevolle Zwischenmenschlichkeit geben.

## 6.8.2 Interaktionsresonanz – die Intuition personzentrierter Psychotherapie

Sicher ist es unglaubwürdig zu denken, dass Therapeutenverhalten sich in jedem Moment Rechenschaft darüber ablegt, welche der etwa 40 Interventionskompetenzen nun „eingesetzt" werden wird. Es muss also eine zusätzliche Kompetenz jenseits des Tales der Selbstunsicherheit der Ausbildungskandidaten und des Hochtals der professionellen Selbstsicherheit der langsam in ihrer Berufserfahrung sich von „schulischen Vorschriften" lösenden Könner geben. Behr hat für das Nachdenken über dieses Problem den Begriff der *Interaktionsresonanz* eingeführt. Damit ist gesagt:

> „Die Spielhandlungen des Therapeuten sind eine interaktionelle Resonanz: Das kindliche Spiel bringt das Spiel des Therapeuten zum Klingen, er handelt leicht anders, aber nicht verändernd." (Behr 2007, 157)

Diese Sichtweise hält nochmals fest, dass für die Spieltherapeutin, die sich quasi als das mit Instrumenten und deren Saiten und Tasten ausgestattete Orchester zu begreifen hat, der Klient der Dirigent ist. Allein dessen Interpretation der Interaktion zählt. Dessen Handeln findet im Handeln des Therapeuten sein Echo, seine Resonanz. Ein anderer Begriff, der eine ähnliche Selbstvergessenheit im kompetenten professionellen Handeln anzielt, ist mit dem von Czisentmihail (1993) eingeführten Begriff des „Flow-Erlebens" gefunden worden: Wer sein Handwerk, seine Kunstfertigkeit wirklich beherrscht, der wird in der Ausübung seines Berufes Arbeitsphasen erleben, in denen das „Es geht" (Rombach 1987) eine sich selbst bestätigende Erfahrung wird.

Eine wieder andere Zugangsweise beschreibt – insbesondere angesichts der Forderung nach *Authentizität* (siehe Kapitel 6.5) – die gewünschte, beschworene, flüssige Handlungssicherheit mit dem Begriff der Intuition. Ich verstehe unter Intuition gesättigte Kompetenz. Die Rolle der Intuition in der Psychotherapie ist damit bereits beschrieben: Intuition ist eine Handlungsperspektive, die sich mit wachsender Kompetenz, jenseits der Virtuosität, einstellt. Die Spieltherapeutin, die sich in Interaktionsresonanz, entsprechend dem Flow-Erleben ihrer Könnerschaft, ganz darauf einlässt, Verantwortung für ihr Therapeutenverhalten zu übernehmen, wird im Zweifel zu diesem Begriff Zuflucht nehmen: So zu handeln, wie sie es tat, war „ihre Intuition." Intuition ist ein Lernziel: Wer sicher weiß, dass es nach den Regeln der Kunst im jeweiligen Moment diese oder jene oder eine dritte korrekte Handlungsmöglichkeit gäbe – und innehaltend auf diese anderen Möglichkeiten verzichtet, der realisiert seine Intuition.

Für die einen ist Intuition mit seiner lateinischen Wortwurzel ein Wort für das genaue Hinsehen. Intueri heißt im Lateinischen „das Betrachten, Erwägen". Für die anderen bedeutet sie mit C. G. Jung eine eigene psychische Hauptfunktion, sozusagen das Auge des Irrationalen in uns. In der medizinischen Tradition ist Intuition jenes Element, das den berufserfahrenen Diagnostiker und seinen „klinischen Blick" auszeichnet. Andere sehen in der Intuition eine Schwester der Inspiration, eine offenbarende Funktion, die das „Wesen" schauen lässt. Eingebungen können Handlungsimpulse oder Erklärungsangebote sein: Ich weiß plötzlich, wie ich zu handeln habe, oder wie ich etwas zu begreifen vermag – die Intuition hat es mir eingegeben. Intuitionen unterscheiden sich von „Einfällen" durch ihr hohes Evidenz- bzw. Bedeutsamkeitsgefühl.

Intuitives Wissen soll als eine eigene Sphäre des Wissens existieren: Ein Strom „unbewusster Wahrnehmung", der ganzheitlich orientierend sein könne, wenn man sich ihm nur anvertrauen würde. Diese – wiederum C. G. Jung'sche – Auffassung klingt mit der personzentrierten Einsicht in die Bedeutsamkeit der organismischen Selbstregulation verwandt, jener inneren Stimmigkeitsfunktion, die Menschen heil werden lässt, wenn sie es vermögen, sich ihr anzuvertrauen. Für die einen ist Intuition ein „Ahnen", für die anderen ein unmittelbares Schauen in plötzlich gefundener Evidenz.

### 6.8.3 Interaktionsresonanz – zwischen welchen Interaktionspartnern?

Unterschiedliche Ansätze, Schulen der Heilkunst haben verschiedene Verständnisse für kompetentes Handeln. In allen Fällen geht es jedoch darum, die Beziehung zwischen Menschen zu bedenken, Begegnungen, die heilungswirksam sein sollen, von anderen zu unterscheiden. Welche Begegnungspartner, welche Beziehungsqualitäten müssen bedacht und unterschieden werden? Neben den erkenntnistheoretischen Grundlagen psychologischen Denkens ist es sinnvoll, das Wissenschaftsverständnis der Philosophiegeschichte gelten zu lassen. Mit seinen drei menschheitsgeschichtlich belegten Paradigmen des Wissenschaftsverständnisses bietet Rombach in „Substanz, System, Struktur" (1981) einen Hintergrund, der zu verdeutlichen vermag, was „Interaktionsresonanz" für personzentriertes Handeln zu bedeuten hat. Betrachten wir paradigmatisch ein bestimmtes medizinisches Verständnis von Heilkunst – „Der Arzt hilft, die Natur heilt" – und die drei großen Richtungen der Psychotherapie, so können wir behaupten:

**Substanz.** In der Medizin herrscht, seit der Übernahme des naturwissenschaftlichen Denk- und Erklärungsmodells, die Sicht, die erkenntnistheoretisch als „Substantialismus" oder manchmal sogar als „naiver Materialismus" gekennzeichnet werden kann. Mit dem „klinischen Blick" hat die Medizin ein Konzept entwickelt, das es dem erfahrenen Praktiker erlaubt „intuitiv" Ansatzpunkte für helfendes Handeln – Diagnosen – zu erkennen. Dieses ist oft sogleich verbunden mit einer Vorstellung von dem entsprechenden ärztlichen Handeln. Interaktionsresonanz entspräche so als „bildgebendes Verfahren" der Anleitung ärztlichen Tuns. Die klassische Verhaltenstherapie wurde deshalb so gerne ins Medizinsystem integriert, weil sie mit ihrer Sicht auf die Lerngeschichten und Lerngesetze dieselbe Beziehungskonfiguration kennt: Zwei Subjekte als Substanzen gedacht, sind in aktiv-passivem Handeln mit einander verbunden. Ein Therapeut nimmt Beziehung zu einem Leidenden, dem Patienten, auf und handelt so, dass der Leidende sich konstruktiv ändern kann. Der Blindarm wird entfernt, die irrationale Annahme durch einen fruchtbareren Gedankenverlauf ersetzt.

**System.** In der Psychoanalyse ist kompetentes Handeln die Leistung einer frei schwebenden Aufmerksamkeit auf Konfliktindikatoren und das angemessene Anbieten von Assoziationsimpulsen und Deutungen, um dem Patienten zu ermöglichen, seine Konflikte auszuloten und einen Konflikt bewältigenden Seelenapparat auszubauen („Wo ES war, soll ICH werden“) oder eine Selbstkonfiguration zu erreichen, die funktionstüchtig ist. Dieses Modell denkt „Heilung“ als Einflussnahme innerhalb eines Systems und ist dem entsprechenden Weltbild einer „Systemsicht“ verpflichtet. In der neueren Verhaltenstherapie ist kompetentes Handeln durch systemische Verhaltenswissenschaft einschließlich der jeweils neuesten kognitiv-emotional-mentalisierenden Wenden geregelt: Das Identifizieren der lerngeschichtlich bedeutsamen Einflüsse und das Durchführen(-können) eines – möglicherweise in Manualen standardisierten – Neu-Lern-Programms gelten nunmehr nicht der Substanz des Patienten, sondern seiner Konfiguration als System. Auch dieser Verständnishorizont des therapeutisch richtigen Handelns ist systemisch.

**Struktur.** Die Strukturphänomenologie Rombachs vom menschlichen Menschen (1987) bildet philosophisch den Hintergrund meines Denkens. Der Mensch als ein Geschehen – jeder von uns als eigene Melodie – stellt einen irreversiblen Prozess dar. Begegnung kann als Beziehung sich entfalten, Verstehen ist ein „Übersetzen“. In der Gesprächspsychotherapie und damit der personzentrierten Kinderpsychotherapie ist kompetentes Handeln die Gestaltung einer professionellen und zugleich authentischen, zwischenmenschlichen Begegnung. Es ist die Aufgabe, „heilsame Erfahrungen“ zu gestalten.

Wie eingangs dargestellt (siehe Kapitel 6.1 *Ein psychotherapeutisches Menschenbild*), denke ich, dass psychotherapeutische Fachkunde die Schulenenge überwinden muss. Ein modernes Psychotherapieverständnis wird die personzentrierte Anwendung eines systemischen Verstehens in medizinisch (auch) substanziell zu betrachtenden Nöten sein, die Menschen hilft, in ihrer Selbstgestaltung frei zu sein, Freiheit zu leben ermöglicht – was strukturelles Dasein meint.

### 6.8.4 Intuition ist jeweils persönliche Orientierung in Unsicherheit.

Es wird deutlich, dass Intuition jeweils nach dem Schulenparadigma etwas anderes meinen mag. Welche Rolle spielen nun Intuitionen in den unterschiedlichen Ansätzen?

Für den Verhaltenstherapeuten werden sich Evidenzen ergeben, wenn er entdeckt, „aus welchem Holz einer geschnitzt“ ist: Seine Intuition zeigt ihm, welche Lerngeschichte wie zu beeinflussen sei, welches Schnitzmesser, Trainingssetting er greifen muss. Für den Psychoanalytiker sind Evidenzen sich hebende Vorhänge vor Geheimnissen, die seinen Blick frei geben: Seine Intuition erfasst die ganze „Be-Deutung" eines Leidens und zeigt ihm, welche Deutung wie funktionieren und Funktionstüchtigkeit erhöhen kann.

Für den personzentrierten Psychotherapeuten sind Evidenzen jene Momente authentischer Begegnung, in welchen sich der Leidende ganz selbst erlebt: Seine Intuition lässt ihn so handeln, dass der Klient sich selbst unverstellt wahr genommen erlebt.

Intuitionen sind meist Bilder oder Entdeckungen, welche mit großer Evidenz nach Handeln drängen, das aus der jeweiligen Intuition nahegelegt wird. Zugleich klären Intuitionen den Wirklichkeitsbezug innerer Vorgänge.

> „In dem Maße, in dem der Klient erfahren kann, dass das Erleben von mörderischen Gefühlen gerade nicht zum Ausleben dieser Gefühle führt, wird die Kraft im Hass erkennbar und verfügbar." (Gutberlet 1990, 29)

Intuition oder Wesensschau muss den ganzen Menschen treffen, um ihren Namen zu verdienen. Als Psychotherapeuten sind wir immer auch darauf angewiesen, Experten in menschlicher Entwicklungspsychologie zu sein. Einerseits haben wir so einen Verständnishintergrund für die potentielle, gesunde Selbstentfaltung unserer Klienten. Andererseits geben uns z.B.die Wissensbestände zur Entwicklung der Moral auch eine eigene Orientierung über den Anspruch an unsere berufliche Handlungsmoral.

Jeder Therapeut möchte seinem Patienten so effektiv wie möglich helfen. Alle Bemühungen um unterschiedliche Schulen stehen doch idealtypisch nicht im Dienst einer „Glaubenskonkurrenz", die behauptet, „Ich verstehe Freud – Adler, Rogers oder Skinner besser als …", sondern in einer Effektivitätskonkurrenz im Dienst der jeweiligen Leidenden: „Ich glaube, diesem Menschen ist mit diesem Angebot am besten zu helfen …" Tatsächlich haben wir jedoch das Problem, dass derjenige, der „nur hämmern lernte, jedes Problem nagelförmig" sehen wird, um nicht ohnmächtig sein zu müssen. Die Attraktivität des Intuitionsbegriffes kommt also auch von einer Sehnsucht nach schulenübergreifender, eklektischer und dennoch irgendwo durch „Wahrheitskriterien" ausgewiesener therapeutischer Vorgehensweise.

### 6.8.5 Intuition und/oder Verantwortung für „richtiges" Handeln – das Beispiel einer Traumatherapie

Intuition kann immer vorkommen. Sie ist jedoch vom „Einfall" abzugrenzen und ist individuell zu verantworten. Wenn die „Schule" A sagt und die persönliche Einschätzung des richtigen Handelns jedoch B, so ist es immer die persönliche Verantwortung des Therapeuten, ob er B oder A handelt. Verantwortung kann nicht an eine Schule delegiert werden. Richtiges Handeln wird gerne als „Mittelweg" beschrieben. Betrachten wir Wahrnehmungsdimensionen unter diesem Gesichtspunkt, so sind das „Laissez-faire" und der „Dogmatismus" als die Abweichungen vom Mittelweg zu bedenken:

*Tab.6.8.2: Authentische Offenheit und Intuition als ein verantworteter Mittelweg*

| | Zu wenig „Laissez-faire" | Mittelweg | Zu viel „Dogmatismus" |
|---|---|---|---|
| Beziehungs-offenheit | Zu wenig persönlicher Einsatz; zu unsicher, unselbständig. | Authentische professionelle, verantwortete Beziehungsgestaltung. | Zu viel „persönlicher Einsatz"; Zu „sicher", vorschnell selbstmächtig. |
| Intuition | Muss vermieden werden, weil sie „irrational", nur subjektiv ist. | Muss gewissenhaft geprüft werden, Kriterium ist die Fruchtbarkeit für den anderen. | Gilt als „beliebige" Letztbegründung beliebigen Handelns: „Evidenz" kann immer behauptet werden. |

**Beispiel.** Ein etwa 12-jähriger Gymnasiast, ich nenne ihn Peter, wurde kurz nach den Weihnachtsferien angemeldet. Die Mutter berichtete, dass der Knabe seit dem diesjährigen Schulbeginn einen unerklärlichen Leistungseinbruch habe. Die Lehrer sprächen von ständiger „Abwesenheit". Der Bub selbst meint, er könne sich nichts erklären, er mache alles wie immer und sei wie immer. Die Mutter hatte sich zu Beginn des neuen Jahres endgültig von dem Vater dieses Buben und seiner beiden jüngeren Geschwister getrennt und lebte nun alleinerziehend mit den drei Kindern. Sie berichtete mir eine Episode aus dem letzten Wiedervereinigungsversuch, der zur Weihnachtszeit in einer einsamen Alpenhütte stattfand. Sie ging davon aus, dass ihr Sohn im Rahmen dieser Erfahrung „traumatisiert" wurde und dies den Leistungseinbruch begründete. Ich komme auf die konkrete Episode später zurück.

Als Peter das Spielzimmer betrat, war er ein freundlicher Junge, der genau verstanden hatte, dass ich für ihn nun zur Verfügung stehen würde, um „sein Problem" zu beheben. Er demonstrierte mir, dass er kein Problem habe. Nicht aggressiv-verweigernd sondern ganz ruhig tat er das, wozu er eingeladen worden war: „Das ist jetzt deine Spielstunde. Ich bin dabei und wenn du willst, spiele ich auch mit." Er explorierte den Raum ruhig und wählte sich einen Tischtennisschläger und den dazugehörigen Ball. Für den

Rest der Stunde demonstrierte er mir, wie geschickt, ausdauernd, ideenreich er sich im Alleinspiel mit diesem Material zu beschäftigen vermochte. Dies ging über mehrere Wochen so weiter. Ich war verzweifelt, fühlte mich in einer ohnmächtigen Falle, hasste mich für meine „Interventionsklavier"-Kommentare: „Das macht dir Spaß ... Du bist wirklich geschickt ... Und ausdauernd ... Und da hast du wieder eine neue Idee. Jetzt probierst du Zielschießen mit dem Ball ..."

Und zugleich sagte mir etwas tief innen: „Gewähre ihm die Zeit, selbst zu entscheiden ob und wann und wie er tiefer auf das möglicherweise vorliegende Trauma eingehen möchte." Ich schaute ihm zu. Gab Kommentare. Blieb ruhig. In der sechsten Stunde saß ich neben einer Kiste voller Playmobilfiguren. Eher aus unwillkürlicher motorischer Unruhe (gelangweilt?) griff ich mit der Linken in die Kiste und fasste eine der Figuren, nahm sie und stellte sie neben mir auf. Dass ich nach dem Figürchen griff, war eher keine Intuition. Dass ich jedoch im selben Moment, als ich sie neben mir „in Stellung" brachte spürte, dass Peter dies mit einer kaum sichtbaren, jedoch mir eben intuitiv spürbaren Erregung wahrnahm und dass es eine Bedeutung haben musste, das war wohl die Intuition, die mich begleitend sagen ließ: „Jetzt hast du schon zwei Zuschauer."

Er reagierte nicht weiter und ich spürte dennoch, dass etwas knisternd Erregendes begonnen hatte. Ich stellte ein weiteres Beobachterfigürchen auf. Nun wandte sich Peter diesen Figuren zu und nahm sie als Zielscheiben für seinen Tischtennisball. Ich stellte sie auf. Er schoss sie ab. Aufgeregt, engagiert. Ich war inzwischen so etwas wie der Sportreporter und zugleich der Laufbursche, der die neuen Zuschauer aufstellte und zugleich ihre „Vernichtung" kommentierte.

Als klar war, dass es Peters Spielziel war, die Figuren abzuschießen, begann ich, einen Unterstand zu bauen. Ich positionierte die Figürchen hinter Holzbohlen und schließlich unter einem Unterstanddach, aus welchem heraus sie zuschauen konnten. Peters Tischtennisball klackte gegen das Holz, schadete jedoch den Beobachtern nicht mehr. Das war für Peter unerträglich. Er ging zum Schrank und wie in einer kriegerischen Frontlinie der Ruf „Wir brauchen schweres Gerät, der Bunker muss geknackt werden!" erschallt, so nahm er nun einen massiven Tennisball, ging zu „Mörserfeuer" über und fetzte den gesamten Unterstand mit allen Figürchen von dem kleinen Tisch, auf dem ich sie unermüdlich wieder aufgestellt hatte. Die Stunde war etwa in diesem Moment zu Ende und ich konnte einen seltsam erregten und irgendwie zufriedenen Peter entlassen und mich meiner Ratlosigkeit zuwenden. Was hatte dies alles zu bedeuten?

Einige Tage später, als die Vorbereitung zur nächsten Stunde mit Peter anstand, setzte ich mich vor seine Akte, studierte nochmals meine Aufzeichnungen und grübelte, was das Erregende an dieser Begegnung gewesen sein mochte. Dabei fiel mir die Episode ein, die mir die Mutter erzählt hatte. Die drei Kinder und die in spannungsvoller Hoffnung auf einen

„Neubeginn“ vereinten Eltern waren in einer hochalpinen Skihütte weitab von anderen Menschen gut versorgt und sicher. Das Weihnachtsfest war vorbei und es war Abend. Die Kinder spielten Verstecken. Die Partnerschaft jedoch heilte nicht, im Gegenteil. Der Mann griff zu Gewalt, um seiner Frau die Erfüllung ehelicher Pflichten abzuverlangen. Er vergewaltigte die Frau, die leise jedoch deutlich ihre Abwehr äußerte auf jenem Hüttenbett, unter welchem Peter sich zum Versteckspiel verborgen hatte. „Ich sah ihn kreideweiß aus dem Zimmer kriechen, hab aber nicht geschrieen wegen der anderen Kinder …“ Als ich diese Erinnerung mit jener Spielstunde zusammenbrachte, wurde es für mich verstehbar: „Das Kind, das zur falschen Zeit am falschen Ort war. Das Kind, das beobachtete, was es nicht beobachten wollte …“ Ich war neugierig, wie Peter zur nächsten Stunde kommen würde.

Soweit ist dies mein Beispiel zur Intuition. Ich wäre niemals auf den Gedanken gekommen eine „Du-beobachtest-etwas-was-du-nicht-sehen-sollst“-Situation als Spielanregung für Peter zu gestalten. Intuitiv erfasste ich jedoch seine mikrokleine Reaktion und damit den Wegweiser zu dem, was – wie sich in der Folge herausstellte – zudem ein sehr beeindruckendes Beispiel für die Erfahrung einer sogenannten „asymptomatischen Traumatherapie“ wurde. Peter kam recht verändert zur nächsten Stunde. Die Demonstration seiner Kompetenzen hatte er in den letzten Wochen auch schon in den Schulbereich verlagert. Dort ging es wieder „aufwärts“. Bei mir wählte er die Videokamera als Spielmaterial. Er gestaltete mit den Figürchen, wobei er sorgsam darauf achtete, dass er selbst nie im Bild war, mehrere fünfminütige Spielfilme, in denen jeweils unvermutet dieselbe psychodynamische Struktur bearbeitet wurde: „Verbotenes Gelände betreten und vergraben werden unter Holz“ bis „unvermutet Leiche im Wald gefunden“ Seine Symptome vergingen. Er konnte nach 36 Stunden „als geheilt“ die Therapie abschließen, ohne dass jemals über die Beziehungsnot hin zum gewalttätigen Vater gearbeitet werden musste. Die Trennung der Eltern war ihm verständlich. Den Vater musste er nicht mehr verteidigen und nicht anklagen.

Es kann sein, dass fünf Jahre später, wenn die Entwicklungsaufgabe „geschlechtsreifer, liebevoller Mann und achtsamer Partner“ auf Peter zukommt, er in weitere Selbstunsicherheiten kommt, da diese Erfahrung nicht „vergessen“ sein wird. Ob und wie er dann jedoch Hilfe benötigen wird, wird die Zukunft zeigen. Ich hatte der Mutter im Abschlussgespräch den Hinweis gegeben, dass dann eventuell doch erneute Hilfeleistung nötig sein könnte.

### 6.8.6 Intuitiv klären, bewältigen, bezogen sein – heilungswirksame Interaktionsmodi

Innerhalb jeder Schule gibt es das Handeln nach den „Regeln der Kunst" und die eigentliche Kunst, die dort beginnt, wo jene Regeln infrage gestellt sind: durch Erfolglosigkeit oder durch Abwägungen über die Angemessenheit des schulischen Vorgehens im konkreten Einzelfall. Die Attraktivität des Begriffes „Intuition" kann auch aus der Lust an und Sehnsucht nach Philosophie und Sinnerfahrung – ja, vielleicht sogar aus der spirituellen Scheu des „tiefen Blickes" kommen.

> „Die Wissenschaft verwirklicht soviel Menschlichkeit als sie sich aus den Vereinseitigungen des Funktionalismus (aus Mechanismus und System) herauszuarbeiten vermag." (Rombach 1981, 516)

Ich sehe mich als wissenschaftsgläubig (väterliches Erbe) und ehrfürchtig (mütterliches Erbe) gegenüber dem Spiel. Da jedes Spiel nach Regeln erfolgt, kann ich wie Winnicot (1971) auch das Handeln als Psychotherapeut als ein Regelspiel begreifen. Und meine Verpflichtung dem Klienten gegenüber begreife ich so, dass ich übergreifend all jene Handlungsdimensionen verantwortlich zu bedenken finde, die gegenwärtige Psychotherapieforschung im Blick hat. Beispielsweise unterscheidet Grawe (1994) in seinem ersten Entwurf einer Allgemeinen Psychotherapie drei Perspektiven:

> „Die empirisch orientierte Psychologie ist theoretisch-konzeptuell längst genügend weit fortgeschritten, um einer nicht schulorientierten Allgemeinen Psychologie [schreibt er, meinte er nicht doch Psychotherapie? CMH] ein solides theoretisches Fundament zu liefern ... Aus schematheoretischer Sicht sind die Bewältigungsperspektive und die Klärungsperspektive zwei sich in notwendiger Weise ergänzende Perspektiven, denn im Schema-Konstrukt sind Wollen und Können, Motivations- und Fähigkeitsaspekt untrennbar in einer Einheit miteinander verschmolzen und stellen nur unterschiedliche Perspektiven auf das psychische Geschehen dar ... Zu einer Allgemeinen Psychotherapie gehört, neben den beiden bisher behandelten Perspektiven, der Problembewältigungsperspektive und der Klärungsperspektive, auf jeden Fall noch eine dritte unverzichtbare Perspektive: die Beziehungsperspektive." (Grawe 1994, 774 f)

Bewältigen, klären, sich beziehen – diese drei Aspekte der Selbstorganisation psychotherapeutischen Handelns sind Herausforderungen. Ich betrachte sie auch als Interaktionsmodi:

- Bewältigend miteinander umzugehen, bedarf des Substrates, der Wirklichkeit als substanzieller Wirklichkeit, der Frage als „staatsanwaltschaftlicher“ Feststellungsfrage, die jeweils „sachliche“, möglicherweise „materielle“ Problemansätze und Problemlösungen anzielt. Bewältigungsorientierte Intuitionen sind somit spontan auftauchende Handlungsideen, Impulse des „Anregens von Handlungen“, von Ermutigung zu erprobendem Umgang mit neuen Möglichkeiten. Hausaufgaben können hier ebenso gelten wie angeleitete Übungsrollenspiele.

- Klärend miteinander umzugehen, bedarf eines Wirklichkeitsverständnisses, wie es mit den Gesetzen der Naturwissenschaft in die Welt gekommen ist: Ein funktionaler Zusammenhang wird geklärt. Eine Lerngeschichte nach Verstärkungsgesetzen ist geschehen. Ein System ist aus dem Gleichgewicht geraten: Klärend werden die Parameter erfasst und neue Richtwerte oder Funktionszusammenhänge definiert. Klärende Intuitionen sind somit spontan einfallende „Gesetzlichkeiten“, „Deutungen“ oder mögliche „Anker“ für vertieftes Selbstverstehen.
- In der Beziehungsperspektive bewegen sich die Menschen miteinander in einer Choreographie von Sinnentfaltung, der Bedeutungsgestaltung – lassen im Übersetzen der Selbstaussagen des einen in solche des Anderen wechselseitige Heilsamkeit zu. Intuitionen sind in diesem Beziehungsgeschehen immer bereits Handlungen, die sich erst in der selbstkritischen Reflexion ihrer Bedeutungshaltigkeit bewusst werden. Diese Nähe zwischen unbewusst intuitivem und integrem, echtem Handeln, das „einfach nicht anders kann“, entspricht dem, was in personzentrierter Theorie Kongruenz genannt wird.

Die Facettenvielfalt intuitiven Handelns zu achten, ist unverzichtbar – sie erfordert jedoch auch den Mut, sich selbst zu vertrauen und sich in Interaktionsresonanz zu bewegen.

## 6.9 Grenzen in der Psychotherapie

Rogers begann seine Therapeutenverantwortung deutlich wahrzunehmen mit der Einsicht in grundlegende Begrenzungen, die er gerade im Umgang mit Problemkindern erläuterte. Er beschrieb ausdrücklich, dass es keine Therapie einzelner Störungen geben könne, sondern dass Therapieren immer ein Geschehen zwischen Personen und somit ein Beziehungsgeschehen sein wird (Rogers 1939). Durch die Forderung nach einer authentischen Begegnung eröffnete er damit auch das problemzentrierte Reflektieren über die im Verhalten des Therapeuten wirksamen Grenzen.

### 6.9.1 „Non-directive“ – eine paradoxe Art, über Grenzen zu denken

Die Rogers-Schülerin Axline übertrug dies Konzept auf die Arbeit mit Kindern und nannte ihren methodischen Ansatz „non-directive“. Sie betonte zu Grenzen:

> „Der Therapeut setzt nur dort Grenzen, wo diese notwendig sind, um die Therapie in der Welt der Wirklichkeit zu verankern und um dem Kind seine Mitverantwortung an der Beziehung zwischen sich und dem Kind klarzumachen.“ (Axline 1976, 73)

Wie weitreichend die Reflexion der Grenzen in der personzentrierten Arbeit bedacht werden muss, habe ich an anderer Stelle ausgeführt (Hockel 2011).

Seit Kaminski (1970) die bedeutsamen „Speicher“ in der Therapeutenperson beschrieben hat, ist klar, dass Therapieausbildungen diese fünf Speicher füllen bzw. reflektiert ausarbeiten müssen: Änderungswissen, Kompetenzwissen, Bedingungswissen, „Gewissen“ und Vergleichswissen. Therapeuten handeln beruflich „nach bestem Wissen und Gewissen“. In der Arbeit mit Kindern und Jugendlichen bedeutet dies, dass sie zwei besondere Reflexionen leisten müssen. Einerseits gegenüber der Erwachsenentherapie vertieft jene über die Ausgewiesenheit der Therapieziele. Insbesondere da dieses junge Klientel meist zur Therapie geschickt wird, es also häufig keinen eigenen „Leidensdruck“ oder Selbstveränderungsziele mitbringt. Andererseits jene Reflexion über die handlungsleitenden Werte und Berechtigungen. Das Handeln des personzentrierten Kinderpsychotherapeuten wird sowohl durch sein überlegenes Können als auch durch seine umfassenderen Erwachsenenrechte strukturiert. Beides muss in Respekt vor der kindlichen Selbstentfaltung als Selbstbegrenzung beachtet werden (Hockel 2011).

Neben diesen gewissenhaften Selbstbegrenzungen sind nun jene Grenzen in der Psychotherapie zu achten und zu beachten, die den psychotherapeutischen Prozess als eine konstruktive Erfahrungsaktualisierung ausweisen. Ein Prozess in einem angstfreien Rahmen, da das Kind oder der Jugendliche sich darauf verlassen kann, dass die Therapeutin, der Therapeut Grenzen kennt und dem Kind oder Jugendlichen das selbst schädigende Überschreiten der Grenzen nicht unterlaufen lässt. Was Grossmanns für die gelingende Kindererziehung fordern ist umso mehr in der Therapie zu verlangen:

> „Ein Kind braucht Angstfreiheit, die aus psychischer Sicherheit entsteht, um neuartige Erfahrungen zu sammeln, neue Fähigkeiten zu erwerben und Bewältigungsweisen bei Hindernissen zu erproben.“ (Grossmann/Grossmann 2004, 603)

### 6.9.2 Grenzen nennen Werte

Die Gewissenhaftigkeit erfordert das Nachdenken über Grenzen in mehrerer Hinsicht. Einmal ist Psychotherapie ein zeitlich begrenztes Beziehungsangebot. Es muss also von vorneherein klar bedacht sein wie Beginn, Hauptphase und Abschied zu erkennen und zu gestalten sind. Psychotherapie stellt eine „sichere Basis“ für Selbstveränderung dar, die jedoch nur auf Zeit verfügbar ist. Zur Frage der Beendigung von Psychotherapien ist in der letzten Zeit etliches gesagt worden (Müller-Ebert 2001; Novick/Novick 2008; Rieber-Hunscha 2005). Speziell für die Kinderpsychotherapie wird inzwischen – vor dem Hintergrund der Erkenntnisse der Bindungsforschung – begriffen, dass solche Begegnung mit der Begrenzung der Therapie besondere Bedingungen berücksichtigen muss.

> „Der Therapeut muss das therapeutische Bündnis behutsam lösen, als Vorbild für den Umgang mit Trennungen: Die Trennung sollte vom Patienten und/oder den Eltern initiiert werden. Dann wird sie weniger leicht als Zurückweisung durch den Therapeuten erlebt, Die physische Trennung ist nicht gleichbedeutend mit dem Verlust der ‚sicheren Basis‘, weil für das Kind und die Eltern die Möglichkeit bestehen bleibt, bei erneuter ‚Not und Angst‘ zu einem späteren Zeitpunkt auf den Therapeuten zurückzugreifen.“ (Brisch 2010, 126)

Daneben ist der Gesichtspunkt des Therapeutenverhaltens stets gewissenhaft zu prüfen – durch selbstkritische Einsicht in die Grenzen unserer Kompetenz. Es wird immer wieder Fälle geben, in denen wir zur Erkenntnis kommen, dass diesem oder jenem Klienten von anderen Kolleginnen und Kollegen besser zu helfen ist als durch uns. Unser Änderungswissen, unser Kompetenzwissen zeigt uns jene Grenzen auf, die mit dem Konzept der selektiven Indikation verdeutlicht werden: Wer keine Erfahrungen mit Suchterkrankungen gemacht hat, niemals ein durch Missbrauch traumatisiertes Kind behandelte oder einen jugendlichen Schizophrenen zu begleiten hatte, der sollte sich entweder in sehr enger, quasi „ausbildender“ Supervision vorwärts bewegen oder den Fall an jene Kolleginnen oder Kollegen abgeben, die hiermit bereits mehr Erfahrungen haben.

Und schließlich ist der therapeutische Alltag, das Verhalten des Psychotherapeuten in jeder Einzelsitzung gestaltet durch eine Vielzahl von Grenzen (Hockel 2011). Jede Grenze informiert über die Wertkonzepte, die ein menschliches Handeln als „erwünscht“ oder als „verboten, schädigend, unerwünscht“ kennzeichnen. Die folgende Übersicht macht diese Vielfalt deutlich.

### 6.9.3 Übersicht: Eine beispielhafte Liste von Grenzen in der Psychotherapie – insbesondere mit Kindern und Jugendlichen (Hockel 2011)

| Nennung | Inhalt/Beispiel |
|---|---|
| ZEIT | Beginn der Sitzung, Pünktlichkeit, keine Termine ausfallen lassen.<br>Ende der Sitzung: Je nach Lebensalter des Kindes: Warten der Bezugsperson im Wartezimmer. Ganzheitlich – Therapieprozess als endliche, zeitlich begrenzte Beziehung. |
| RAUM | Verbleib im definierten Aktionsraum (meist das Spielzimmer), Fenster nicht öffnen. |
| GEWALT (gegen Personen) | Keine Selbstverletzung / Selbstquälerei (Schmerz, Enge etc.).<br>keine absichtliche Verletzung des Therapeuten.<br>keine absichtliche Verletzung des Kindes durch den Therapeuten (körperlich und/oder verbal).<br>Keine Selbstverstümmelungen/Selbstverschandelung („Glatze schneiden"). |
| GEWALT (gegen Sachen) | Keine mutwillige Beschädigung von Spielmaterial, Raum, Kleidung, Haare abschneiden etc. |
| SICHERHEIT | Gefährliche Materialien dürfen nicht so herumliegen bleiben, dass andere sich verletzen können (Messer im Sandkasten, Dartpfeile in der Wühlkiste …).<br>Streichhölzer/Brennbares (für Puppenherd etc.) sind unter Verschluss und nur in kontrolliertem Umfang zu nutzen (kein unkontrolliertes Zündeln).<br>Gefährliche/Gefährdete Gegenstände (Elektrogeräte, Steckdosen, Videokameras etc) werden nicht „bespielt", können jedoch genutzt werden.<br>Gefährliche Tätigkeiten dürfen nicht „tollkühn" gewählt werden (Kind will mit verbundenen Augen im Raum toben …)<br>Kontrollmöglichkeit für Therapeuten muss erhalten bleiben (Sich nicht so fesseln lassen, dass „echt" keine Befreiung mehr möglich ist, kein völliges Verdunkeln des Zimmers). |

| Nennung | Inhalt/Beispiel |
|---|---|
| (SEXUELLE) INTEGRITÄT | Keinerlei (reale) sexuelle Kontakte zwischen Erwachsenem und Kind.<br><br>Das Kind nicht für eigene Bedürfnisse des Therapeuten funktionalisieren (z.B. eigenen Kindeswunsch sublimieren). |
| GESUNDHEIT/ HYGIENE | Kinder mit ansteckenden Infektionskrankheiten (außer Erkältungen, schlimmstenfalls Grippe) sollten nicht in die Therapie kommen.<br><br>Kein Spucken, Urinieren, Koten (außer mit Windel) im Spielraum.<br><br>Kein Rauchen, keine Drogen, sowohl bereits konsumierte als auch vor Ort (kein Rausch, kein „Flachmann", kein „Joint"). |
| EXKLUSIVE SITUATION | Eltern/Bezugspersonen bleiben für die Zeit der Therapiestunde „draußen" – die Therapeuten-Kind-Situation ist ein exklusiver Lernort. |
| SITUATIONS GESTALTUNG („Reizkontrolle") | Struktur des Raumes (Größe, Lage, Gliederung).<br><br>Auswahl der vorhandenen Spielangebote (reizarm/üppig, bestimmte Materialien ausschließend, z.B. kein „Game-Boy")<br><br>Bei bestimmten Kinderwünschen kann flexibel durch Situationsgestaltung Material eingebracht werden, das vorher nicht da war. |
| MITBRINGEN | Von Spielmaterial, Nahrungsmitteln (Süßigkeiten), Lektüre, Handy.<br><br>Von Freunden, Geschwistern, Spielkameraden |
| MITNEHMEN | Mit der Bitte um Erlaubnis (Verbrauchsmaterial-Gestaltungen dürfen abschließend mitgenommen werden).<br><br>Heimlich (klauen). |

| Nennung | Inhalt/Beispiel |
|---|---|
| SCHWEIGE-PFLICHT/ GEHEIMNISSE | Was dem Therapeuten in der Stunde anvertraut wird, bleibt bei ihm (wird nicht an Eltern etc. weitergegeben), allerdings wird auf Wunsch des Kindes alles offenbart (Unterschied zum erpressenden bösen Geheimnis muss deutlich sein).<br><br>Auch umgekehrt: Geheimnisse, welche die Eltern dem Therapeuten anvertrauten („Großvater war ein Kriegsverbrecher") dürfen nicht ohne Einwilligung der Eltern preisgegeben werden. |
| SORGERECHT DER ELTERN | Elterliche Handlungsvorschriften, die nicht den Therapieprozess selbst betreffen, müssen respektiert werden (Diätvorschriften, Religiöse Vorschriften).<br><br>Bei Sexueller Aufklärung wird diese Grenze flexibel bzw. zum Gegenstand von Elternarbeit. |
| UNTERLASSENE HILFELEISTUNG | Wenn dem Therapeuten bekannt wird, dass das Kind geschlagen, eingesperrt, misshandelt oder missbraucht wird, muss er angemessene Wege finden, um einzuschreiten. |
| VERTRAULICH-KEIT | Spuren anderer Kinder werden nicht kommentiert, aufgedeckt usw.: „Wer hat das gemacht ...? Kommen auch andere aus meiner Klasse...?" |
| INTIMITÄT (des Kindes) | Das Kind darf sich nicht nackt ausziehen (außer in Sommerhitze bei Körperbemalung oder Duschecke etc.).<br><br>Respekt vor der jeweiligen Scheu/Schamhaftigkeit/ Distanz.<br><br>Respekt vor Antwortverweigerung bei vielen Fragen |
| INTIMITÄT (des Therapeuten) | Körperlich: siehe Körperkontakt, sich nur so anfassen lassen, wie es unbefangen möglich ist; sich nicht ausziehen (lassen).<br><br>„Privatbereich" („Was hast du in der Hosentasche/ Handtasche/Schublade..." „Hast du auch Kinder...?" usw.). |

| Nennung | Inhalt/Beispiel |
|---|---|
| SPRACH-GEBRAUCH | Schimpfworte, Obszönitäten, Provokationen, Beleidigungen können vom Therapeuten abgelehnt werden – in der Regel jedoch sollte KEINE SPRECHZENSUR geübt werden, stattdessen eher der emotionale Ausdruck gefördert werden (lieber ein Schimpfspiel als eine Grenzsetzung). |
| NÄHE | Körperkontakt/körperorientierte Neugier wird situativ angemessen beantwortet, bzw. eventuell geboten. |
| ERREGUNG | Aufregung, insbesondere sinnliche bzw. sexuelle Erregung, nicht ungezügelt gewähren lassen (Onanie).<br><br>Aggression nicht blind austoben lassen.<br><br>Trancezustände, Dissoziationen nicht „unbeachtet“ ablaufen lassen. |
| ANSTRENGUNG/KOMPETENZ | Therapeut bleibt kindzentriert hellwach: keine Telefonate, Aktenstudium, Lesearbeit neben dem Kind/Jugendlichen. Wenn der Therapeut „nicht mehr kann“ oder etwas nicht kann (nie gelernt, zu schwach, zu wenig ausdauernd ...), dann kann er sich weigern. |
| UMFUNKTIONIEREN (der Dienstleistung des Therapeuten durch das Kind) | Kind darf nicht bestimmen, dass/ob der Therapeut ihm seine Hausaufgaben macht, darf die Stunde nicht zur „Nachhilfestunde“ machen.<br><br>Kind will die Stunde **nur** als Rast nutzen (will sich hinlegen und nur schlafen). |
| UMFUNKTIONIEREN (der Therapiebeziehung zur Befriedigung von Therapeutenbedürfnissen) | Therapeut darf nicht eigene Motive, Sehnsüchte, Vorstellungen von „Ich wünsche mir, dass mein kleiner Freund sich so entfaltet ...“ über die Selbstentfaltung des Kindes/Jugendlichen stülpen (nicht nur Grenze 5 – (sexuelle) Integrität – gibt hier den Rahmen). Die Trennung zwischen der Therapeutenabsicht, „ein wichtiger Mensch für den Hilfesuchenden zu sein“ (die als Absicht nicht schädlich ist), und der Tat des Abhängigkeit herstellenden Sich-wichtig-Machens und des Missbrauchs des Kindes als „Partner“ muss hier beachtet werden: Es ist verboten Therapeutenbedürfnisse durch die Funktionalisierung des Kindes zu befriedigen. |

| Nennung | Inhalt/Beispiel |
|---|---|
| MATERIALVER-BRAUCH | Verbrauchsmaterial darf ungehemmt genutzt werden bis zur Grenze der willkürlichen Verschwendung und Vernutzung.<br><br>Lebensmittel der „Kochecke" nur soviel wie selbst verzehrt werden (kein „Spielzeug").<br><br>Nutzbarkeitsgrenzen: Wasser im Sandkasten nur soviel, dass später andere auch noch spielen können, Fingerfarben so viel, dass nach der Stunde Sauberkeit herstellbar ist. |
| SAUBERKEIT | Sand bleibt im Sandkasten.<br><br>Fingerfarben werden nicht beliebig verschmiert.<br><br>Insgesamt wird nicht mehr „Dreck" gemacht, als sich zufällig ergibt, bewusstes Einsauen ist verboten. |
| ORDNUNG | Dinge/Spiele etc. müssen nicht aufgeräumt werden, wenn jedoch das „Spielziel" nur „Chaos" heißt, ist eine mögliche Grenze durch Aufräumarbeit und somit „Ordnung" gesetzt. |
| LAUTSTÄRKE | Falls der Raum nicht schallisoliert ist bzw. falls die Lärmempfindlichkeit des Therapeuten es verlangt, kann hier eine Grenze gesetzt werden. |
| „REALISMUS" | Offenkundige Unwahrheiten, Lügen, Fantasien können als solche gekennzeichnet werden (ohne Beschämung und andere negative Konsequenzen: „Für dich ist das jetzt – du würdest gerne glauben, dass – du möchtest, dass ich glaube…") . |
| STEREOTYPIE | Bei zwanghaftem Festhalten an wiederkehrenden Tätigkeiten kann es dazu kommen, dass der Therapeut eine Vorgabe macht: „Erst bestimmst du, was wir tun, dann ich." |
| „IDIO-SYNKRASIE" | Wenn der Therapeut/die Therapeutin einen ganz persönlichen Ablehnungsgrund hat, sollte auch dieser respektiert werden: Es wäre jedoch nur der Ablehnungsgrund, das Kind nicht in die Therapie zu nehmen.<br><br>Keine Grenze innerhalb der Therapie.<br><br>Beispiele: Kind von Verwandten/Bekannten sollte grundsätzlich nicht angenommen werden; Jugendlicher Neonazi, der sich befangen fühlende Therapeut erlaubt sich, die Therapie abzulehnen. |

| Nennung | Inhalt/Beispiel |
| --- | --- |
| THERAPIE-VERTRAG | Hier gibt es eine eigene Reihe von Grenzen, die sich rückbeziehen auf das Sorgerecht, die Vertragsgestaltung usw. Bezahlung muss geklärt sein und zuverlässig eingehalten werden. Respekt vor anderen Parteien im Wartezimmer: „Diskretion/Geheimhaltung". Keine Video/Tonaufnahmen ohne Einwilligung der Sorgeberechtigten und ohne Wissen der Kinder/Jugendlichen (deren Einverständnis nicht unbedingt gegeben sein muss). Ausfallende Sitzungen müssen angekündigt werden. |
| „KUNSTFEHLER" | Jede Therapieschule kennt noch ihre speziellen „richtig/falsch"-Anweisungen, die unserer Auffassung nach jeweils durch die Person des Therapeuten (und nicht die abstrakte Heilkunde) zu verantworten sind. Psychotherapie ist immer ein „Heilversuch". Dennoch gibt es wohl einige spezielle Verhaltensweisen, die wir schulenspezifisch falsch fänden, z. B. „abwertende Kritik", „rechthaberische Verhaltensaufforderungen", „strenge Befehle" o. a. |
| BERUFSETHIK | Viele der oben genannten Grenzen für das Verhalten der Therapeuten sind Konkretisierungen dessen, was als Berufsethik gefordert werden muss. Weitere spezielle Beispiele für die Kinderpsychotherapie sind:<br>Keine erotischen, sexuellen, privaten Beziehungen zu den Angehörigen der kleinen Patienten, keine wirtschaftlichen Vorteile durch die Behandlung bestimmter Kinder erkaufen, keine besonderen Geld-/Geschenke annehmen. |

### 6.9.4 Das Fünfer-Schrittschema des Grenzensetzens

Wie werden nun Grenzen gesetzt? Sowohl die über 30 Verhaltensgrenzen in der Therapie, deren Berücksichtigung wir während unserer Ausbildung erlernen müssen als auch die Verantwortung für die Vielfalt unseres therapeutischen Handelns bei herangewachsener beruflicher Kompetenz, erfordern das Fünfer-Schrittschema des grenzsetzenden Verhaltens, wie es ansatzweise in der Arbeit mit Paul illustriert wurde (zum ersten Schritt siehe Kapitel 2 *Grenzen setzen*, weitere Beispiele in Hockel 2011). Um nun das Fünfer-Schrittschema der Grenzensetzung genauer zu erläutern, hier ein Therapieausschnitt, der an eine reale Gesprächssequenz mit einem schüchternen 17-jährigen, ich nenne ihn Robert, anknüpft, der einen ersten Zeltausflug mit einer Jugendliebe vorbesprach:

Robert: „Haben Sie mit 17 selbst entschieden, ob Sie mit einer Freundin schlafen?"

*Grenzen setzen*

Therapeut (Schritt 1: Trennung zwischen Absicht und Tat): „Am liebsten würdest du das jetzt von mir erlaubt bekommen, indem du mein ‚Vorbild' heranziehst?"

Robert: „Na ja, ich möcht's halt gern wissen. Sagens Sie's doch schon."

Therapeut (Schritt 2: Klare Nennung der bedrohten Grenze): „Das ist mir zu intim, das behalte ich für mich."

Robert: „Ach, seien Sie doch nicht so, dass Sie jetzt neu geheiratet haben, hab ich doch auch mitbekommen. Wieso sollt ich nicht auch mal was Intimes von Ihnen wissen?"

Therapeut (Schritt 3: Verhindern der Grenzverletzung): „Ich werde dir diese Frage nicht beantworten."

Robert: „Ach jetzt stellen Sie sich ganz spröde. So kenn ich Sie nicht. Sie sind doch nicht verklemmt. Sagen Sie's schon."

Therapeut (Schritt 5: Bewehren der Grenze mit eine Konsequenz): „Schau, wenn du auf dieser einen Information bestehst, dann stockt unser Gespräch. Ich würde es sogar für heute abbrechen, wenn wir nur noch darum kämpfen würden."

*Falls es hier so weitergeht:*

Robert: „Also ich sage nichts mehr, wenn Sie es mir nicht verraten."

Therapeut (Schritt 5: Durchführen der Konsequenz): „Nun, dann beenden wir das Gespräch für heute und sehen uns am … wieder."

– *Endet die Stunde hier.*

Falls jedoch irgendwo der Jugendliche einlenkt, kann es ohne jedes „Nachmoralisieren" weitergehen.

Das Grundschema zum Grenzsetzungsverhalten in der Psychotherapie kann also beschrieben werden durch diese fünf Schritte:

1. Schritt: Trennen zwischen Absicht und Handlung
2. Schritt: Anschauliche, direkte Nennung der bedrohten Grenze
3. Schritt: Verhindern der Grenzverletzung z. B. durch:
   - „Halt"-Zuruf
   - Nähe
   - Zupacken
   - Anfragen der Bedeutung (Umlenken)
4. Schritt: Bewehren der Grenze durch Nennen der Konsequenz der Grenzverletzung – „Drohen"
5. Schritt: Bei Grenzverletzung Durchführung der Konsequenz

### 6.9.5 Grenzerfahrungen in einem stabilen Selbst

Erfolgreiche Psychotherapie ist Grenzerfahrung. Grenzen zu überschreiten ist dort wünschenswert, wo es sich um unangemessene Einschränkungen, um Unfreiheit erzwingende Begrenzungen handelt. Grenzen zu überschreiten, die das ausmachen, was Grossmanns (2004) das „Gefüge psychischer Sicherheit" nennen, ist nicht statthaft. Ein Problem für die heranwachsende Generation mag sein, dass es Entwicklungsaufgabe „der Menschheit" heute ist, zu lernen, dass sie sehr viel mehr Handlungsmöglichkeiten hat, als sie verantwortlich verwirklichen darf, wenn ein nachhaltiges Leben auf dem Planeten möglich werden soll, das vielen weiteren Generationen ein menschenwürdiges Dasein bescheren kann. Was „die Menschheit" lernen soll, muss jeder Einzelne erlernen. Hierfür ist es unverzichtbar, das Selbstverstehen der Personen als „wertgeleitet", als orientiert innerhalb von Grenzen zu gestalten. Das notwendige „Grenzenmanagement" muss gelernt werden.

> „In einem soziokulturellen Raum der Überschreitung fast aller Grenzen wird es immer mehr zu einer individuellen oder lebensweltspezifischen Leistung, die für das eigene ‚gute Leben' notwendigen Grenzmarkierungen zu setzen. Als nicht mehr verlässlich erweisen sich die Grenzpfähle traditioneller Moralvorstellungen, der nationalen Souveränitäten, der

Generationsunterschiede, der Markierungen zwischen Natur und Kultur oder zwischen Arbeit und Nichtarbeit. Der Optionsüberschuss erschwert die Entscheidung für die richtige, eigene Alternative. Beobachtet wird – nicht nur – bei Jugendlichen eine zunehmende Angst vor dem Festgelegtwerden (‚Fixeophobie'), weil damit auch der Verlust von Optionen verbunden ist. Gewalt- und Suchtphänomene können in diesem Zusammenhang auch als Versuche verstanden werden, entweder im diffusen Feld der Möglichkeiten unverrückbare Grenzmarkierungen zu setzen (das ist nicht selten die Funktion der Gewalt) oder experimentell Grenzen zu überschreiten (so wird mancher Drogenversuch verstanden). Letztlich kommt es darauf an, dass Subjekte lernen müssen, ihre eigenen Grenzen zu finden und zu ziehen, auf der Ebene der Identität, der Werte, der sozialen Beziehungen und der kollektiven Einbettung." (Keupp 2004, 540)

Diese Überlegungen betonen die Notwendigkeit klarer Grenzorientierungen unter dem Gesichtspunkt von Gewalt- und Suchtprävention. Unter dem Gesichtspunkt der Vermeidung von Kunstfehlern in der Psychotherapie können diese Aussagen ebenfalls gelesen werden. Axline hatte zum Thema Grenzen schließlich festgehalten:

„Zusammenfassend lässt sich sagen, dass mit Intelligenz und Konsequenz gesetzte Grenzen dazu dienen, die Therapiestunden mit der Wirklichkeit zu koppeln und sie vor möglichen Missverständnissen, Unklarheiten, Schuldgefühlen und Unsicherheiten zu schützen. Es geht um ein Prinzip, das dem Therapeuten viel Takt, Konsequenz, Ehrlichkeit und Kraft abverlangt. Die Anwendung von Begrenzungen gibt mehr oder weniger einen Hinweis darauf, wie weit die Therapie zwischen Therapeut und Kind Erfolg haben kann." (Axline 1974, 129)

## 6.10 Störungsspezifisches Handeln in der Spieltherapie

Ungestörtes Spielen ist jenes Kinderhandeln, das seelische Gesundheit sichert. In der Spieltherapie werden Kinder nicht mit Spielen konfrontiert, um gefördert zu werden. Dies kann eine durchaus sinnvolle Didaktik spielpädagogischer Vorgehensweisen oder verhaltenstherapeutischer Rollenspiel-Übungsbehandlung sein. Sondern der weitgehende Verzicht auf lenkende Einflüsse erlaubt es den Kindern bzw. Jugendlichen das Spielen als Werkstatt der Selbstheilung therapeutisch begleitet aufzusuchen. Das bedeutet nicht, dass Spieltherapie für den Therapeuten darin bestünde, ein erwachsener, kompetenter Mitspieler zu sein. Ganz im Gegenteil besteht der Anspruch darin, der Selbstaktualisierung der Klienten mit vielfältigen – auch störungsspezifischen – Impulsen zu dienen. Im Folgenden sind einige Beispiele gegeben.

### 6.10.1 Symptomaktualisierung als Spiel

Im Therapieverlauf mit einem schwer zwangskranken 12-Jährigen ergab sich folgende Interaktion. Wir saßen am Tisch und spielten Halma. Plötzlich legte dieser Sohn eines leitenden Klinikarztes den Kopf schief, guckte mich mit einer Mischung aus schelmischer Herausforderung und echter Beunruhigung an und sagte: „Herr Hockel, was machen wir hier eigentlich? Ich komme doch zu Ihnen, weil ich so schrecklich viel Zeit verliere mit meinem ‚Kontrollieren' und Sie spielen nur mit mir. Ist das nicht so, wie wenn ein Mensch zu meinem Vater in die Klinik käme wegen schrecklicher Kopfschmerzen und ihm werden dort nur die Haare geschnitten?" Wir grinsten beide.

Wie ich später vom Vater bestätigt bekam, war das Bild in einem Familiengespräch entstanden. Der Junge hatte zuhause berichtet, dass er sehr gerne zu mir käme, dass er sich jedoch nicht erleichtert oder gar „auf dem Weg der Besserung" fühle. Er fragte sich wirklich verzweifelt, ob denn diese Spielstunden ihm helfen würden. Sein Vater, der auch Diplom-Psychologe war und wusste, warum er seinen Sohn einem personzentrierten Therapeuten anvertraut hatte, hatte ihn empathisch genau das gefragt. „Gell, du meinst, das wäre doch wie wenn ...", und seinem Sohn dann jedoch mit aller vertrauender Autorität gesagt, dass er genau dies mit mir, dem verantwortlichen Therapeuten, besprechen müsse.

Zwangserkrankungen haben das spezifische Kennzeichen, dass die Irrationalität des eigenen Verhaltens dem Erkrankten leidvoll bewusst ist und zugleich unabänderlich die Zwangsverhaltensweisen ausgeführt werden müssen. Dieser Junge – nenne ich ihn mal Rüdiger – hatte in der Eröffnungsphase der Therapie gewusst, dass er bei mir „richtig" sei. Ich hatte mit ihm den notwendigen Fragebogen (Y-BOCS; Steinhausen/Aster 1993, 307ff) durchgearbeitet und in dieser explorativen Begegnung hatte der Junge verstanden, dass ich verstehe, was mit ihm los sei. Er hatte mich als „Spezialisten für Kinder mit Zwängen" anerkannt. Nun wartete er stets auf die „Behandlung", während wir in den Aufbau der tragfähigen Beziehung einstiegen. Dies gelang. Er hatte Freude an den Therapiestunden, in denen er von sich selbst unbemerkt „zwanglos" das spielte, was er spielen wollte. Er musste seine „Bestimmermacht" nicht leidvoll als fremde innere Stimme der Kontrolle erleben, sondern konnte sie genießend in Spielwahl und Spielverlauf einbringen.

In jener Stunde, in der er mich – ermutigt durch den anderen Experten, seinen Vater – mit seiner Not konfrontierte, war unsere Vertrauensbeziehung soweit gewachsen, dass er seinen Hilferuf zu äußern vermochte. Und ich wusste, nun waren mir sein Leidensdruck und seine Selbstveränderungsabsicht soweit anvertraut, dass ich meinerseits ihn mit seinem Zwang konfrontieren durfte. Wir grinsten einander weiter an, ich jedoch wurde aktiv. Auflachend holte ich aus dem großen Stapel von Mal- und Bastelpapier einen grauen Bogen Karton. Rüdiger lächelte nicht mehr, sondern blickte neugierig. Eine basale Komponente seines Kontrollzwanges war der, dass in seinem Zimmer – und am liebsten im Haus und auf der ganzen Welt – nicht das kleinste Fizzelchen „Müll" herumliegen durfte. Als ich den Karton vor seinen Augen einmal durchriss, begann Angst in seinem Blick aufzuleuchten und ich sagte: „Schau, Rüdiger, du verstehst genau, was ich dir jetzt anbiete ... Wir können nämlich auch jene Spiele spielen, die dir direkt möglich machen werden, stärker als dein Zwang zu sein?" Der Frageton, mit dem ich es aussprach, brachte die Zusatzbotschaft: „Ist es für dich in Ordnung, wenn wir sofort diesen weiteren Schritt tun oder fühlst du dich jetzt angegriffen, geängstigt, ja vielleicht sogar ‚bestraft', wenn ich nun in ein Zwangsbewältigungsspiel einsteige?"

Rüdiger blickte mir in die Augen und nickte merklich. Während ich den Karton ein zweites und drittes Mal zerriss und so langsam eine Faust voller kleiner grauer Papierschnitzel heranwuchs, fragte ich nochmals: „Sollen wir mit diesem Spiel beginnen?" Wieder nickte Rüdiger. Er war hoch angespannt, voller Angst, da er längst antizipierend verstanden hatte, was nun folgen würde. Und tatsächlich warf ich – mit direktem Blickkontakt zu ihm – den Ballen Papiermüll so ins Zimmer, dass wir in einem „Konfettiregen" da saßen. Rüdiger war einverstanden gewesen. Doch zugleich riss ihn die Situationsveränderung hoch. Er sprang auf. Ich stand auch auf. So standen wir plötzlich beide in einem „vermüllten" Zimmer. Rüdiger vor Angst gelähmt, ich in intensiver Zuwendung bewegungslos abwartend. Rüdiger blickte mich hilfesuchend und erschreckt an. „Du müsstest jetzt so schnell wie möglich alles einsammeln und den Raum wieder begehbar machen, sagt dir dein Zwang. Ich schlage dir vor, wir spielen jetzt erst einmal einen Moment lang herbstlichen Waldspaziergang." Dabei schob ich schlurfend einige der vor mir liegenden Kartonschnitzel zur Seite. Rüdiger war sehr aufgeregt. Ganz langsam, zunächst nur mich, nicht den Boden anblickend, machte auch er einen Schritt.

Es war der erste Schritt einer Expositionsbehandlung bei Verhinderung des Symptomverhaltens. Die Situation ist quasi als ein Stück „Verhaltenstherapie" beschreibbar. Mit dem Unterschied allerdings, dass es wirklich Rüdigers freie Wahl war, sich seiner Not mit Änderungsabsicht zuzuwenden. Und seine Innenschau auf das, was als Angst entsteht, wenn er nicht tut, „was der Zwang will", blieb ihm als eigene Neugierleistung verfügbar. „Ich wollte wissen, was nun geschehen würde ..." war eine seiner Aussagen, nachdem wir einige Stunden später die Ausgangssituation des „Herbstspazierganges" reflektierten. Dieser folgten noch viele, teils von mir, danach von Rüdiger selbst erfundene Spiele zur Bewältigung der Zwangsvielfalt. Spieltherapie ist störungsspezifisches Handeln des Klienten. Der Therapeut ist dabei dienstleistender Ermöglicher, Komparse, Begleiter oder notfalls auch Souffleur – nicht unterrichtender Lehrer oder anweisender Regisseur.

### 6.10.2 Symptombewältigung im Spielen – anstatt im Rollenspielen

Eine der eindrucksvollsten Videoabschnitte meiner Arbeiten ist eine achtminütige Sequenz mit einem schwer ängstlichen Erstklässler (ein ausführlicherer Bericht hierzu in Hockel 2011), der sich zu Stundenbeginn ein großes Memory holte mit den Worten: „Das ist ein sehr, sehr schönes Spiel, aber das kann man nicht alleine spielen." Diese Formel wiederholte er in den nächsten acht Minuten sehr oft, während ich ihn empathisch begleite. Jedoch bot ich weder Zusammenarbeit noch Mitspielen an. Als alle Karten sorgfältig ausgelegt waren, ging der Junge„aus dem Feld". Er holte sich ein Bilderbuch und schaute besinnlich darauf. Ich sagte: „Hmmm, Fritz, jetzt ist alles startklar und du bräuchtest jemanden zum Mitspielen. Und auf die Idee, mich zu fragen, kommst du gar nicht?" „Ich trau mich bloß nicht", sagte Fritz leise und verschämt. „Hmmmm, Fritz, das ist schon schlimm, wenn man jemanden zum Mitspielen braucht und sich nicht zu fragen traut. Magst du es mal probieren?" „Na gut", meint Fritz und flüsterte: „Spielst du mit mir?" „Oh, Fritz, jetzt hab ich dich nicht gehört, sagst du es bitte noch einmal lauter?" „Spielst du mit mir?", wiederholte Fritz ein wenig lauter. „Aber gerne, Fritz." Erleichtert und entschieden wandte sich Fritz dem Spiel zu und sagte laut: „Aber ich fang an."

Wieder ist die Szene für einen Verhaltenstherapeuten klar lesbar als ein Stück soziales Training. Das Kind muss sich mit seinem Wunsch nach einem Mitspieler stellen und es selbst über die Lippen bringen, dieses „Spielst du mit mir". Aber es ist auch diesmal eben nicht ein vom Therapeuten angeleitetes Rollenspiel, sondern eine dem Kind ernsthaft widerfahrende und dann auch authentisch zu bewältigende Herausforderung – eine authentische Angstbewältigung. Störungsspezifisches Handeln geschieht in personzentrierter Psychotherapie ununterbrochen, da die Person selbst als Beziehungspartner im Fokus der Aufmerksamkeit steht. Da steuert sie ihr Leid, ihre Störung: das Interaktionsballett der Spieltherapie.

### 6.10.3 Selbstveränderungsabsicht erspielen und Möglichkeiten der Selbstveränderung aufzeigen

Betrachten wir ein drittes Beispiel: Tobias ist 9 Jahre alt und „war noch nie trocken" – eine primäre Enuresis, die sich herausbildete. Dem Kind wurde zwar zunächst die Forderung nach „zivilisiertem Ausscheidungsverhalten" nahe gebracht. Dann hatten jedoch die vielen unterschiedlichen – und niemals konsequent beibehaltenen – Forderungen dazu geführt, dass Tobias sein „gemütliches" und mit der Entschuldigung „Ich schlafe halt so fest" verteidigtes, nächtliches Einnässen beibehielt. Ich hatte die Spieltherapie als Kurzzeittherapie (25 Stunden „Verhaltenstherapie") beim Gutachter der elterlichen Krankenkasse beantragt.

Der Gutachtensantrag war in der Fachsprache der Verhaltenstherapie gehalten. Er entsprach auch meinem wirklichen Behandlungsplan, den ich in der Terminologie der personzentrierten Spieltherapie allerdings anders beschrieben hätte. Im Gutachtensantrag wurde das „dry bed training" mit der entsprechenden Einbeziehung und zur Konsequenz anleitenden Elternarbeit herausgestellt. In meinem impliziten, personzentrierten Spieltherapiekonzept war klar, dass ich Tobias erst einmal „dort abholen würde, wo er steht". Ich würde mich auf ein Spielkind einlassen, das in den Forderungen an sich selbst noch nicht bereit war, sich disziplinierter als ein Dreijähriger zu verhalten. In den Spielstunden – dessen war ich mir erfahrungsbegründet sicher – würde Tobias sehr schnell den Anspruch entdecken und stellen, als 9-Jähriger gesehen und geachtet zu werden. Nachdem dieser Anspruch angemeldet worden war, würde ich mit Teile-Arbeit (Kapitel 3) oder einer anderen Vorgehensweise Tobias dabei unterstützen, sich selbst „umzuerziehen". Hierfür würde ich ihm die nötige elterliche Unterstützung sichern. Wie sah das dann aus?

Tobias kam sehr gerne in die Spielstunden und entdeckte in den ersten sieben Stunden den Raum und die Handlungsmöglichkeiten, vor allem auch seine Bestimmermacht mir gegenüber. Ich wusste aus dem, der nächsten Spielstunde vorangegangenen Elterngespräch, dass demnächst eine Woche Landschulheim anstehen würde. Außerdem wusste ich, dass Tobias mit großer Wahrscheinlichkeit wieder „Risiko" mit mir spielen würde, um die Welt zu erobern, was ihm bisher von fünf Partien nur einmal gelungen war. Über ein Regelspielfeld hinweg finden bedeutsame Gespräche zwischen Klient und Spieltherapeut statt. Tatsächlich saßen wir etwa zwanzig Minuten nach Stundenbeginn über dem Spielfeld mit der umkämpften Welt. Als ich wieder einmal dran war, nahm ich meine neuen Armeen auf und positionierte sie sehr zögerlich. Ich sagte, als dächte ich laut: „Soll ich mehr verteidigen oder angreifen? Ich glaube, Tobias wird versuchen Afrika ganz zu besetzen. Dann hat er schon drei Kontinente. Also auf nach Madagaskar." Ich ballte meine Verteidigungsmacht dorthin. Indirekt hatte ich ihn damit zum Angriff herausgefordert. Er tat es, jedoch an anderer Stelle. Er spielte strategisch geschickt, ich defensiv ungeschickt. Es zeichnete sich seine zweite Welteroberung ab. Mein absehbar letzter Zug stand an. Beim nächsten Zug würde Tobias' Übermacht für mich unbezwingbar, meine Verteidigung unzureichend sein. Ich würde verlieren. „Blöd, wenn man sehen kann, dass man keine Chancen mehr hat", hörte ich mich sagen. Mitleidig blickte mich Tobias an und meinte: „Sollen wir aufhören?" Ich lachte spontan: „Nein, nein, das halte ich schon aus zu verlieren." Schmunzelnd und siegesstolz vollendete Tobias seine Welteroberung. Wir hatten noch etwa zehn Minuten. Zu wenig für eine weitere Partie. Genug um das gute Siegergefühl anzusprechen: „Diesmal war es schon viel mehr Geschicklichkeit als Würfelglück, dass die Welt jetzt dir gehört." Tobias nickte nachdenklich und meinte von sich aus: „Wenn meine Klasse ins

Landschulheim fährt, soll ich mitfahren oder zum Ersatzunterricht gehen?" Er hatte die Frage etwa in der besinnlichen Nachdenklichkeit vor sich hingesagt, wie ich vorher die nach meiner strategischen Entscheidung „Angriff oder Verteidigung". Ich war mir sicher, dass er dies auch so angelegt hatte. Dementsprechend sagte ich: „Hmmm, du hast gerade gesehen – mit Rückzug hab ich verloren."

Tobias meinte: „Aber es sind nur noch drei Wochen bis dahin und wenn…" Er sprach es nicht aus. Wir wussten jedoch beide, dass er die Problematik des Einnässens meinte. Seine Eltern hatten ihm sehr eindringlich klar gemacht, wie beschämend es für ihn sein würde, wenn er mit Windeln schlafen müsse oder gar ohne alles ins Bett machen würde. Damit war für mich klar: Es war der Zeitpunkt gereift, an welchem Tobias nun von mir, dem helfenden Spezialisten, Unterstützung erwartete, um seine alters-unangemessene Gewohnheit aufzugeben. „Wann hast du denn zuletzt versucht, aufzuwachen und aufs Klo zu gehen?" Tobias bekannte, dass er das von sich aus eigentlich noch nie versucht hatte. „Ich schlafe so tief, da kann ich doch nichts machen." „Würdest du denn gerne was machen?" „Na klar."

Und nun war für mich wiederum klar, dass ich dem Jungen als Mittel zur Selbsthilfe eine Klingelhose erklären und anbieten würde. Ich wusste aus anderen Fällen, dass allein schon die Erläuterung dieses unterstützenden Alarmsignals, das hörbar macht, was in der Blase vorher schon als Spannung fühlbar ist, eine Neuorganisation der Wahrnehmung möglich macht. Tobias sagte es klarer, als jeder Ratgeber es sagen konnte: „Aber dann müsste ich doch nur lernen auf meine Blase zu hören, statt auf so einen blöden Klingelton?" „Genau, und doch, wenn du es als Hilfsmittel zum Anfang benützen möchtest?" Tobias verzichtete darauf. Ich habe in anderen Fällen gute Erfahrungen damit gemacht, dass zu dem Zeitpunkt, an dem es wirklich eigene Motivation war, trocken werden zu wollen, eine Klingelmatte ein hilfreiches Instrument der äußeren Selbstalarmierung sein kann. Häufig stellte sich in der ersten Nacht mit Klingelhose eine erste ganz trockene Nacht ein. Meist erledigte sich das Problem in der Folge, mit ein, zwei „Rückfallnächten". Tobias machte sich selbst einen überzeugenden Trainingsplan. Er bat seine Eltern, ihn auf jeden Fall, bevor sie ins Bett gingen, einmal zu wecken. „Nicht wie früher mit dem ‚Tobias, bitte geh aufs Klo', sondern einfach so, dass ich in mich spüren kann, ob meine Blase voll ist. Und das kann ich doch erstmal nur spüren, wenn ich wach bin."

Tobias gelang seine Selbsterziehung sicher auch deshalb, weil die Eltern inzwischen ihre Ambivalenz aufgegeben hatten und fest und ruhig dem Jungen das Großwerden zutrauten, das sie nun allerdings auch von ihm verlangten. Die Mutter hatte das Gewährende „Es hat bisher nichts geholfen, es wird schon werden" in den Beratungsgesprächen auch als die Außenseite eines „Eigentlich möchte ich meinen Buben gar nicht groß werden lassen" erkannt.

### 6.10.4 Personspezifisch handeln hilft zur Störungsbewältigung

Zusammenfassend möchte ich diese These aufstellen: Je personspezifischer – in authentischer Interaktionsresonanz – wir mit unseren Klienten arbeiten, desto störungsspezifischer wird unser Handeln sein. Klinisch psychologisches Änderungswissen aller Orientierungen wird einen personzentrierten Psychotherapeuten schon deshalb interessieren, da Rogers immer darauf hingewiesen hatte, dass er seine Forschungsergebnisse als Zwischenergebnisse betrachtete, die hoffentlich bald von präziserem Detailwissen und effektiveren Theorien großer Reichweite abgelöst werden würden. Wir werden daher Fortbildungen aller Richtungen genießend besuchen und die dort gefundenen Kompetenzschätze in unser Handeln integrieren. Psychotherapie wirkt umso störungsspezifischer, je personzentrierter sie ist.

# Literatur

Abraham, A. (1978): Der Mensch-Test, Zeichentest von Machover. Ernst Reinhardt, München

Adams-Webber, J. R. (1983): Fixed-Role-Therapie. In: Corsini, R. J. (Hrsg.), 216–230

Arendt, H. (o. J.): Eichmann in Jerusalem. Edito-Service S. A., Genf

Arnold, R., Schüssler, I. (2010). Ermöglichungsdidaktik: Erwachsenenpädagogische Grundlagen und Erfahrungen. 2. Aufl. Schneider GmbH, Hochgehren

Ärztliche Gesellschaft für Gesprächspsychotherapie (Hrsg.) (2001): Person – Internationale Zeitschrift für Personzentrierung und Experienzielle Psychotherapie und Beratung. Universitätsverlag, Wien

Asendorpf, J. (1999): Keiner wie der Andere – Wie Persönlichkeitsunterschiede entstehen . 2. Aufl. Edition Wötzel, Dreieich

Axline, V. M. (1947): Play Therapy. The inner Dynamics of Childhood. Houghton Mifflin Company, Boston

– (1976): Kinderspieltherapie im nicht-direktiven Verfahren. 10. Aufl. 2002. Ernst Reinhardt, München/Basel

Bauer, J. (2005): Warum ich fühle, was Du fühlst – Intuitive Kommunikation und das Geheimnis der Spiegelneurone. 5.Auflage Hoffmann und Campe, Hamburg

Behr, M. (2002): Therapie als Erleben der Beziehung. In Boeck-Singelmann, C. et al. (Hrsg.), 95-122

– (2007): Gesprächspsychotherapie mit Kindern und Jugendlichen. Spieltherapeutische Konzepte und Praxis eines personzentriert-interaktionellen Vorgehens. In Kritz J., Slunecko, T. (Hrsg.), 151–166

Benesch, H. (1984): „Und wenn ich wüßte, daß morgen die Welt unterginge" – Zur Psychologie der Weltanschauungen. Beltz, Weinheim/Basel

Biermann-Ratjen, E.-M. (2006a): Das Differentielle Inkongruenzmodell. In Eckert, J., Biermann-Ratjen, E.-M., Höger, D. (Hrsg.), 457–460

– (2006b): Krankheitslehre der Gesprächspsychotherapie. In Eckert, J., Biermann-Ratjen, E.-M., Höger, D. (Hrsg.), 93–116

Birbaumer, N., Schmidt, R. F. (2006): Biologische Psychologie, 6.Aufl. Springer, Berlin/Heidelberg/New York

Bischof, N. (1966): Erkenntnistheoretische Grundlagenprobleme der Wahrnehmungspsychologie. In Metzger, W. (Hrsg.), 21–78

– (1996): Das Kraftfeld der Mythen – Signale aus der Zeit, in der wir die Welt erschaffen haben. Piper, München

Bischof-Köhler, D. (1993): Spiegelbild und Empathie. Die Anfänge der sozialen Kognition – Nachdruck. Huber, Bern/Göttingen/Toronto/Seattle

– (2002): Von Natur aus anders – Die Psychologie der Geschlechtsunterschiede. Kohlhammer, Stuttgart

BKJ-Berufsverband der Kinder- und JugendlichenpsychotherapeutIinnen, Bruno Metzmacher (Hrsg.) (2002): Viele Seelen wohnen doch in meiner Brust – Identitätsarbeit in der Psychotherapie mit Jugendlichen. Verlag für Psychotherapie, Münster

Boeck-Singelmann, C. et al. (Hrsg.) (2002): Personzentrierte Psychotherapie mit Kindern und Jugendlichen, 2. Aufl. Bd. I. Hogrefe, Göttingen/Bern/Toronto/Seattle

Bommert, H., Hockel, C. M. (Hrsg.) (1981): Therapieorientierte Diagnostik.: Kohlhammer, Stuttgart

Bottenberg, E. H. (1972): Emotionspsychologie. Wilhelm Goldmann, München

Braus, D. F. (2004): Ein Blick ins Gehirn. Thieme, Stuttgart
Brem-Gräser, L. (1975): Familie in Tieren. Die Familiensituation im Spiegel der Kinderzeichnung. 10. Aufl. 2011. Ernst Reinhardt, München/Basel
Brisch, K. H. (2010): Bindungsstörungen. Von der Bindungstheorie zur Therapie. 10. Aufl. Klett-Cotta, Stuttgart
Brosat, H., Tötemeyer, N. (2007): Der Mann-Zeichen-Test nach Herman Ziller. Aschendorffsche Verlagsbuchhandlung GmbH, Münster
Bühler, C. (1930): Kindheit und Jugend – Genese des Bewusstseins. S. Hirzel, Leipzig
Bühler, K. (1918): Die geistige Entwicklung des Kindes. Fischer, Jena
Bundesanstalt für Arbeit (Hrsg.) (1999). Blätter zur Berufskunde. Bertelsmann, Bielefeld
Bundespsychotherapeutenkammer (Hrsg.) (2009): Psychotherapeutenjournal. Bd. 8. Psychotherapeutenverlag, Heidelberg
Butollo, W., Krüsmann, M., Hagl, M. (2008): Humanistische Psychotherapieverfahren. In Möller, H.-J., Laux,. Kapfhammer, G. H. (Hrsg.), 841–870

Caillois, R. (1960): Die Spiele und die Menschen. Curt E. Schwab, Stuttgart
Cierpka, M. (Hrsg.) (2004). Praxis der Kinderpsychologie und Kinderpsychiatrie. Bd.53. Vandenhoeck & Ruprecht, Göttingen
Corsini, R. J. (Hrsg.) (1983): Handbuch der Psychotherapie. Bd. I. Beltz, Weinheim/Basel
Csikszentmihalyi, M. (1993): Dem Sinn des Lebens eine Zukunft geben – Eine Psychologie für das 3. Jahrtausend. Klett-Cotta, Stuttgart

Däumling, A. (1969): Zum Berufsbild des Klinischen Psychologen. In Duhm, E. (Hrsg.), 31 ff
De Beauvoir, S. (1968): Das andere Geschlecht – Sitte und Sexus der Frau. Rororo, Reinbek
Deegener, G. (1984): Anamnese und Biographie im Kindes- und Jugendalter. Beltz, Weinheim/Basel
Dehmelt, P., Kuhnert, W., Zinn, A. (1981): Diagnostischer Elternfragebogen. Beltz Text GmbH, Göttingen
Döpfner, M., Lehmkuhl, G., Heubrock, D., Petermann, F. (2000): Diagnostik psychischer Störungen im Kindes- und Jugendalter. Hogrefe: Göttingen
Duhm, E. (Hrsg.) (1969). Praxis der Klinischen Psychologie. Bd. I. Hogrefe, Göttingen

Eckert, J., Biermann-Ratjen, E.-M., Höger, D. (Hrsg.). (2006): Gesprächspsychotherapie. Springer, Berlin/Heidelberg
Eigen, M., Winkler, R. (1975): Das Spiel, Naturgesetze steuern den Zufall. Piper Verlag, München
Eisen, G. (1988): Children and play in the holocaust. The University of Massachusets Press, Amhurst/MA
Ekman, P. (2004): Gefühle lesen – Wie Sie Emotionen erkennen und richtig interpretieren. Elsevier, München

Fend, H. (2000): Entwicklungspsychologie des Jugendalters. Leske & Budrich, Opladen
Freud, A. (1983): Einführung in die Technik der Kinderanalyse. Fischer Taschenbuch, Frankfurt/M.
Fröhlich-Gildehoff, K. (2006): Gewalt begegnen – Konzepte und Projekte zur Prävention und Intervention. Kohlhammer: Stuttgart/Berlin/Köln

Gahleitner S., Fröhlich-Gildhoff, K. Schwarz, M. Wetzorke, F. (2011): „Ich seh etwas,

was Du nicht siehst" – Gemeinsamkeiten und Unterschiede der verschiedenen Perspektiven in der Kinder- und Jugendlichenpsychotherapie. Kohlhammer, Stuttgart

Goetze, H. (2002): Handbuch der personenzentrierten Spieltherapie. Hogrefe, Göttingen/Bern/Toronto/Seattle

Grawe, K. (1976): Differentielle Psychotherapie I. Hans Huber, Bern/Stuttgart/Wien

– (1998): Psychologische Therapie. Hogrefe, Göttingen/Toronto/Zürich

– (2004): Neuropsychotherapie. Hogrefe, Toronto/Zürich/Göttingen

–, Donati, R., Bernauer, F. (1994): Psychotherapie im Wandel . Von der Konfession zur Profession. Hogrefe, Göttingen/Toronto/Zürich

Grossmann, K., Grossmann, K. E. (2004): Bindungen – das Gefüge psychischer Sicherheit. Klett-Cotta, Stuttgart

Guerney, L. (1997): Filial Therapy. In O'Connor, K., Braverman, L. M. (Hrsg.), 131–159

Gutberlet, M. (1990): Wut, Haß, Aggression in der Gesprächspsychotherapie – Annäherung an ein vernachlässigtes Thema. In Gesellschaft für wissenschaftliche Gesprächspsychotherapie (Hrsg.), GwG-Zeitschrift; Bd. 21, S. H.78; 26–30)

Hampden-Turner, C. (1983): Modelle des Menschen – Ein Handbuch des menschlichen Bewußtseins. Beltz, Weinheim/Basel

Hanns-Seidl-Stiftung (Hrsg.) (2004): Politische Studien. Themenheft 1/2004. Atwerb, München

Heinerth, K. (2002): Versperrte und verzerrte Symbolisierungen. Zum differentiellen Verständnis von Persönlichkeits- und neurotischen Störungen in Theorie und Praxis. In Iseli, C., Keil, W. W., Korbei, L., Nemeskeri, N., Rasch-Oswald, S., Schmid, P. F., Wacker, P. G. (Hrsg.), 145-180

Heinsohn, G., Knieper, B. M. C. (1975): Theorie des Kindergartens und der Spielpädagogik. Suhrkamp, Frankfurt/M.

Hildebrandt, P. (1979): Das Spielzeug im Leben des Kindes. Diederichs, Düsseldorf/Köln

Hockel, C. M. (1968): Langeweile – ein empirischer Zugang. Unveröffentlichte Vordiplomsarbeit. Würzburg

– (1998a): Die Kinder- und Jugendlichenpsychotherapeuten. In von Rosenstiel, L. , Hockel, C. M., Molt, W. (Hrsg.), 1–13

– (1998b): Die Struktur des Versorgungssystems für psychisch Kranke und Behinderte in der Bundesrepublik Deutschland. In Kraiker, C. und Peter, B. (Hrsg.), 34–47

– (1999a): Gesprächspsychotherapie – ein wissenschaftlich anerkanntes Verfahren. Deutscher Psychologen Verlag, Bonn

– (1999b): Psychologischer Psychotherapeut/Psychologische Psychotherapeutin 1.Aufl. In Bundesanstalt für Arbeit (Hrsg.), 34–47

– (2002a): Das Spielerleben als Entwicklungsraum – mit einem Fall von Depression im Kindesalter. In Boeck-Singelmann, C. et al. (Hrsg.), 211–235

– (2002b): Kindeswohl – Ein Konzept, das Entwicklung von Identität, Kompetenz für Begegnung und Maßstäbe für (personzentrierte) Kooperation integriert. In Iseli, C., Keil. W. W., Korbei, L., Nemeskeri, N., Rasch-Oswald, S., Schmid, P. F., Wacker, P. G. (Hrsg.), 383–407

– (2002c): Psychotherapeutische Strategien bei Zwangserkrankungen im Kindes- und Jugendalter. In BKJ-Berufsverband der Kinder- und JugendlichenpsychotherapeutInnen (Hrsg.), 147–180

– (2003): Angstbewältigung und ein Fall von Zwangserkrankung im Jugendalter. In Boeck-Singelmann, C. et al. (Hrsg.), 202–236

– (2004a): Krank oder Böse? Wertungskategorien bestimmen Reaktionsmuster, diese bestimmen Maßnahmen. In Hanns-Seidl-Stiftung (Hrsg.), 52–72

– (2004b): Spiel-Raum-Zeit – kindgemäße Spielumwelten. Zur Nutzung und (minima-

len) Ausstattung von Kinder- und Jugendlichenpsychotherapeutischen Praxen. In Metzmacher, B., Wetzorke, F. (Hrsg.), 134–163
– (2011): Grenzsetzungen in der Kinder- und Jugendlichenpsychotherapie. In Wakolbinger, C., Katsivelaris, M., Reisel, B., Naderer, G., Papula, I. (Hrsg.), Vortragsskript, 143–180
Höger, D. (2006): Klientenzentrierte Therapietheorie. In Eckert, J., Biermann-Ratjen E.-M., Höger, D. (Hrsg.), 116–138
Hülshoff, T. (2006): Emotionen – Eine Einführung für beratende, therapeutische, pädagogische und soziale Berufe, 3. Aufl. Ernst Reinhardt, München/Basel
Huizinga, J. (1956): Homo Ludens – Vom Ursprung der Kultur im Spiel. Rowohlt Taschenbuch, Reinbeck

Iseli, C., Keil, W. W., Korbei, L., Nemeskeri, N., Rasch-Oswald, S., Schmid, P. F., Wacker, P. G. (Hrsg.) (2000): Identität – Begegnung – Kooperation, Personen-/Klientenzentrierte Psychotherapie und Beratung an der Jahrhundertwende. Festschrift zum Jubiläums-Symposium in Salzburg. GwG, Köln

Jaspers, K. (2008): Philosophie II: Existenzerhellung (Bd. II). Springer, Berlin, Heidelberg
Jaynes, J. (1988): Der Ursprung des Bewußtseins durch den Zusammenbruch der bikameralen Psyche. Rowohlt, Reinbeck
Jonas, H. (1979). Das Prinzip Verantwortung. Insel, Frankfurt/M.

Kaminski, G. (1970): Verhaltenstheorie und Verhaltensmodifikation – Entwurf einer integrativen Theorie psychologischer Praxis am Individuum. Ernst Klett, Stuttgart
Kegan, R. (1986): Die Entwicklungsstufen des Selbst. Peter Kindt, München.
Keller, H. (Hrsg.) (1998): Lehrbuch Entwicklungspsychologie. Huber, Bern/Göttingen/Toronto/Seattle
Keupp, H. (2004): Ressourcenförderung als Basis von Projekten der Gewalt- und Suchtprävention. In Cierpka, M. (Hrsg.), 531–546
Koch, K. (1986): Der Baumtest – Der Baumzeichenversuch als psychodiagnostisches Hilfsmittel. 8.Aufl. Hans Huber, Bern,/Stuttgart/Toronto
Koch, S. (Hrsg.) (1959): Psychology, a study of science. McGraw-Hill, New York.
Kraiker, C., Peter, B. (Hrsg.) (1998): Psychotherapieführer. Beck, München
Kriz, J., Slunecko, T. (Hrsg.). (2007): Gesprächspsychotherapie – Die therapeutische Vielfalt des personenzentrierten Ansatzes. facultas wuv UTB, Wien
Kuhl, J. (2009): Motivation und Persönlichkeit – Interaktionen psychischer Systeme. Hogrefe, Göttingen/Bern/Toronto/Seattle
–, Kazén, M. (2009): Persönlichkeits Stil- und Störungs Inventar (PSSI). 2. Aufl. Hogrefe, Göttingen/Bern/Toronto/Seattle

Lowenfeld, M. (1935): Play in Childhood. Gollancz, London

Masten, A. S. (2001): Resilienz in der Entwicklung: Wunder des Alltags. In Röper, G., von Hagen, C., Noam, G. (Hrsg.), 192–219
McClelland, D. (1971): Macht als Motiv. Klett, Stuttgart
Meadows, D. L., Randers, J., Meadows, D. (2009). Die Grenzen des Wachstums – Das 30-Jahre-Update. 3.Aufl. S. Hirzel, Stuttgart
Metzger, W. (Hrsg.) (1966): Handbuch der Psychologie, Allgemeine Psychologie I. Der Aufbau des Erkennens: Wahrnehmung und Bewusstsein. Bd. I. Hogrefe, Göttingen
Metzmacher, B., Wetzorke, F. (Hrsg.) (2004). Entwicklungsprozesse und die Betei-

ligten – Perspektiven einer schulenübergreifenden Kinder- und Jugendlichenpsychotherapie. Vandenhoeck & Ruprecht, Göttingen
Minsel, W.-R. (1974): Praxis der Gesprächspsychotherapie. Böhlaus, Wien.
Möller, H.-J., Laux, G., Kapfhammer, H.-P. (Hrsg.). (2008). Psychiatrie und Psychotherapie. 3. Aufl. Springer Medizin, Heidelberg
Müller-Ebert, J. (2001): Trennungskompetenz – Die Kunst, Psychotherapien zu beenden. Klett-Cotta, Stuttgart
Musil, R. (1981): Der Mann ohne Eigenschaften. 14. Aufl. Rowohlt, Reinbeck

Narr, H. (2009): Ärztliches Berufsrecht – Lose Blattsammlung, 2. Aufl. Köln- Deutscher Ärzte Verlag, Lövenich
Neiman, S. (2004): Das Böse denken – Eine andere Geschichte der Philosophie. Suhrkamp, Frankfurt/M.
Novick, J., Novick, K. K. (2008): Ein guter Abschied – Die Beendigung von Psychoanalysen und Psychotherapien. Brandes & Apsel, Frankfurt/M.

O'Connor, K., Braverman, L. M. (Hrsg.) (1997): Play Therapy – Theory of a Practice. A Comparative Presentation. John Wiley & Sons, New York
Oerter, R. (1993): Psychologie des Spiels. Ein handlungstheoretischer Ansatz. Quintessenz, München
– (2002): Kindheit: Spiel und kindliche Entwicklung. In Oerter, R., Montada, L. (Hrsg.), 221–233
–, Montada, L. (Hrsg.) (2002): Entwicklungspsychologie: Ein Lehrbuch. 5. Aufl. Psychologie Verlags Union, Weinheim

Papousek, M. (2004): Regulationsstörungen der frühen Kindheit: Klinische Evidenz für ein neues diagnostisches Konzept. In Papousek, M., Schieche, M., Wurmser, H. (Hrsg.), 77–110
–, Schieche, M., Wurmser, H. (Hrsg.) (2004): Regulationsstörungen der frühen Kindheit. Hans Huber, Bern/Göttingen/Toronto/Seattle
Plog, U. (1976): Differentielle Psychotherapie II. Hans Huber, Bern/Stuttgart/Wien
Pollmann, A. (2005): Integrität – Aufnahme einer sozialphilosophischen Personalie. Transcript, Bielefeld
Pongratz, L. J. (1973): Lehrbuch der Klinischen Psychologie – Psychologische Grundlagen der Psychotherapie. Hogrefe, Göttingen.

Reisel, B. (2001): The clinical treatment of the Problem Child – Carl Rogers als Kinderpsychotherapeut. In Ärztliche Gesellschaft für Gesprächspsychotherapie (Hrsg.), 55–67
Rieber-Hunscha, I. (2005): Das Beenden der Psychotherapie – Trennung in der Abschlussphase. Schattauer, Stuttgart
Riegel, K. F. (1981): Psychologie, mon amour – ein Gegentext. Urban und Schwarzenberg, München
Rogers, C. R. (1931): The clinical treatment of the problem child. Houghton Mifflin, Boston
– (1959): A theory of therapy, personality and interpersonal relationship, as developed in the client-centered framework. In Koch, S. (Hrsg.), 184–256
– (Hrsg.) (1959). Therapeut und Klient. Kindler, München
– (1973): Das Problem der Diagnose. In Rogers, C. R. (Hrsg.), 205–215
– (1973): Die klient-bezogene Gesprächstherapie. Kindler, München
– (1974): Lernen in Freiheit. Kösel, München
– (1985): Die Kraft des Guten. Fischer, Frankfurt/M.

–, Wood, J., K. (1977): Klientenzentrierte Theorie. In C. R. Rogers (Hrsg), 113–141
– (1987): Eine Theorie der Psychotherapie, der Persönlichkeit und der zwischenmenschlichen Beziehungen. GwG-Selbstverlag, Köln
Rombach, H. (1981): Substanz, System, Struktur, Zwei Bände. Karl Alber, Freiburg/München
– (1987): Strukturanthropologie. Der menschliche Mensch. Karl Alber, Freiburg/München
– (1988): Über Ursprung und Wesen der Frage – Dissertation von 1945. Karl Alber, Freiburg/München
Röper, G., von Hagen, C., Noam, G. (Hrsg.) (2001): Entwicklung und Risiko – Perspektiven einer Klinischen Entwicklungspsychologie. Kohlhammer, Stuttgart

Saller, H. (1987): Sexuelle Ausbeutung von Kindern. In Deutscher Kinderschutzbund (Hrsg.), Sexuelle Gewalt an Kindern – Ursachen, Vorurteile, Sichtweisen, Hilfsangebote. Eigenverlag, Hannover
Schmidtchen, S. (1975): Psychologische Tests für Kinder und Jugendliche. Hogrefe, Göttingen
– (1989): Kinderpsychotherapie. Kohlhammer, Stuttgart
– (2001). Allgemeine Psychotherapie für Kinder, Jugendliche und Familien. Ein Lehrbuch. Kohlhammer, Stuttgart
– (2002): Neuere Forschungsergebnisse zu Prozessen und Effekten der Kinderspieltherapie, 2. Aufl. In Boeck-Singelmann C., et al. (Hrsg.), 153–194
–, Erb, A. (1976): Analyse des Kinderspiels – Ein Überblick über neuere psychologische Untersuchungen. Kiepenheuer & Witsch, Köln
Schölmerich, A. (1998): Die Entwicklung von Spiel- und Explorationsverhalten. In Keller, H. (Hrsg.), 547–562
Siegler, R., DeLoache, J., Eisenberg, N. (Hrsg.) (2005): Entwicklungspsychologie im Kindes- und Jugendalter. Elsevier Spektrum, München
Simon, T., Weiss, G. (Hrsg.). (2008): Heilpädagogische Spieltherapie. Klett-Cotta, Stuttgart
Solomon, R. C. (2000): Gefühle und der Sinn des Lebens.: Zweitausendeins, Frankfurt/M.
Speierer, G.-W. (1994): Das differentielle Inkongruenzmodell (DIM). Handbuch der Gesprächspsychotherapie als Inkongruenzbehandlung. Asanger, Heidelberg
Stäblein, R. (Hrsg.). (1993): Mut – Wiederentdeckung einer persönlichen Kategorie. Elster, Bühl-Moos
Staemmler, F.-M. (2009): Das Geheimnis des Anderen – Empathie in der Psychotherapie – Wie Therapeuten und Klienten einander verstehen. Klett-Cotta, Stuttgart
Steinhausen, H.-C., von Aster, M. (Hrsg.). (1993): Handbuch Verhaltenstherapie und Verhaltensmedizin bei Kindern und Jugendlichen. Beltz, Weinheim.
Sturzbecher, D. (Hrsg.). (2001): Spielbasierte Befragungstechniken – Interaktionsdiagnostische Verfahren für Begutachtung, Beratung und Forschung. Hogrefe, Göttingen/Bern/Toronto/Seattle

Tausch, R. (1960): Gesprächspsychotherapie. Hogrefe, Göttingen
–, Tausch, A.-M. (1956): Kinderpsychotherapie im nicht-direktiven Verfahren. Hogrefe, Göttingen
–, Tausch, A.-M. (1977): Erziehungspsychologie, Begegnung von Person zu Person, 8. Aufl. Hogrefe, Göttingen/Toronto/Zürich

Uexküll, T. v. (2003): Psychosomatische Medizin. Modelle ärztlichen Denkens und Handelns.6. Aufl. Urban & Fischer, München/Jena

Von Rosenstiel, L., Hockel, C. M., Molt, W. (Hrsg.) (1998): Handbuch der Angewandten Psychologie. Ecomed, Landsberg/Lech
Von Staabs, G. (1985): Der Scenotest. Hans Huber, Bern
Von Weizsäcker, V. (1987): Gesammelte Schriften, 9 Bände. Suhrkamp, Frankfurt /M.
Vygotskij, L. S. (1992): Geschichte der höheren psychischen Funktionen. LIT Münster/ Hamburg

Wakolbinger, C. Katsivelaris, M., Reisel, B., Naderer, G., Papula, I. (Hrsg.) (2011): Die Erlebnis- und Erfahrungswelt unserer Kinder – Tagungsband der 3. Internationalen Fachtagung für klienten-/personenzentrierte Kinder- und Jugendlichenpsychotherapie. Books on Demand. Norderstedt
Walz-Pawlita, S., Lackus-Reitter, B., Loetz, S. (2009). Plädoyer für eine verfahrensbezogene Ausbildung und Praxis: Zur „methodenspezifischen Eigengesetzlichkeit therapeutischer Prozesse". In Bundespsychotherapeutenkammer (Hrsg.), 352–365
Wampol, B. E. (2001): The great psychotherapy debate. Models, methods and findings. Earlbaum, Mahwah/London
Watzlawick, P., Beavin, J. H., Jackson, D. (1974): Menschliche Kommunikation – Formen, Störungen, Paradoxien. 4. Aufl. Hans Huber, Bern
Wegener-Spöhring, G. (1995): Aggresivität im kindlichen Spiel – Grundlegung in den Theorien des Spiels und Erforschung ihrer Erscheinungsformen. Deutscher Studien Verlag, Weinheim
Weinberger, S. (2001): Kindern spielend helfen – Eine personzentrierte Lern- und Praxisanleitung. Beltz, Weinheim/Basel
Winnicot, D. W. (1971): Vom Spiel zur Kreativität. Ernst Klett, Stuttgart.

Zurhorst, G. (2007): Die therapeutische Beziehung in der Gesprächspsychotherapie (GPT). In Kriz, J., Slunecko, T. (Hrsg.), 79–92

## Sachregister